Understanding Regions

지구촌 한 바퀴

지역의 이해

이혁진 저

SEROMI

머리말

지역연구는 지표상의 인문현상과 자연현상을 종합적으로 기술해 지역성을 밝히는 것이며, 다양한 학문에서 접근되고 있다. 지역연구는 지역이란 공간을 중심으로 이루어지는 인간의 삶, 역사, 그리고 현재를 대상으로 하고 있기 때문에, 연구영역이 매우 광범위하기 때문이다. 또한 다변화되는 글로벌사회에서 세계, 국가 및 지역에 대한 관심은 지속적으로 증가할 수밖에 없다.

지역에 대한 관심은 오래전부터 인간의 연구 활동의 중요 관심사였고, 이런 연구의 공통 관심 영역은 지역과 지역성에 대한 개념 이해에서 출발하였다고 할 수 있다.

저자는 오랫동안 대학에서 '지역'에 대한 강의를 담당하여왔다. 과거 국제지역을 전공하는 전공서적들을 제외하면 대학의 교양수업에서 주로 활용할 마땅한 교재가 없었기 때문에 국내외의 지역에 대한 기초적인 이해를 돕고, 세계지리, 문화, 사회, 국제기구의 개념을 잡을 수 있는 내용을 포함한 교양 교재를 수년 전에 출판한 바 있다. 하지만, 옛 교재의 경우 내용면에서 부족한 점이 있었고, 당시 지면에서 다루지 못하였던 지역사회 현상에 대한 콘텐츠가 많음을 확인하였을 뿐 아니라 정보의 최신화와 글로벌시대의 새로운 트렌트의 반영이라고 문제점을 확인하게 되었다.

이에 본서는 지역의 기초정보와 세계의 지리적 이해, 지역과 문화의 이해, 지역과 사회의 이해, 지역과 정치경제의 이해를 위한 핵심내용을 포함하여 새로운 시각의 지역학 관련 교양교재로 저술되었다.

본서의 내용을 간추려 보면, 전체 구성은 총 4장으로 구성되었다.

제1장은 〈지역연구와 세계의 이해〉로서 지역연구의 배경과 개념 이해, 지역연구를 다루는 여러 학문과 패러다임, 지역성과 세계지역구분, 지역지리와 세계를 통해 지역연구의 목표와 범위를 구체화하였다.

제2장은 〈지역과 문화의 이해〉로서 지역문화를 이해하기위해 문화의 개념과 다양성, 인종과 민족, 언어와 어족, 종교를 구체적으로 다루었다.

제3장은 〈지역과 사회의 이해〉로서 인구와 도시의 지역문제를 정리하였다.

제4장은 〈지역과 국제관계의 이해〉이며, 세계와 국제기구, 세계지역의 협력체제와 국제관계, 세계화와 글로벌 스포츠 이벤트를 구체적으로 다루었다. 특히 다변화하는 국제관계와 글로벌 분쟁 사례를 포함하였고, 최근 부각된 글로벌스포츠이벤트를 내용에 포함시켜 지역콘텐츠의 폭을 넓히고자 하였다.

본서가 지역학 연구의 이해에 작은 디딤돌이 되고, 교양서적으로서 독자들에게 유용한 정보를 제공하였으면 하는 바람을 가진다. 끝으로 개인 역량의 한계와 시간에 쫓기어 내용면에서 많이 부족한 점을 죄송스럽게 생각하면서 책 내용에 대한 오류는 향후에 보완할 것임을 약속드린다. 또한 본서가 출간되도록 도움을 주신 도서출판 새로미 모흥숙 사장님과 편집부 여러분께 지면을 빌려 감사드린다.

2026년 2월

저자 씀

Contents
_차례

CHAPTER 01

지역연구와 세계의 이해

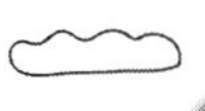

01 지역연구의 배경과 개념 이해

1) 지역연구의 발전 배경

지역연구는 '특정 지역의 정치, 경제, 사회, 문화, 역사 등을 종합적으로 탐구'로서 국내와 해외의 지역을 통틀어서 대상으로 하지만, 흔히 해외지역연구(Foreign Area Studies)를 말한다. 지역연구의 배경은 역사를 거치면서 다양하게 접근되어왔고, 각 국가와 민족 및 국제기구 등 다양하게 진행되어왔다. 영국과 프랑스, 스페인과 포르투갈 그리고 과거 일본과 같이 제국주의팽창과 식민지개척을 위한 지역연구의 역사는 매우 오래된 반면, 세계 지역에 대한 관심이 지속되고 있는 개발도상국이나 제3세계의 경우에는 지역연구가 미흡하거나 태동되는 단계에 가까운 것이 실정이다.

우리는 IT와 과학의 발달로 인해, 전 지구촌화, 즉 세계화 시대에서 살고 있으며, 이와 함께 펼쳐지는 지역화와 블록화 현상의 부각과 함께 다른 지역이나 다른 국가에 대한 관심이 지속적으로 증가하고 있다.

해외지역 연구는 첫째, 유럽이 16세기 식민지 개척과 통치를 위해 수행한 근대적 의미로서 해외지역연구에서 출발하였고, 둘째, 두 차례의 세계대전을 수행하면서 필요한 해외지역연구로 발전하였고, 셋째, 20세기 중반부터 특정지역에 대한 종합적 이해 수준에서 진행되고 있는 오늘날의 해외지역의 토대를 형성하였다. 이러한 3가지 해외지역연구는 아래와 같이 해외지역연구의 과거와 현재 그리고 미래를 보는 연구 틀을 이루었다.

(1) 근대적 해외지역연구

식민지개척과 통치 국가에서 효율적인 식민지정책 수행을 위해 시작된 것이며, 예를 들어, 16세기 유럽제국이 아시아 혹은 다른 대륙, 특히 동남아시아에 진출하기 위해 수행한 바 있는 기초적이면서 부분적인 동남아시아 지역연구에서 출발하였다. 17세기 나침반과 망원경 발명 등 항해기술발달로 인해 식민지 학자들은 약소국에 대한 종교연구와 민족연구, 문화·지리연구를 수행했고, 18, 19세기 들어 근대지리학 발달과 증기기관 발명 등으로 인해 구미지역을 중심으로 하는 지리적 연구가 해외지역연구의 토대를 이루어냈다.

(2) 현대적 해외지역연구

제1, 2차 세계대전을 겪으면서 각 국가에 대한 서로의 이해가 중요해졌고, 국제관계의 중요성에서 해외지역연구가 고무되었다. 제2차 세계대전이 발발하면서 미국정부에서는 적대국의 정보를 알기위해 지역전문가의 도움을 끌어냈고, 이를 계기로 정치적인 지역연구가 크게 발전하였다. 해외지역연구는 전후에는 국제이해와 전쟁이라는 현실적인 필요성에 의해 관심을 끌었고, 기본방향도 국제관계 속에서 실질적인 국가문제를 해결하기 위해 수행되었다. 즉 해외지역연구를 촉진시킨 원인은 첫째, 1940년대 중반이후 신흥독립국과의 효율적인 외교정책 수립을 위한 해외지역연구에 대한 관심에 의한 학문적 위상 정립의 요구, 둘째, 냉전 아래에서 미국과 구소련이 제3세계 국가들을 자국의 체제로 편입시키기 위해 기울인 제3세계 각 지역에 대한 연구경향으로 구분할 수 있다.

(3) 20세기 중반이후 해외지역연구

국제관계의 주체는 국가가 일반적이다. 국제관계는 각 국가들이 서로 접촉하고, 교류하고, 이해관계를 만들어내면서 형성하는 것이다. 국가와 국가 간 교류는 정치와 경제, 사회와 문화 등 여러 기능을 성취하기 위한 것이며, 국제관계는 다양한 시각을 통해 접근할 수 있다. 이런 국제관계를 다루는 지역연구는 국제사회의 정치적인 형상에 국한하지 않고, 경제적, 사회적, 문화적, 종교적 현상까지 포함하여 연구대상으로 하고 있기 때문에, 학제적인 연구를 강조하고 있다. 국제화 이후 세계화 시대에는 지역연구는 국가와 국간 간 연구 뿐 아니라, 국가경계를 허물어 다양한 국제기구, 지역이나 블록 간 개인과 집단의 삶의 현장을 분석하고자 하는 융합적인 지역연구의 필요성이 커졌다.

2) 지역연구의 개념과 접근방법

지역은 '공통된 특성(문화, 자연환경, 기능 등)을 가진 여러 장소들을 묶어 부르는 넓은 공간 범위'로서 지리적인 면에서 다른 곳과는 구별되는 지표상의 공간적 범위를 말한다. 지역은 다양한 자연환경과 인문환경으로 구성되며, 그 곳만의 고유한 성격 지역성을 갖고 있다. 이런 지역성은 지역연구의 필요성을 대변한다.

(1) 지역과 지역연구의 개념

지역연구의 개념을 이해하기 위해서는 무엇보다도 지역이라는 개념의 이해가 중요하다. 지역은 지리학을 비롯해 사회과학의 여러 분야에서 다양한 용도로 사용된다. 지역은 지리적인 면에서 다른 곳과는 구별되는 지표상의 공간적 범위를 말하며, 다양한 인문과 자연환경으로 구성되고, 그 곳만의 고유한 성격 지역성을 갖는다. 각각의 지역은 인접한 다른 지역과 상호작용을 하고 있다(위키백과).

지역은 영어로 Region 혹은 Area 라고 하며, 두 용어는 혼용되고 있다. 먼저 Area는 영역 혹은 면적의 의미로도 사용되듯이, 지표에 대한 범위(Extent of a Surface)를 나타내는 특별한 목적을 지닌 공간(Space for a Specific Purpose)을 뜻한다. 다시 말해 관념적이거나 인지적인 공간(Ideological or Perceived Concept)의 성격이 강하여 관념주체나 인지주체에 대한 이해의 관심에 따라 규정되는 지역을 의미한다. 반면 Region은 어원상 '왕국'이란 용어에서 파생되었으며, '지배구역'을 뜻한다. 즉 역(域), 경(境), 계(界)와 같은 행정적 혹은 지리적 개념으로서 일정한 구획이 이루어져 있을 때 구별하는 지역을 말한다. 해외지역연구에서 지역을 영문으로 표기하는 경우에도, 2가지 상황을 확인하여 어느 한쪽에 가까운 개념인지를 확인하는 것이 좋다.

지역연구에 대한 개념을 확인해보면 다양하다. 먼저 사전적으로 "특정의 국가나 지역에 초점을 맞추어 현존의 정치·경제·사회시스템의 기능·구조를 역사·문화·종교·국민성·언어 등을 포함한 시각에서 분석하는 연구기법"이다(네이버 지식백과: 21세기 정치학대사전, 한국사전연구사). 그러나 E. W. Said의 오리엔탈리즘(1978)에 의하면, "지역연구는 학문적인 활동이라고 하기보다는 과거 선진국의 식민지 지배과정에서 탄생한 것으로 강대국이 약소국을 효율적으로 지배하기 위한 국가정책의 수단이나 전략으로 이해된다."고 하였다.

일반적으로 지역연구는 해외지역연구(International Area Studies)와 같이, 특정 국가를 기준으로 그 국가 이외의 타 국가를 연구영역으로 규정하고 연구를 시도할 때 사용된 용어가 많으며, 특정국가 내의 지방이나 지역사회를 그 연구의 영역에 포함시켜 연구를 시도할 때 사용되기도 한다. 해외지역연구 방법은 세계를 몇 개의 지역으로 나누고, 각각의 지역을 대상으로 하는 종합적 연구계획을 세우고, 그리고 그 범위 내에서 몇 개의 국가단위를 설정하여 각각에 대하여 연구를 하고, 그런 다음 그 국가에서 실증적인 조사를 거듭 수행하기 때문이다.

따라서 위의 개념을 정리해보면, 지역연구는 특정 시점에서 특정 국가 혹은 특정 지역의 범위를 정해놓고, 해당 지역의 지리와 역사, 정치와 경제, 사회와 문화, 언어와 종교, 자원과 환경 등 제 분야를 종합적으로, 체계적으로 연구하고 이해하여 타 지역과의 비교를 목적으로 하는 접근방법이라고 할 수 있다.

(2) 지역연구의 범위와 대상

지역연구는 지역이란 공간을 중심으로 이루어지는 인간의 삶, 역사, 그리고 현재를 대상으로 하고 있기 때문에, 연구영역은 매우 광범위하다. 이런 배경에서 지역연구 대상도 한계가 있는 것이 아니라 불분명하다는 제약적 요소가 있다. 지역연구 대상을 결정하는데 있어서 가장 중요한 것은 어떤 수준에서 지역을 정하고, 이를 연구대상으로 결정할 것인가에 있다.

지역연구에서 일반적으로 구획해 놓고 있는 지역은 편의상 3가지로 구분할 수 있다. 첫째, 국가 안의 촌락이나 도시(City)의 커뮤니티 혹은 지방권, 둘째, 국경선(경계)에 의해 구획으로 설정된 지역(권역), 셋째, 국가 간(International) 혹은 초국가적(Trans-national) 지역, 예를 들어 정치와 경제적 목적이 일치하여 형성된 지역(ASEAN, EU, USMCA 등)이나 종교나 문화영향으로 자연스럽게 구분되는 지역(유교문화권, 불교문화권, 크리스트교문화권, 이슬람문화권, 힌두교문화권 등) 등 다양하다.

세계화시대의 지역연구는 국제화를 넘어 복수의 국가를 포함하는 국가 간 혹은 초국가적인 지역연구의 중요성이 부각되고 있다. 유럽연합(EU)를 비롯하여 신 북미자유무역협정(USMCA), 동남아시아국가연합(ASEAN) 등은 정치나 경제적인 목적으로 형성된 배경에서 다수의 지역연구 대상이 되고 있다. 정치와 경제, 지리와 역사, 사회와 문화, 언어와 종교, 자원과 환경 등 요인은 연구자의 인식과 관심에 따라, 지역연구의 지역성을 규명하는 지표로서 활용되어 왔다. 최근 들어, 환경문제와 함께, 민족과 종교 갈등, 인구나 빈부문제, 전쟁, 테러 및 핵문제 등이 본격적으로 현대사회의 문제로 부각되면서 지역연구의 중요성도 강조되고 있다.

(3) 지역연구의 접근방법

지역연구 접근방법은 학제 간 연구(Inter-disciplinary)와 비교연구(Comparative Studies)로 나눌 수 있다. 학제 간 연구(Inter-disciplinary)가 나타난 배경은 19세기이후 정치, 경제, 사회, 문화 등 모든 분야에 걸쳐 변화가 일어나자, 이런 변화를 기존 학문으로 설명하는데 한계가 발생하였고, 서구나 유럽의 식민지에 대한 효율적 지배를 위한 피식민 지역의 정치, 경제, 사회, 문화 등 모든 분야에 대한 종합적이고 체계적인 연구 활성화의 필요성에서 기인하였다.

학제 간 연구(Inter-disciplinary)는 특정 학문영역을 전공한 2인 이상의 연구자가 하나의 주제를 갖고 자신의 전공분야에서 해당 지역의 주제연구에 기여함으로써 학문의 종합화를 끌어내고자 한다. 학제 간 연구는 특히 타 분야보다 지역연구 분야에서 현실적으로 활용되어 왔고, 다양한 각도에서 연구가 가능한 이점을 지닌다. 학제 간 연구는 몇 개 분과학문을 전공한 학자들이 모여서 단순히 공동연구 만을 수행하는 성격이 강한 다학문적인 연구(Multi-disciplinary Approach)와는 차이가 있다.

예를 들어, 복합적이고 광범위한 세계지역연구를 수행하고자 하면, 전문분야의 특수상황에 의존한 방법론에만 의존하기보다 기존의 특정분야에서 갖고 있는 방법론을 조화 있게 활용하여야 하며, 이런 배경에서 세계지역연구는 국제정치와 경제학, 지리학과 역사학, 사회학과 문화인류학, 환경학 등 여러 학문을 연결시키는 학제적 성격을 갖게 되었다.

다음으로 비교연구는 세계의 각 지역의 상이한 정치, 경제, 지리, 역사, 사회, 문화 등을 비교 분석하는 접근방법이다. 비교란 '둘 이상의 사물을 견주어 서로 간의 유사점, 차이점, 일반 법칙 따위를 고찰하는 일'을 말하므로, 보편적인 틀을 끌어낼 수 있는 과학적 틀 내에서만 가능하다고 하는 주장도 있으나, 특정지역의 개별적이고 특수한 속성을 비교분석함으로써 광범위하게 사용되고 있는 한 접근방법으로서 유사점, 공통점, 차이점 등을 상호 비교하고 있다. 이를 위해 역사적 접근법이나 사회과학적 접근법을 활용하여 국제간 또는 서로 다른 지역사회 간의 비교를 전제로 한다. 비교연구에 있어서도 구체적인 사실의 기술로서 만족에 국한할 수 없으므로, 일반화(Generalization)가 필요하며, 지역연구의 비교연구는 구체적 사실규명이 선행되어야 하기 때문에, 주로 변수와 사례중심의 연구, 즉 변수 간 상관관계유형을 분석하는 계량화연구가 발달했다.

02 지역연구를 다루는 여러 학문과 패러다임

1) 지역연구를 다루는 여러 학문

지역연구는 정치학과 경제학, 지리학과 역사학, 사회학과 문화인류학 등 많은 학문과 연구 분야로부터 각종 자료를 가져와 통합하는 다학제적인 학문이며, 기존의 분과학문과 다양한 영향관계를 갖고 있다. 지역연구와 관련 있는 학문을 살펴보면 아래와 같다.

첫째, 국제정치학(International Politics)은 정치학의 한 분야로서 국제사회에서 일어나는 정치현상을 연구하는 학문이다. 1940년대 중반부터 신생독립국에 대한 효율적인 외교정책을 수립하기 위해 해외지역연구가 수행되었으며, 주로 국제정치학자들이 주축을 이루었고, 현재의 해외지역연구를 촉진시키는 계기를 가져왔다.

둘째, 국제경제학(International Economics)은 국가사이의 경제활동을 분석 대상으로 하는 경제학이며, 서로 다른 국가의 사람들 사이에서 일어나는 거래와 상호 작용, 교역, 투자, 이민 등의 유형과 결과를 설명한다(위키백과). 다시 말해 국가 간 경제교류와 경제활동에 초점을 맞추어 연구하는 학문이며, 해당 지역의 경제현상에 관심을 가지면서 지역성의 이해를 위한 종합적 접근을 시도하고 있다. 국제경제학은 경제학의 분과이므로 다양한 경제이론을 도입하여 결과를 이끌어내는데 관심을 지니고 있다. 최근의 세계경제의 블록화관련 연구는 지역연구의 접근방법을 활용하여 분석하는 시도가 많다.

셋째, 지리학(Geography)은 지표상에서 일어나는 인문과 자연현상을 지역적 관점에서 연구하는 과학의 한 분야이다. 지리학은 공간이나 자연, 인간의 경제와 사회활동과의 관계를 대상으로 하는 학문분야로서 특히 지역지리학은 특정 지역을 지리적으로 접근하여 내용을 서술하는 연구방법을 추구하고, 자연적, 인문적 요소를 이루는 지역을 이해하고 정의하는데 목표를 둔다. 대표적 사례는 한국지리, 대륙별 지리(유럽지리, 아시아지리, 아메리카지리 등) 및 세계지리 등이 있다. 해외지역연구는 세계화시대에 있어 지구의 모든 지역을 연구대상으로 할 수 있으므로, 지역에 뿌리를 둔 인문과 자연현상의 이해가 필요하며, 지역성 뿐 아니라 이런 차이에 나타난 지역의 제 문제에 관심이 높다. 해외지역연구에서 도시오염과 기후변화 같은 자연문제, 교통과 통신, 물자의 이동과 같은 인간의 경제행위, 빈부격차와 인구문제, 사회불평등 같은 지역에 뿌리를 둔 당면과제는 세계지리연구의 필요성과 관심을 부각시켰다.

넷째, 역사학(Historiography)은 선사시대로부터 현대에 이르기까지 정치, 경제, 사회, 문화 등 인간 활동에 관한 제반 조사와 연구를 수행함으로써 과거의 사료를 평가, 검증하는 과정을 통해 역사적 진실 규명을 추구하는 학문이다. 역사학은 Furay와 Salevouris (1988)에 의하면, “역사가 어떻게 되어왔고 어떻게 쓰여 있는지, 곧 역사적 기록의 역사를 연구하는 학문이며, 역사학을 연구할 때 여러분은 과거의 사건을 연구하지는 않지만 각 역사가의 작품 속 사건들의 변동하는 해석을 연구한다.”고 하였다(위키백과).

헤로도투스(Hēródotos)는 지리학과 역사학의 아버지로 불리는 학자이며, BC 5세기에 페르시아 전쟁을 주제로 쓴 저서에서 ‘조사’ 혹은 ‘탐구’라는 뜻의 ‘historia(역사)’라는 말을 사용하였다. 실제 일어난 일에 대한 이야기에 대한 서술을 의미하는 것이다. 역사학과 지리학의 차이는 시간적 기술과 공간적 기술의 차이이며, 지역연구 속에서도 국가나 지역의 걸어온 길에 대한 규명은 매우 중요하다.

다섯째, 문화인류학(Cultural Anthropology)은 인류의 생활 및 역사를 문화면에서 실증적으로 추구하는 인류학의 한 분야다. 광의로는 선사적 고고학(先史的 考古學), 인류학적 언어학, 민족학(民族學), 민속학, 민족지(民族誌) 등 여러 분야를 포함하고 있으나, 협의로는 사회인류학과 민족학의 두 분야를 말한다. 문화인류학이라는 용어를 사용하는 것은 미국이 중심이 되고 있으며, 유럽 영국에서는 사회인류학, 독일과 오스트리아 등에서는 민족학이라고도 한다. 특히 역사적인 문화와 현재의 모든 문화가 연구의 대상이 되고 있다(NAVER 지식백과). 지역연구는 특정 지역에서 발생하는 여러 현상 중에서 문화의 요소를 중요시하고 있으므로, 인간이 형성한 문화의 본질을 연구하는 문화인류학과 상호보완 관계를 갖고 있음은 부인할 수 없다.

2) 지역연구의 패러다임

지역연구 패러다임은 전통적인 공간조직 중심에서 벗어나 '복잡성 패러다임'으로의 전환이다. 패러다임(Paradigm)은 어떤 한 시대 사람들의 견해나 사고를 지배하고 있는 이론적 틀이나 개념의 집합체를 의미하는 것으로서 미국의 과학사학자이자 철학자 Thomas Kuhn이 저서 〈과학혁명의 구조: The Structure of Scientific Revolution (1962)〉에서 제시하여 널리 통용된 개념이다. Thomas Kuhn은 패러다임을 "한 시대를 지배하는 과학적 인식, 이론, 관습, 사고, 관념, 가치관 등이 결합된 총체적인 틀 또는 개념의 집합체"로 정의했고, 자연과학에서 비롯되었으나 각종 학문 분야로 파급되어 오늘날 거의 모든 사회현상을 정의하는 개념으로 확대되어 사용되고 있다.

(1) 세계화의 트렌드

① 탈근대화(Postmodernization)

탈근대화는 지난 20세기에 걸쳐 서구의 문화와 예술, 삶과 사고를 지배해 온 모더니즘에 대한 반동으로 1960년대 중반부터 시작되었고, 정치, 경제, 사회의 모든 영역과 관련되는 한 시대의 이념이다. 다시 말해 모더니즘(Modernism), 계몽주의(종교개혁), 경제이념 자본주의, 근대국가를 토대로 한 근대문명이 남북문제, 환경파괴, 인간소외 등과 같은 범지구적 문제를 양산하면서 탈근대(Postmodern) 시대로의 전환을 의미한다.

이런 배경에서 IT혁명(시공간 압축), 감성의 새로운 구조 창출, 문화중심의 지방화, 분권화, 다차원화, 이질화된 사회·문화공동체 출현 등에 의해, 탈국가 중심적인 지연연구 접근과 개별문화의 가치와 다문화의 공존하는 가치와 문화적 다양성에 의한 지역연구 단위 설정이 필요하게 되었다.

② **세계화**(Globalization)

세계화(Globalization)는 현대사회의 가장 핵심적인 화두이다. 1990년대 초, 사회주의국가를 중심으로 한 체제몰락, 정보통신기술의 획기적인 발전, 무역 및 자본국유화, 다국적기업 부각 등으로 어느 때보다도 세계교류가 확대되었고, 세계경제통합이 가속화되었다. 이런 세계화의 물결은 현재 상황에서 어떤 국가도 거부하기 어려운 상황이며, 이로 인해 세계화의 긍정적 면 뿐 아니라 부정적인 면도 나타나고 있다.

세계화는 다양한 분야에서, 정치, 경제, 사회, 문화, 군사, 환경 및 질병 혹은 범죄나 테러행위에 있어서도 광범위하게 진행된다. 세계화는 무엇보다도 경제적 의미에서 "국가들 간에 경제적인 교류를 저해하는 각종 장벽들이 완화, 축소 혹은 제거되면서 상품과 서비스, 생산요소와 정보, 기술 등 경제교류가 내용적으로 심화되고, 지리적으로 확산되는 변화과정이 뚜렷하게 확인되는 현상"이라고 할 수 있다. Garrett(1998)은 동일한 시각에서 시장의 전지구화(Market Globalization)는 무역경쟁의 심화, 생산의 다국적화, 그리고 금융시장통합과 같은 제도적 메커니즘을 타고 시장이 국민경제를 이탈해 초국가적 수준에서 기능적으로 통합된 과정이라고 하였고, 이런 과정이 지난 20년 이상 가속될 수 있었던 것은 상품과 서비스 및 자본의 국가 간 흐름에 소요되는 비용이 탈규제화와 생산 및 커뮤니케이션 기술혁명에 의해 획기적으로 감소된 것에 기인한다.

③ **세계화와 국제화**

국제화((Internationalization)는 '한 나라가 경제, 환경, 정치, 문화적으로 다른 여러 나라와 교류하는 것을 의미한다. 상세하게 기술하여 보면, 국제화는 국가와 국가, 그리고 국가 내 기업과 기업 혹은 개인과 개인 간의 양자적 관계로 형성되며, 이런 관계의 활성화를 통해 문호개방, 정책, 제도, 사고방식 등이 변화하는 과정이라고 할 수 있다. 반면 세계화는 각국의 국가경제가 세계경제로 통합되는 것이다.

국제화가 한 국가를 단위로 국민경제가 여전히 중요성을 유지한 채 국가 간 경제적 교류가 이루어지는 현상을 말한다면, 세계화는 경제적 의미에서 국경이 의미를 상실하고 세계 전체가 하나의 경제단위가 된다는 점을 가조하는 점에서 차이가 있다. 세계화가 '세계를 마치 하나의 지구촌처럼 국경을 초월하는 것' 을 뜻한다면, 국제화는 '다른 나라의 국경과 고유성을 인정하며 이루어지는 나라 간 교류' 를 뜻한다. 세계화와 국제화 간의 기본적 차이는 경제적 의미에서 국경, 국가의 경제주권, 시장(상품, 서비스, 금융)의 개방정도에서 나타난다. 국제화 시대에서 경제적 의미의 국경이 존속하고 국가의 경제주권을 보장 받았지만, 세계화 시대에는 경제적 의미의 국경은 소멸되고, 국가의 경제주권을 보장받기 어렵게 되었다.

④ 지역(블록)화와 지방화

세계화 현상과 함께 나타난 특징 중의 하나가 지역(블록)화의 가속화와 지방화 추세이다. 지역화는 '일정한 지역에 위치한 국가들이 초국가적인 결속을 통해 상품, 자본, 노동, 서비스가 자유롭게 이동하는 단일 시장 경제를 추구하는 시도나 노력' 을 뜻한다. 현재 결성되어 있는 지역블록의 대표사례는 유럽연합(EU), 신 북미자유무역협정(USMCA), 아태경제협력체(APEC) 등을 들 수 있다. 최근 이러한 지역 블록화 현상, 경제분야 지역블록화가 빠르게 진행되었다.

이와 반대로 최근 지방의 고유성과 독자성이 강조되면서 지방과 지역이 크게 부상하는 지방화 현상도 부각되고 있다. 지방화(Localization)는 세계화에 대응하는 개념이며, 지방이 정치, 경제, 사회의 새로운 주체로 등장하는 현상이다. 지방자치의 발전에 따라 중앙정부 권한이 대폭적으로 지방자치단체로 이관되고 주민 의사에 따라 업무가 처리되는 것을 의미한다. 다시 말해, 지역 주민을 위한 정치, 경제, 사회, 문화적 영역에서의 공공서비스가 지방정부 주도로 실현되는 정치 및 행정적 과정이라고 할 수 있다. 이에 따라, 중앙과 지방간의 상호 관계 재정립 및 권한의 재분배가 논의되고 있는 실정이다. 또한 한 나라의 지역이나 도시가 국가를 거치지 않고 다른 나라의 지방도시와 직접 교섭을 하는 일이 많아지고 있다.

⑤ 탈세계화

탈세계화(Deglobalization)는 세계화의 반대 현상으로서 국가 간 교류와 상호의존성이 감소하고 보호무역, 자국 우선주의가 확산되며 세계 경제 통합이 약화되는 흐름을 말한다. 이것은 코로나19 팬데믹, 러시아-우크라이나 전쟁, 미중갈등, 세계화로 인한 불평등 심화로 나타났다. 보호무역주의 강화(관세 부과), 중국 의존 탈피, 자국 내 생산(Reshoring) 혹은 우방국 중심의 블록화(프렌드쇼어링), 기술 블록화(반도체 등 첨단 기술 분야에서의 국가 간 경쟁 심화), 자원 민족주의(에너지, 식량 등 핵심 자원 확보 경쟁), 지역화(Regionalization: 거대 경제 블록 중심으로 재편)와 연결되고 있다.

그러나 탈세계화는 단순히 세계화의 종식이 아니라, 세계화가 변형되고 재편되는 과정으로서 기존의 정치, 경제 질서에 큰 변화를 가져왔다.

(2) 세계화의 배경과 유형

① 촉진 배경

세계화를 촉진시킨 배경은 신자유주의 사상 대두, 첨단정보·통신기술발달, 세계무역기구(WTO) 체제 출범, 사회주의국가의 경제개혁과 대외 개방 등 다양한 관점에서 확인할 수 있다.

첫째, 복지국가 추구에 따른 정부 실패를 극복하기 위해 등장한 신자유주의 사상의 부각이다.

둘째, 최첨단 정보통신기술 발달이다. 과학기술 발달로 교통과 정보통신기술이 혁신적으로 발전함에 따라 지구공간을 좁히는 결과를 가져왔다.

셋째, 세계무역기구(WTO) 체제 출범이다. WTO는 상품교역에 대한 관세장벽과 비관세장벽 등 무역장벽 철폐 혹은 완화를 요구한다. 서비스 교역에서 내국민 대우와 최혜국 대우를 부여함으로써 상품과 서비스교역의 장애가 되는 경제적 의미의 국경이 퇴색되었다.

넷째, 이데올로기의 퇴조에 따른 새로운 교류이다. 이런 현상은 소련붕괴 이후의 러시아, 동유럽 국가 및 중국 등 과거 사회주의 국가의 경제개혁과 폭넓은 개방 움직임과 관련되어 있다.

② 세계화의 영향

세계화는 긍정적 영향을 가져오기도 하고, 부정적 영향을 가져오기도 하는 양면성을 지닌다.

◎ 긍정적 영향

긍정적인 영향은 첫째, 효율 극대화, 둘째, 자원배분 합리화, 셋째, 규모의 경제이익 초래, 넷째, 자유무역 이익 실현 등을 들 수 있다. 세계화는 국가 간, 지역 간, 기업 간, 계층 간 활발한 경쟁을 통해 효율의 극대화를 가져온다. 그리고 활발한 경쟁과 비교우위를 통해 자본과 노동 등과 같은 생산자원의 최적 배분을 가능하게 한다. 세계화는 세계시장의 단일적 통합과 시장광역화를 통해 규모의 경제이익을 발생시키고, 무역장벽을 완화해 자유무역의 이익을 가져다주는 역할을 한다.

◎ 부정적 영향

부정적 영향은 첫째, 세계경제에 대한 일부 선진국의 패권적 지배, 둘째, 국가주권의 침해, 셋째, 자주적 경제정책 제약, 넷째, 경제주체의 대외의존도 심화, 다섯째, 비교열위 산업 퇴출, 여섯째, 국가 및 계층 간 소득의 양극화 확대 등을 지적할 수 있다. 세계화는 자본수출, 경쟁력의 우위를 통해 세계경제에 대한 일부 선진국의 패권적 지배를 강화한다. 세계화에 매몰된 일부 국가의 주권이 침해를 받을 수 있다. 세계화는 상품, 서비스, 자본 등의 국제거래를 통해 각 경제주체의 대외의존도를 심화시킬 수 있고, 치열한 국제경쟁에 따라 각국의 비교열위 산업을 퇴출시킬 수 있다. 세계화는 국가 간, 계층 간 소득의 양극화를 확대시켜 불평등을 부각시키는데 한 몫을 하였다.

③ 세계화의 유형

세계화는 경제 뿐 아니라 정치, 문화 등 다방면에서 전개된다. 세계화 시대에서 국민과 국가는 과거와는 비교가 되지 않을 정도로 유기적 체계 속으로 편입되어 가고 있고, 국가, 국경, 국적의 의미는 약화되고 있다.

◎ 정치적 세계화

정치적 세계화는 국가 단위를 넘어 국가 간의 협력과 조정을 유도해낼 수 있는 정치적 조직체 출현을 의미한다. 과거에는 국가 주도의 세계질서가 확고하게 정립되어 있었으나, 현재에는 세계적 연합기구, 지역적 연합체, 지방정부, 기업, 국제적 연계망을 가진 비정부기관 등 행위주체들이 다양하게 분화되어 역할을 하고 있다. 세계화로 인해 주권 국가의 기능이 약화되고 있으며, 국내 정치와 국제 정치의 구분이 사라지고, 이에 따라 민간기업과 기구 및 국제기구 등의 역할이 나타났다.

◎ 경제적 세계화

경제적 세계화는 다국적기업 활동에 의해 국경을 초월한 기업 활동이 이루어지고, 이에 따라 새로운 국제적 분업현상이 심화되어 세계경제가 기능적으로 통합되는 경향이다. 자본 그 자체를 기본단위로 하는 세계경제가 출현하여 세계 경제를 구성하는 다양한 단위들이 통합되고 초국가적 기업이 확대되고 있다. 경제적 세계화는 개별 국가들이 상품과 서비스, 금융 등 관련시장을 통합해 거대한 하나의 시장을 형성하여 전 세계의 국가들이 통합된 체계 속에 귀속되는 일련의 과정이다.

◎ 문화적 세계화

전 세계에는 다양하고 이질적인 문화가 공존하고, 전 세계의 모든 문화가 다양성을 인정받고 서로 소통하며 영향을 주고받고 있다. 문화적 세계화는 첫째, 방송이나 인터넷 등 문화상품의 세계적 네트워크를 통해 형성된 산업발전에 토대를 둔 문화소비를 통한 세계화와 둘째, 지역성과 특수성을 중심으로 이질적인 문화를 형성함으로써 발생하는 서로 상이한 문화권 간 갈등과 변화를 두 축으로 하여 진행된다. 문화적 세계화는 표준화된 상표와 국제스포츠문화의 확산현상에서 찾아볼 수 있다.

세계화는 정치, 경제, 문화 등 다양한 분야에서 공간과 시간이 압축되어 세계가 일체화되어 가는 것, 또는 이러한 의식이 더욱 강하게 형성되는 것이다. 현재 국제정치학, 경제학, 사회학, 문화인류학 등 많은 학문분야에서 사용되고 있고, 정보·통신·통신기술의 급속한 발전으로 물질, 통화, 인간, 정보가 국경을 초월해 이동함으로써 지구의 일체화(Unity) 혹은 글로벌리티(Globality)라는 현상이 점점 강화되는 것이다. 세계화는 국가나 국경을 초월한 초국경적인 글로벌한 시스템으로 명확하게 인식되고 있다.

④ 세계화와 탈세계화

세계화가 국가 간 상품, 자본, 노동, 정보 교류를 확대하여 전 세계가 단일생활권으로 통합되는 과정이라면, 탈세계화는 세계화의 흐름이 약화되고, 국가 간 상호의존성이 감소하며 보호무역, 자국 중심주의로 회귀하는 현상으로, 코로나19 팬데믹, 지정학적 갈등 등으로 가속화되어 보호무역과 지역화 경향이 심화되는 현상이다. 세계화가 전 세계를 하나의 거대한 공동체로 만들었다면, 탈세계화는 이러한 통합의 역풍으로 국가 및 지역 단위의 경제안보와 자립이 강조되어 세계경제질서를 재구성하려는 흐름이다.

03 지역성과 세계지역구분

1) 지역과 지역성

지역은 하나 이상의 고유한 특성을 지니는 공간적 영역, 목적에 따라 기준에 맞게 나누어진 지표공간이다. 지역에는 지역 고유의 특성, 다른 지역과는 차별되는 특성을 갖고 있으며, 이것을 지역성이라고 한다.

(1) 지역

지역(Region)은 인간이 지표위에서 인문과 자연환경의 지속적이고 치열하게 상호작용을 전개하면서 적응하여 놓은 인간 삶의 방식이 표현된 공간을 의미한다. 다시 말해 각종 사상(事象)이 펼쳐진 공간이라고 정의할 수 있다. 지역은 멈추어 있는 것이 아니라 변동하므로 지역의 범위, 경계 및 지역성도 끊임없이 변화한다. 지역의 특성은 불변이 아닌 가변적이며, 자연적·사회적 환경 변화에 따라 바뀔 수 있다. 지역은 구성상, 핵심지역(지역이 지니는 특성이 강하게 나타나는 중심부), 주변지역(지역이 지니는 특성이 점점 약해지는 외곽지대), 점이지대(한 지역에서 다른 지역으로 지역성이 변해가는 중간지대이며, 이런 배경에서 두 지역의 경계선 부근으로 인접한 두 지역의 특성이 함께 나타남)로 이루어진다.

(2) 지역성

지역성(Regionality)은 지역이 갖고 있는 고유한 성격이다. 지역은 자연적 조건, 특히 수리적 위치의 결합에 따라 기본적인 지역의 환경이 결정되고, 거기에 맞춰 생존방식을 결정하거나 혹은 이주한 인류의 조상이 그 환경과 적응하면서 각 지역들 내 인간의 삶의 방식을 결정한다. 다시 말해 시간과 계절, 기후변화와 동식물분포, 지형과 지질환경 변화 및 수륙분포규모 등에 따라 다양한 자연환경의 영향과 인문적인 인간 활동 결과가 형성된다. 지역성은 '어떤 한 지역이 다른 지역과 공통된 현상이 나타나지만 그 지역만의 역사, 자연환경, 문화적 배경에 의해 그 지역만이 가지고 있는 독특한 특성'을 말한다. 세계 각 국가 혹은 지역의 다양한 지역성이 차별적으로 인식되어 인간의 제 활동(정치, 경제, 사회, 문화, 교통 및 관광)을 활발하게 하는 동시에 인간의 지역연구 관심을 제고하였다.

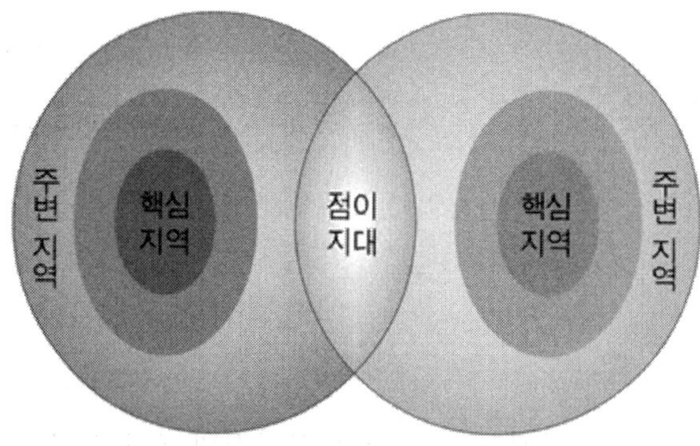

그림 1-1 ▌지역의 구성(핵심지역, 점이지대, 주변지역)

지역성은 하나의 지역이 동질적으로 혹은 기능적으로 다른 지역과 구분되는 특성이다. 동질지역은 다른 지역과 구별되는 하나 이상의 지리적 특성을 공유하는 공간범위이며, 열대기후지역, 벼농사지대, 불교문화권, 영어사용권, 주거지구 등 다양하다. 기능지역은 어떤 기능의 중심지 및 그 중심지와 상호 작용하는 배후지로 조직된 공간범위를 말하며, 도시권, 상권, 통근·통학권, 지하철 역세권 등 다양하다.

2) 세계의 지역구분

지역구분은 국토, 지방, 도시 등의 공간구조의 분석이나 토지이용계획의 책정을 위해 동질적·일체적인 단위 지역으로 구분하는 것을 말한다. 동일한 장소라도 구분하는 기준에 따라 각각 다른 지역으로 구분될 수 있다.

세계의 지역구분은 규모와 관점에 따른 구분이 있다. 전자는 대륙, 국가, 국가의 내부 행정단위 등에 의하며, 후자는 자연환경(수리적 위치, 기후와 식생)과 인문환경(문화: 종교, 언어, 민족, 정치, 사회·경제: 인구, 농업, 공업, 소득, 국내총생산〈GDP〉, 경제블록)에 따른 지역구분이 있다.

(1) 위치

위치(位置)는 '어떤 것이 자리를 차지하는 개념'으로, 국가나 지역 위치는 내부에 있는 동식물과 기후, 지형 등 자연적 조건 형성의 기본적 인자가 된다. 위치는 흔히 3가지 관점으로 구분할 수 있다.

출처: 김홍운(1997). 관광과 나라얼굴

그림 1-2 ▌위도에 대한 이해: 동일위도상의 국가와 도시

첫째, 수리적 위치는 위선과 경선에 의해 결정되는 위치로 그 지역의 시간대, 기후, 식생 등을 결정한다. 위도(緯度)는 지구상에서 적도를 기준으로 북쪽 또는 남쪽으로 얼마나 떨어져 있는지 나타낸다. 위도의 단위는 도(°)이며, 북극점 90°N부터 남극점 90°S까지의 범위 안에 있다. 경도(經度)는 지구상에서 본초 자오선을 기준으로 동쪽 혹은 서쪽으로 얼마나 떨어져 있는지 나타낸다. 경도의 단위는 도(°)이며, 180°E부터 180°W까지의 범위 안에 있다. 자연스럽게 적도를 기준으로 한 위도와 달리, 경도는

자연적인 기준이 없기 때문에 임의적으로 하나의 기준이 정하였다. 이 기준은 한동안 지역에 따라 달랐으나 1884년 국제자오선회의(International Meridian Conference)에서 영국 런던 그리니치 천문대를 지나는 본초자오선을 표준으로 결정했다.

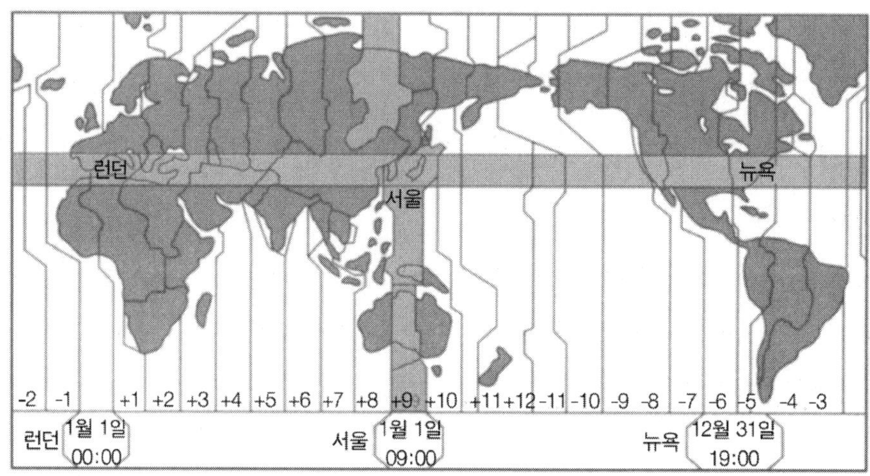

출처: 이순용 외(1998). 지도로 배우는 한국지리

그림 1-3 ▌경도에 대한 이해: 서울과 세계의 시간대

둘째, 지리적 위치는 수륙분포와 해발고도 등으로 나타내며, 반도국가, 해양국가등으로 표현된다.

셋째, 상대적 위치는 지역(국가) 간의 공간관계 혹은 국제적 관계에 의해서 맺어지는 위치로 현대 국제관계에서 중요시된다. 특정 민족이 동일한 위치에 따른 자연환경에 오랫동안 적응하면 비슷한 문화적 동일성을 띄게 되므로, 이런 위치 특성은 지역연구의 기본개념이다.

(2) 대륙

대륙은 '광대하고 연속된 땅으로 외양에 의해 분리되는 육지'이며, 해양과 반대되는 개념이다(지구의 총면적 약 510,072,000㎢ 중 육지면적 약 150,500,000㎢). 전 지구의 대륙을 구분하는 방법은 여러 가지가 있으나, 일반적으로 7개 대륙의 구분(북아메리카, 남아메리카, 남극, 아프리카, 유럽, 아시아, 오세아니아)이 잘 알려져 있다. 육지로 연결되어 있는 북아메리카와 남아메리카,

아프리카와 아시아 및 유럽은 한 개의 대륙으로 취급할 수 있으나, 태평양이나 대서양과 같은 해양을 필요에 따라 남북으로 구분하듯이 대륙구분도 보는 시각에 따라 상이하다.

대륙으로 불릴 수 있는 육지의 크기는 그린란드를 기준으로 하며, 이 기준에 따라 면적이 2,166,086㎢인 그린란드는 섬, 7,617,930㎢인 오스트레일리아는 대륙으로 표현된다. 대륙에 인접한 대륙붕과 대륙에 인접한 섬들도 해당 대륙에 부속된 것으로 본다. 예를 들어, 유럽에는 대륙 자체와 함께 브리튼 제도, 아이슬란드와 같은 섬들도 유럽의 부속도서라고 볼 수 있다(위키백과).

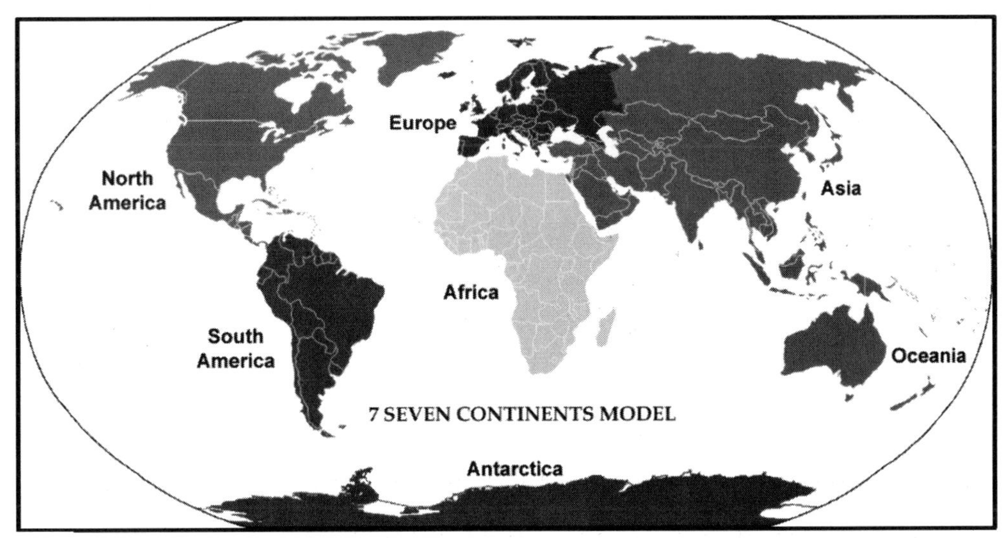

출처: 위키백과(대륙)

그림 1-4 ▌세계의 7개 대륙

① 아시아

아시아(Asia)는 지구에서 가장 면적이 넓고(44,579,000㎢), 인구가 많은 대륙이다. 아시아와 유럽의 경계는 다르다넬스 해협, 마르마라 해, 보스포루스 해협, 흑해, 코카서스, 카스피 해, 우랄 강(엠바 강), 그리고 러시아 우랄산맥과 노바야제믈랴 제도까지를 경계로 한다. 아프리카와 아시아는 수에즈 운하를 경계로 만난다. 세계인구의 약 60%에 달하는 47억 명 이상이 거주한다. 대륙과 인도양 및 태평양의 인접 군도를 포함한다.

② 북아메리카

북아메리카(North America)는 지구의 북반구, 서반구에 위치한 대륙이다. 북쪽은 북극해, 동쪽은 북대서양, 남동쪽은 카리브 해, 서쪽은 북태평양과 접하며, 남쪽은 파나마 지협을 통해 남아메리카와 연결된다. 대륙의 면적은 약 30,211,000㎢로, 지구면적의 4.8%, 전체 육지면적의 16.5%를 차지한다. 인구는 약 6억 4천만 명이 거주한다.

③ 아프리카

아프리카(Africa)는 동반구(東半球)의 남서부에 있으며 남북에 걸친 세계 제2의 대륙이다. 면적이 넓은 편(30,221,532㎢)이고 인구는 약 14억 명으로 세계에서 두 번째로 인구가 많다. 아프리카 대륙 주변은 북쪽은 지중해, 북동쪽은 수에즈 운하와 홍해, 남동쪽은 인도양, 서쪽은 대서양이 위치해 있다. 아프리카의 어원은 고대 그리스인들이 리비아라고 부른 지중해의 남안(南岸)에서 원주민이 사용한 지명에서 비롯되었다. 대륙으로서 아프리카라고 하는 이름으로 불린 것은 16~17세기 네덜란드의 항해자들이 이곳이 독립된 대륙이라는 사실을 알고 난 이후이다.

④ 남아메리카

남아메리카(South America)는 서반구에 위치한 대륙으로, 대부분 남반구에 위치해 있고 일부분 북반구에 걸쳐 있다. 북쪽은 파나마 지협을 통해 북아메리카와 연결되며, 서쪽은 태평양, 북동쪽은 대서양, 남쪽은 남극해와 접한다. 아메리카란 이름은 1580년 지도 제작자 마르틴 발트제뮐러와 마티아스 링만이 아메리카 대륙이 동인도가 아닌 신세계임을 주장한 최초의 유럽인 아메리고 베스푸치 이름에서 명명하였다. 남아메리카 대륙의 면적은 17,840,000㎢, 지표면의 약 3.5%를 차지한다. 인구는 약 4억 5천만 명으로 추산된다. 남아메리카는 4번째(아시아, 아프리카, 북아메리카 순)의 큰 대륙이고 인구는 5번째(아시아, 아프리카, 유럽, 북아메리카 순)이다.

⑤ 남극

남극(Antarctica)은 지구의 최남단에 있는 대륙으로, 한가운데 남극점이 있다. 남극 대륙은 거의 대부분 남극권 이남에 자리 잡고 있고, 주변에 남극해가 있다. 면적은 약

14,000,000㎢로서 아시아, 아프리카, 북아메리카, 남아메리카에 이어 다섯 번째이며, 남극보다 면적이 넓은 나라는 러시아가 유일하다. 남극의 약 98%가 얼음으로 덮여 있고, 얼음은 평균 두께가 1.6㎞에 이른다. 얼음으로 덮이지 않은 면적은 약 280,000㎢에 불과하며, 지구상에서 가장 추운 지역이다. 1959년 12개국이 남극조약을 체결하였으며, 지금까지 서명한 국가는 46개국에 이른다. 이 조약은 군사행동과 광물자원 채굴을 금지하는 한편, 과학적 연구를 지원하고 대륙의 생태환경을 보존하도록 규정한다. 조약에 따라 영유권선언이 금지되어 있으나, 노르웨이, 뉴질랜드, 아르헨티나, 영국, 오스트레일리아, 칠레, 프랑스는 남극의 일부를 자국의 영토라고 주장하고 있다.

⑥ 유럽

유럽(Europe)은 러시아 우랄산맥과 캅카스 산맥, 우랄 강, 카스피 해, 흑해와 에게 해의 물길을 분수령으로 하여 아시아와 구분한 지역을 일컫는다. 북쪽은 북극해, 서쪽은 대서양, 남쪽은 지중해, 동남쪽은 흑해가 마주한다. 유럽은 면적 10,180,000㎢로 지구 표면의 2%, 육지의 약 6.8%에 불과하다. 유럽은 면적과 인구에서 러시아가 가장 우위에 있고, 바티칸 시티가 가장 작다. 인구는 세계 인구의 약 11%, 7억3천9백만 명이며, 아시아와 아프리카 다음으로 세 번째로 많다.

⑦ 오세아니아

오세아니아(Oceania)는 태평양의 육지와 섬 지역을 포함해 대양주(大洋洲)라고도 한다. 오스트레일리아 대륙(大陸)을 중심으로 하고, 파푸아 섬과 뉴질랜드 섬, 미국 하와이 주를 비롯한 태평양의 크고 작은 섬들을 포함한다. 오세아니아는 멜라네시아, 미크로네시아, 폴리네시아로 세분된다.

(3) 문화지역구분

문화는 '인간 집단의 생활양식의 총체'로서 비슷한 자연환경지역 내에서 자연적 환경에서적응하고 생활하는 동안 만들어진 문화적 동질성과 민족적 의식에 의해 동일지역상에 비슷한 문화적 성격으로 나타나는 공간이 존재하고 있다. 문화권은 '공통된 문화적 특성(언어, 종교, 생활양식 등)이 지리적으로 유사하게 나타나는 지역적 범위'를 말하며, 자연환경과 인문환경 요인에 의해 형성되고, 세계는 동아시아, 이슬람, 유럽, 아메리카 등 다양한 문화권으로 구분될 수 있다.

본 책에서는 여러 문화권 분류 중에서 동양문화권, 건조문화권, 아프리카문화권, 유럽문화권, 아메리카문화권, 오세아니아문화권 및 북극문화권 등 7개 문화권으로 분류하였다. 동일한 문화권은 문화의 구성요소(언어와 종교, 생활양식 등이 동일하거나 유사하게 나타나는 공간적 범위이다.

① 동양 문화권

동양문화권은 유교적 생활양식과 대승불교, 한자, 쌀농사 및 가부장적 대가족제도를 중심으로 하는 중국문화권(한국, 중국, 일본 중심)과 힌두교를 바탕으로 카스트 제도를 채택하고 있는 인도문화권으로 구분된다. 그 사이에 두 지역 성격이 혼재하고 있는 동남아시아 점이지대가 있다.

② 건조문화권

건조문화권은 연강수량 500㎜ 이하 지역으로 크게 스텝기후(연강수량 250㎜~500㎜)인 반건조 단초초원지역과 사막기후지역(연강수량 250㎜ 이하)으로 구분된다. 지역적으로 중국지역의 고비사막에서 중앙아시아를 거쳐 북부아프리카에 이르는데 다시 외몽고·터키 문화권(라마교, 이슬람교, 유목생활)과 아랍·베르베르 문화권(이슬람교, 아랍어, 오아시스농업, 유목생활)의 2개 지역으로 구분된다. 이 지역은 고대에 동방(오리엔트)이라 불리던 곳으로 세계적 종교로 성장한 크리스트교, 이슬람교와 민족종교인 유대교가 이곳에서 발생한 것은 인류문화와 역사의 다양성을 표현하는 또 하나의 지표라 할 수 있다.

③ 아프리카문화권

아프리카 문화권은 북부아프리카, 남아프리카 일부 지역, 마다가스카르 섬을 제외한 사하라사막 이남지역이다. 니그로 인종으로 구성되어 있으며, 수단 니그로(기니만 연안에서부터 수단 지방 분포), 반투 니그로(콩고 강과 남부아프리카 지방 분포), 소 니그로(콩고분지의 피그미족, 칼라하리사막 주변의 호텐토트족, 부시맨 등)로 구성되어 있고, 부족국가 단계에 이르고 있기도 하고, 아랍과 인도의 영향을 받아 종족문제, 언어적 불일치 및 종교문제 등이 복잡하다.

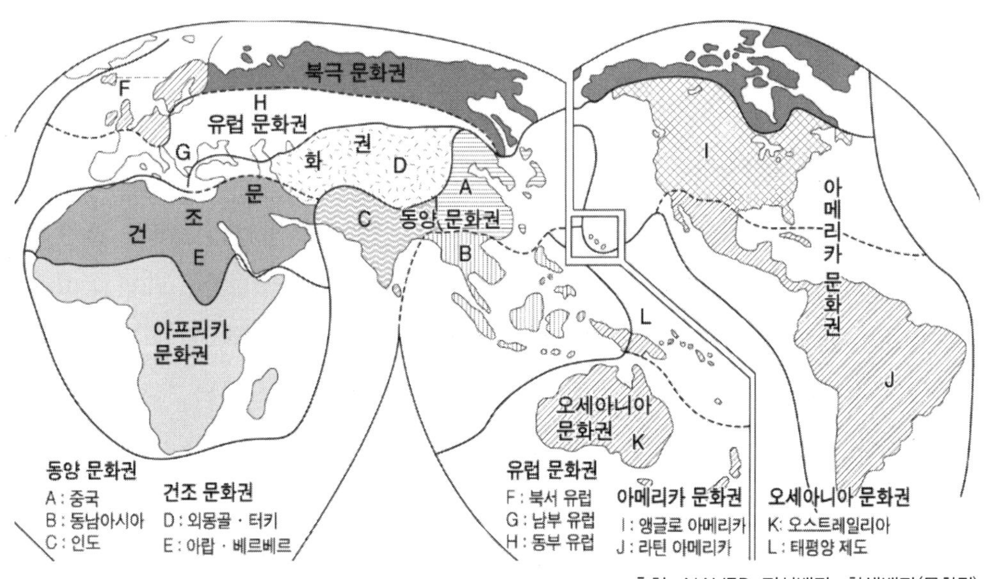

출처: NAVER 지식백과. 학생백과(문화권)

그림 1-5 ▌세계의 문화지역구분

④ 유럽문화권

유럽문화권은 신교 지역인 북서 유럽의 튜톤문화권과 구교 지역인 남부유럽 그리고 그 사이의 프랑스는 점이 지대로 구성되어 있다. 또한 그리스 정교이며 슬라브 문화권인 동부유럽과 폴란드와 구 유고슬라비아에 이르는 혼합지대가 존재한다.

⑤ 아메리카문화권

아메리카문화권은 유럽문화권의 연속으로 보며 미국과 캐나다는 신교의 앵글로아메리카로 구분하며 튜톤문화권이고, 멕시코 이남 라틴아메리카는 구교이며 라틴문화권으로 구분한다.

⑥ 오세아니아문화권

오세아니아문화권은 태평양과 동남아시아 제도, 인도양에 걸친 도서 문화권으로 말레이 인종이 중심이다.

⑦ 북극문화권

북극문화권은 북극해의 연안에 있는 툰드라 지역으로 북미의 에스키모, 아시아 북쪽의 사모예드, 유럽 스칸디나비아 북쪽의 랩족이 대표적인 민족으로 순록 사육과 개 썰매로 대표되는 지역이다.

(4) 인류의 문명 발생지역

문명(Civilization)은 인간의 육체적 및 정신적 노동을 통해 창출된 결과물의 총체로서 물질문명과 정신문명으로 대분된다. 이에 비해 문화는 문명을 구성하는 개별적 요소이자 양상이다. 전 세계에는 문화전통이 일찍부터 안정적으로 형성되고, 인간의 생활양식이 해당지역 내 인간에 필요한 생활수준을 규정하고 있었고, 생활의 각종 규범·규칙·기술공학·전통·제도를 외부지역으로 공급 전파한 바 있는 중심지가 존재하는데, 이러한 지역을 본원적 문화중심지(Cultural Heart)라고 한다.

본원적 문화중심지로는 세계 4대 문명, 가장 먼저 문명을 발달시킨 4개 지역을 들 수 있다. 이 지역들은 농경문화를 일으킨 구대륙 하천 유역이며, 메소포타미아문명, 이집트문명, 인더스문명, 황허(황하)문명을 말한다. 본원적 중심지에 비해 규모가 작은 것으로 크레타섬 중심의 지중해 연안 제도, 중남미의 마야와 아즈텍, 잉카지역 등이 있다.

4대문명발생지는 큰 강을 끼고 북반구에 위치하고 있었고, 대부분이 기후가 온화하고 기름진 토지를 지닌 지역이다. 황허, 유프라테스-티그리스강, 인더스강, 나일강 등 지역은 4대 강을 끼고 있어 기후·교통·토지 등 고대 농업 발달에 유리하다는 점 때문에 문명발생의 근거가 되고 있다.

① 메소포타미아 문명

BC 6500년경 농경, 목축이 시작된 티그리스와 유프라테스의 두 강 유역에서 발달하였다. 메소포타미아는 '두 강 사이의 땅'이란 뜻으로 비옥한 반달 모양의 티그리스강, 유프라테스 강 유역을 중심으로 번영하였다. 바빌로니아·아시리아 문명을 가리키나 넓게 서남아시아 전체의 고대 문명을 지칭하는 경우도 있다. 지리적 요건 때문에 외부와의 교섭이 빈번해 정치·문화적 색채가 복잡하였다. 폐쇄적인 이집트 문명과 달리 두 강 유역은 항상 이민족의 침입이 잦았고, 국가 흥망과 민족의 교체가 극심했기 때문에 이 지역에 전개된 문화는 개방적, 능동적이었다.

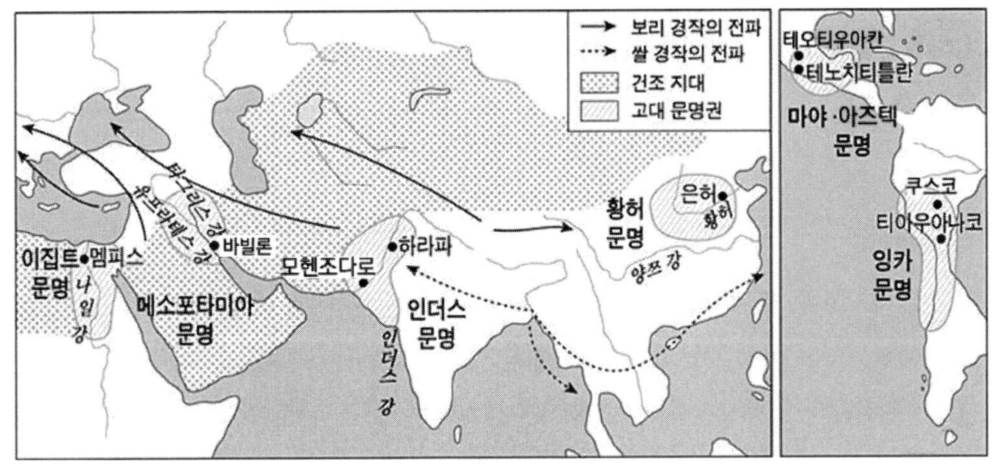

출처: NAVER 지식백과. Basic 고교생을 위한 세계사 용어사전(고대문명의 발생지)

그림 1-6 ▌세계의 문명 발생지역

② 이집트문명

BC 3천 년경 나일강 하류의 비옥한 토지에서 이루어졌다. 이집트는 지리적 위치가 폐쇄적이어서 메소포타미아 문명이 비해 정치·문화적 색채가 단조롭다. 사막과 바다로 둘러 싸여 있어서 외부침입 없이 2천 년 동안 고유문화를 간직할 수 있었다. 나일강과 주변의 기름진 토양을 바탕으로 일찍 농경이 발달하였다. 해마다 겪은 강의 범람은 상류의 비옥한 퇴적물을 운반하는 작용을 하여 나일강변은 풍요로운 땅이었다. 태양력, 기하학, 건축술, 천문학이 발달했다.

③ 인더스문명

BC 3000년 중엽부터 약 1천 년간 인더스강 유역에서 청동기를 바탕으로 번영한 고대 문명이다. 대표적 유적은 당시 2대 도시였던 하라파와 모헨조다로이며, 최초로 고고학적 조사를 받은 하라파 유적의 이름을 따서 고고학적으로는 하라파 문화라고 부른다.

④ 황허(황하)문명

동아시아에서 가장 오래 문명을 형성한 것으로 중국 황허강 중·하류 지역에서 발생한 문명이다. BC 5000년~4000년경부터 신석기 문화가 이루어졌으며, 좁쌀·기장 등이 재배되고 개·돼지 등이 사육되었다.

지역지리와 세계

1) 아시아(Asia)

(1) 동아시아

동아시아는 동쪽 태평양, 남쪽 남중국해에 면하고, 서쪽은 중국 본토 서쪽을 지나 베트남 국경 근처에 이르며, 중국·한국·일본·타이완(臺灣)이 포함된다. 이곳은 지형적으로 중국 동북부와 황허강(黃河江)·양쯔강(揚子江) 유역에 광대한 평야가 전개되고 있으며, 아시아 중앙부와 같은 높은 산맥은 없다. 동부는 일본열도를 따라 환태평양화산대가 형성되어 있다. 기후는 일반적으로 온대성 기후이며, 서남일본이나 중국 화난(華南)은 몬순영향을 받아 다습하나, 북부는 다소 냉대기후에 속한다.

주민은 몽골계(蒙古系)로 한국과 일본, 한민족(漢民族) 등으로 구분된다. 황허강 유역은 세계 고대문명 발상지로 알려져 있으며, 과거부터 지역이 잘 개발되어 인구가 조밀하였고, 19세기 이래 기계문명에 뒤지고 있었으나, 근래 들어 산업화와 공업화가 진전됨에 따라 유럽연합(EU)과 북미에 이은 산업중심지를 형성하였다. 이곳은 중국을 비롯하여 한국과 일본 등이 독자적인 문화를 발달하였는데, 과거부터 한자(漢字)를 공용하였고, 중국과 타이완, 한국과 일본 모두 자국 특유의 한자를 형성하였다.

(2) 동남아시아

동남아시아는 인도차이나 반도와 남동쪽 말레이 제도로 구성되며, 아시아 최남단을 구성하고 열대기후가 특징이다. 미얀마·타이·캄보디아·라오스·베트남·말레이시아·브루나이·싱가포르·인도네시아·필리핀 및 신생국 동티모르가 속한다.

이곳은 지리적 위치와 복잡한 지형 때문에 과거부터 인류의 이동이나 정착의 무대가 되었고, 복잡한 민족이 분포하고 있다. 오래된 선주민으로부터 이주민에 이르기까지 다양한 민족 집단을 확인할 수 있다. 복잡한 민족 분포는 그대로 언어의 복잡성을 나타내고 있다.

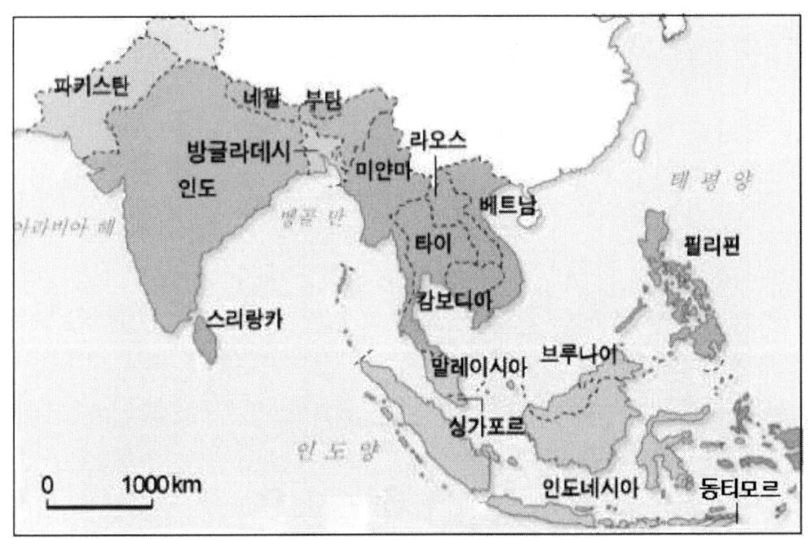

출처: NAVER 지식백과. 두산백과(동남아시아의 주민과 언어)

그림 1-7 ▌동남아시아

(3) 남부아시아

남부아시아는 지리적으로 북쪽은 히말라야산맥과 힌두쿠시산맥, 서쪽은 술라이만산맥을 한계로 인도반도를 중심으로 한 지역이다. 일반적으로 아시아 남부 일대를 지칭하는 말로 범위와 경계가 명확히 구분되어 있는 것은 아니다. 이곳은 북서쪽 술라이만산맥, 북쪽 파미르 고원·히말라야산맥과 경계하고, 동쪽 인도차이나 반도, 서쪽 이란·아프가니스탄과 접하며, 남서쪽 아라비아해, 남쪽 인도양, 남동쪽 벵골만으로 둘러싸여 있다. 인도·파키스탄·네팔·부탄·방글라데시·스리랑카 등이 속한다.

힌두교·이슬람교·불교·라마교 등 여러 종교가 있으나 힌두교와 이슬람교가 지배적이고 주민의 일상생활을 종교의 힘으로 엄하게 규제된다. 제2차 세계대전 후 국가 독립에도 종교가 강하게 작용하였다. 이곳은 습윤아시아와 건조아시아의 점이지대(漸移地帶)로서 자연환경의 지역 차가 크다.

출처: 풍성한 아이나라

그림 1-8 ▌남부아시아

(4) 서남아시아

서남아시아는 인도와 중앙아시아를 제외한 아시아의 남서부를 가리킨다. 동쪽 파키스탄 술라이만산맥, 서쪽 지중해의 다르다넬스 해협에 이르며, 남쪽 수에즈 지협과 홍해·아라비아해, 북쪽 중앙아시아 5개국이 위치하는 지역으로 이슬람·유목·오아시스·사막·석유가 특징이다. 아프가니스탄·이란·이라크·쿠웨이트·사우디아라비아·레바논·아랍에미리트·바레인·카타르·오만·예멘·시리아·요르단·이스라엘·터키(일부) 등이 속한다.

이곳은 지중해 연안의 좁은 지대를 제외하면 대부분 사막지대에 속한다. 선사시대 이래의 문명지대로서 이슬람 교권(敎圈)의 중핵(中核)을 이루었으며, '중동'에 포함된다.

중동은 '유럽에서 가까운 극동과 먼 극동의 중간지역'을 말한다. 중동은 유럽 중심 시각에서 비롯된 상대적 개념으로, 아시아와 아프리카에 걸친 서아시아 및 북아프리카 지역을 말하며, 명확한 경계가 없으나 광범위하게 아라비아 반도, 레반트지역(서아시아의 하위권역이자 동지중해에 접해 있는 지역), 이집트, 터키, 이란 등을 포괄하고, 아랍, 이슬람 문화권의 핵심지역을 가리킨다. 좁게는 아라비아 반도와 레반트, 넓게는 북아프리카, 중앙아시아 일부까지 포함하며, 종교(이슬람)와 언어(아랍어)가 중요한 기준으로 작용한다.

현재는 아프가니스탄이나 이란의 서쪽, 걸프(페르시아만)를 지나 지중해연안을 포함하며, 북아프리카의 모로코나 모리타니 부근까지 포함한다. 북으로는 터키의 흑해연안, 남으로는 남수단 정도까지의 지역이다. 나아나 소련붕괴 후 투르크메니스탄, 우즈베키스탄, 카자흐스탄 등 중앙아시아의 국가들과 카스피해 서쪽의 아제르바이잔까지 포함시키는 경우도 있다.

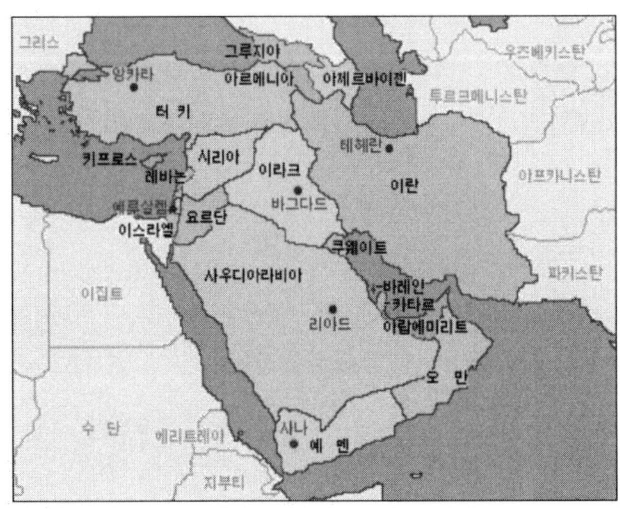

출처: 서남아시아 지도

그림 1-9 ▌서남아시아

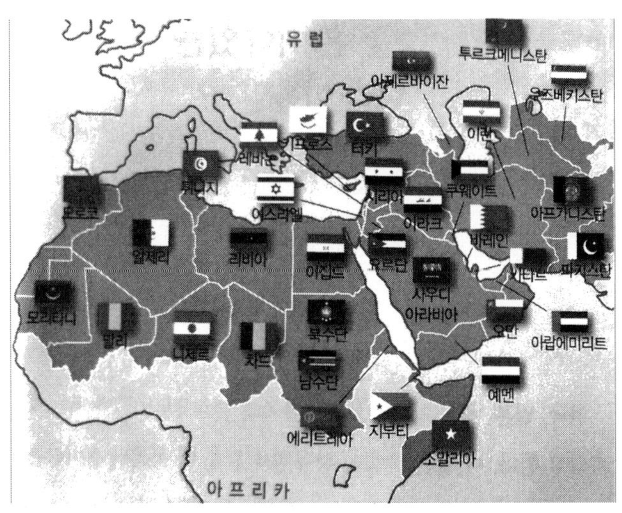

출처: 롬 인터내셔날 저· 전경아 역 (2019). 한눈에 꿰뚫는 세계지도 상식도감

그림 1-10 ▌중동의 영역 범위

(5) 중앙아시아

중앙아시아는 아시아 대륙 중앙부의 광대한 지역이다. 이곳은 몽골 고원·중가리아 분지(準噶爾盆地)·티베트 고원·카자흐스탄 평원을 합한 아시아 건조지대의 동반부에 해당한다. 북쪽 시베리아, 남쪽 이란과 아프가니스탄, 인도 아대륙(亞大陸)에 접하고, 동쪽으로 중국 평야지역에, 서쪽은 카스피해에 이르는 지역이다.

이곳은 몽골과 중국의 네이멍구(內蒙古) 자치구·신장 웨이우얼 자치구 등 시베이(西北) 지구, 티베트 고원, 투르크메니스탄·우즈베키스탄·타지키스탄·키르기스스탄·카자흐스탄의 5개 공화국이 포함된다. 이곳은 이슬람·투르크족·대초원·건조지대·농경·유목이 특징이다.

출처: NAVER 지식백과. 학생백과(~스탄 나라들)

그림 1-11 ▌중앙아시아

(6) 북부아시아

북부아시아는 북쪽 북극해, 남쪽 중앙아시아 키르기스 초원과 몽골고원에 접하며, 동쪽 태평양 연안, 서쪽 우랄산맥에 우랄산맥에 이르며 보통 '시베리아'라고 부른다. 시베리아 지방에 사는 주민은 언어군(言語群)의 차이에 따라 고(古)시베리아인·우랄인·알타이인 등으로 구분된다.

2) 유럽

(1) 서유럽

서유럽(Western Europe)은 지리적 분류보다 정치·역사·문화적으로 정치·역사·문화적으로 동유럽과 구분하기 위해 사용된 경우가 많았다. 서유럽은 제1차 대전까지는 프랑스와 브리튼 제도의 영국과 아일랜드, 베네룩스 3국을 포함하는 범위로 간주되었다. 냉전 시기에는 계획경제 하의 동유럽에 대비해 시장경제를 쓰는 서구 진영 의미로 사용되었다. 당시 북대서양조약기구 가입국과 더불어 민주주의국가 스웨덴, 스위스, 핀란드, 시장경제체제하 독재국가였던 스페인과 포르투갈을 가리키는 용어였다.

이런 의미에서는 유럽의 남동부에 있는 그리스와 터키(위치상 아시아)도 서유럽에 포함되었다. 2004년 유럽연합 가입국 확대 이전 시기까지는 유럽연합 가입국에다가 비가입국 노르웨이나 스위스를 포함하여 서유럽이라고 칭하기도 했다.

현재의 범위는 일반적으로 네덜란드, 독일, 룩셈부르크, 리히텐슈타인, 모나코, 벨기에, 스위스, 오스트리아, 영국(그레이트 브리튼 섬과 북아일 랜드), 프랑스 및 아일랜드를 포함한다. 영국과 아일랜드는 UN의 정의에 기준할 때, 북유럽 범위에 포함된다.

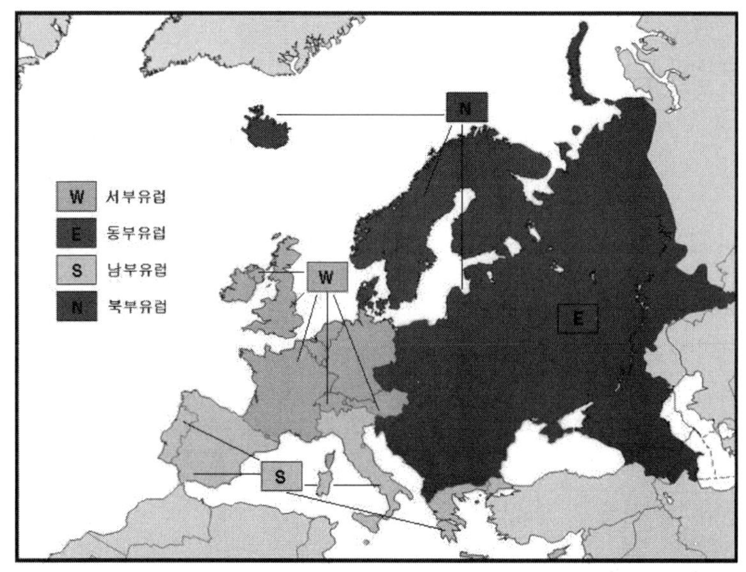

출처: 위키백과(유럽)

그림 1-12 ▌유럽의 구분

(2) 동유럽

동유럽(Eastern Europe)은 서유럽 동쪽으로 발트 해에서 발칸 반도에 이르는 유럽의 동부에 해당한다. 대체적으로 동유럽은 구 냉전시기에 동구권 국가들을 지칭하였다. 동구는 지정학적 규정이 아니라 정치적 규정에서 시작됐으며, 자유민주주의 시장경제체제의 서유럽과 대조적으로 공산주의(스탈린주의)와 계획경제가 기본인 국가를 뜻하였다.

과거 구소련과 영향권에 있던 동유럽제국을 가리켰고, 해체된 동독과 헝가리, 구 유고슬라비아, 구 체코슬로바키아(체코와 슬로바키아), 불가리아, 루마니아, 알바니아, 폴란드 등 8개국이 속하였다. 이곳은 대부분 국가가 제2차 세계대전 이후 구소련의 영향으로 사회주의국가로 바뀌었으나 1980년대 말부터 민주화와 경제발전을 가속화하였다.

현재의 범위는 지리적 성향이 강하게 작용해 과거 동유럽에 속한 국가 중의 일부가 제외된다. 러시아를 비롯하여 루마니아, 몰도바, 벨라루스, 불가리아, 슬로바키아, 우크라이나, 체코, 폴란드, 헝가리를 포함한다.

(3) 남유럽

남유럽(Southern Europe)은 유럽 남부, 지중해 북부에 있는 지역과 국가를 총칭하며, 지리적으로 지중해식 기후의 영향을 받는 지역을 남유럽으로 규정하기도 한다. 이곳은 유럽문화의 발상지라고 할 수 있는 그리스와 로마가 있어 오래 전부터 문화가 발달하였고, 그리스와 로마시대와 대항해시대 스페인과 포르투갈 의 전성기에 문화·정치·경제면에서 세계적 지위를 차지했다. 주로 유럽 대륙에서 지중해에 돌출한 이베리아, 이탈리아 그리고 발칸 반도 등 3개 반도 주변 국가들로 구성되어 있다. 날씨가 맑고 햇볕이 따가운 지중해식 기후가 나타나는 것이 이 지역 국가의 유사점이다.

그리스를 제외한 발칸반도의 나라는 동유럽 혹은 중부유럽으로 다루는 경향이 있다. 지리적으로 지중해성 기후의 영향을 받고 있는 지역을 남유럽으로 규정하기도 한다.

현재 그리스, 마케도니아, 모나코, 몬테네그로, 몰타, 바티칸시국, 보스니아-헤르체고비나, 불가리아, 산마리노 공화국, 세르비아, 스페인, 안도라, 알바니아, 이탈리아, 코소보 공화국, 크로아티아, 포르투갈, 프랑스(북부와 알프스 산맥, 대서양 부분은 포함하지 않고 코르시카섬은 포함), 튀르키예(발칸반도, 튀르키예 전체 국토 3% 만 해당)를 포함한다.

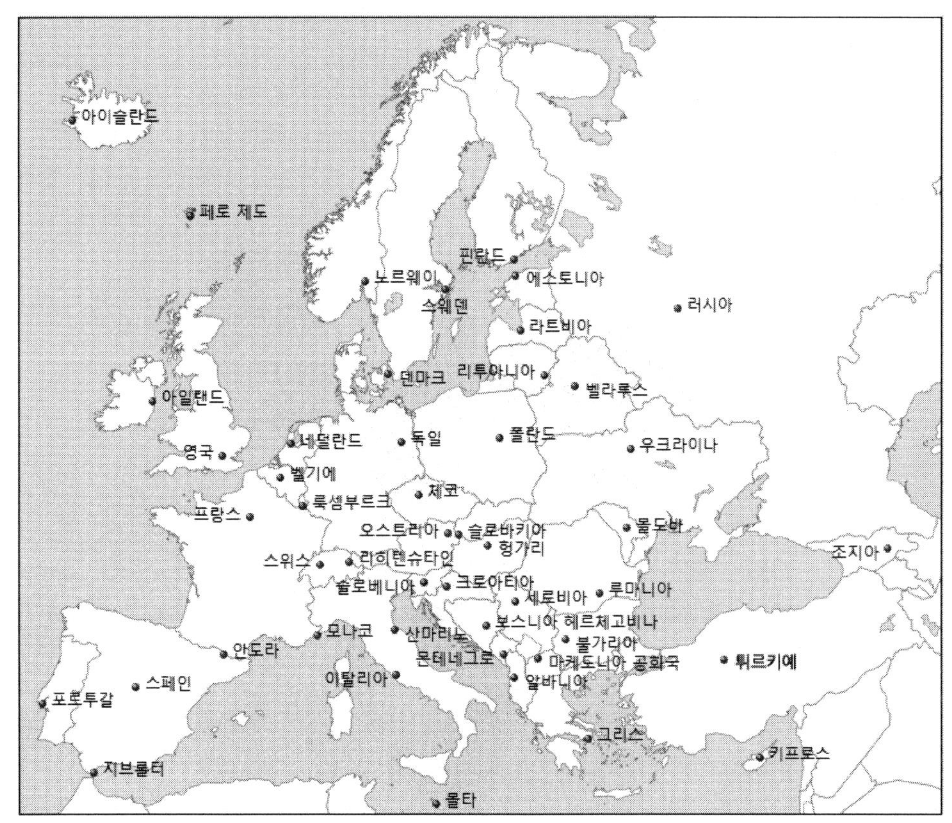

출처: 위키백과(유럽)

그림 1-13 ▌유럽의 국가

(4) 북유럽

북유럽(Northern Europe)은 유럽의 북부를 가리키는 것으로 일반적으로 노르딕 국가와 발트 3국이 북유럽에 속한다. 또한 스칸디나비아 제국(노르웨이·스웨덴·핀란드)과 덴마크·아이슬란드를 합한 5개국을 가리키는 지명으로 사용하는 경향도 있다. 이 경우에 노르덴(Norden) 또는 노르딕(Nordic)제국의 동의어로 사용되고 있는 것으로 보이나 명확한 근거가 없다. 수리적으로 55 ° N 이북을 가리키는 경향도 있다. 노르웨이, 덴마크, 라트비아, 리투아니아, 스웨덴, 아이슬란드, 에스토니아 및 영국 일부(채널 제도, 저지 섬, 건지 섬, 맨 섬)를 포함한다.

스칸디나비아반도는 면적 약 773,000㎢. 길이 1,850㎞. 너비 370~800㎞에 이르며, 스칸디나비아 제국은 스웨덴, 노르웨이, 덴마크, 아이슬란드 그리고 경우에 따라 핀란드가 포함되지만, 스칸디나비아반도라고 하면 스웨덴과 노르웨이만을 포함한다. 55~71°N에 있기 때문에 여름에 해가 길어 백야(白夜)현상을 볼 수 있다.

3) 아프리카

출처: 위키백과(아프리카)

그림 1-14 ▌아프리카 구분

(1) 북아프리카

북아프리카는 이슬람교를 믿는 아랍인 및 베르베르인의 세계이다. 이름에는 Al(알)이 들어가는 경우가 많다. 흑인·아랍인·베르베르인 등 여러 인종이 거주한다. 모로코, 모리타니, 수단, 리비아, 사하라 아랍민주 공화국, 알제리, 이집트, 튀니지가 포함되며, 때때로 에티오피아와 마데이라 제도도 포함되는 경우가 있다.

(2) 서아프리카

서아프리카는 이슬람교가 다수를 차지하는 지역이지만, 가나와 라이베리아는 예외적으로 기독교가 다수인 국가이다. 감비아, 기니, 기니비사우, 나이지리아, 니제르, 라이베리아, 말리, 모리타니, 베냉, 부르키나파소, 세네갈, 시에라리온, 카보베르데, 코트

디부아르, 토고가 지리적으로 포함된다. 경우에 따라 알제리, 모로코, 서사하라 등을 서아프리카에 포함된다.

(3) 중앙아프리카

중앙아프리카는 아프리카 중앙부를 부르는 칭하며, 중앙아프리카 공화국, 콩고 민주공화국, 차드, 가봉, 카메룬, 적도 기니, 상투메 프린시페가 포함된다. 때때로 브룬디, 르완다, 앙골라, 잠비아, 말라위가 포함되기도 한다.

(4) 동아프리카

동아프리카는 소말리아, 케냐, 탄자니아를 포함한 아프리카의 동부지역을 지칭하며, 광범위하게 소말리아, 케냐, 탄자니아, 부룬디, 르완다, 우간다, 세이셸, 지부티, 코모로 등이 포함된다.

(5) 남아프리카

남아프리카는 아프리카 남부를 부르는 칭하며, UN에 의한 위치구분은 보츠와나, 레소토, 나미비아, 남아프리카공화국, 스와질랜드 등 5개 국가이지만, 광범위하게 나미비아, 남아프리카공화국, 레소토, 레위니옹(프랑스령), 마다가스카르, 마요트, 말라위, 모리셔스, 모잠비크, 보츠와나, 스와질란드, 앙골라, 잠비아, 짐바브웨 등을 포함한다.

희망봉(Cape of Good Hope)은 아프리카 대륙 최남단의 남아프리카공화국에 위치한 곶(cape)으로, 아프리카 대륙 최남서단에 튀어나온 지형이자 대서양과 인도양이 만나는 지점이며, 과거 인도로 가는 항로의 중요한 이정표이자 탐험의 상징이었다. 1488년 포르투갈 탐험가 바르톨로메우 디아스가 발견했을 때는 '폭풍의 곶'이라 불렸으나, 항해 성공의 희망을 주어 '희망봉'으로 이름이 바뀌었다. 그러나 아프리카 대륙의 실제 최남단은 희망봉에서 약 150~160km 정도 떨어져 있는 아굴라스곶(Cape Agulhas)이다.

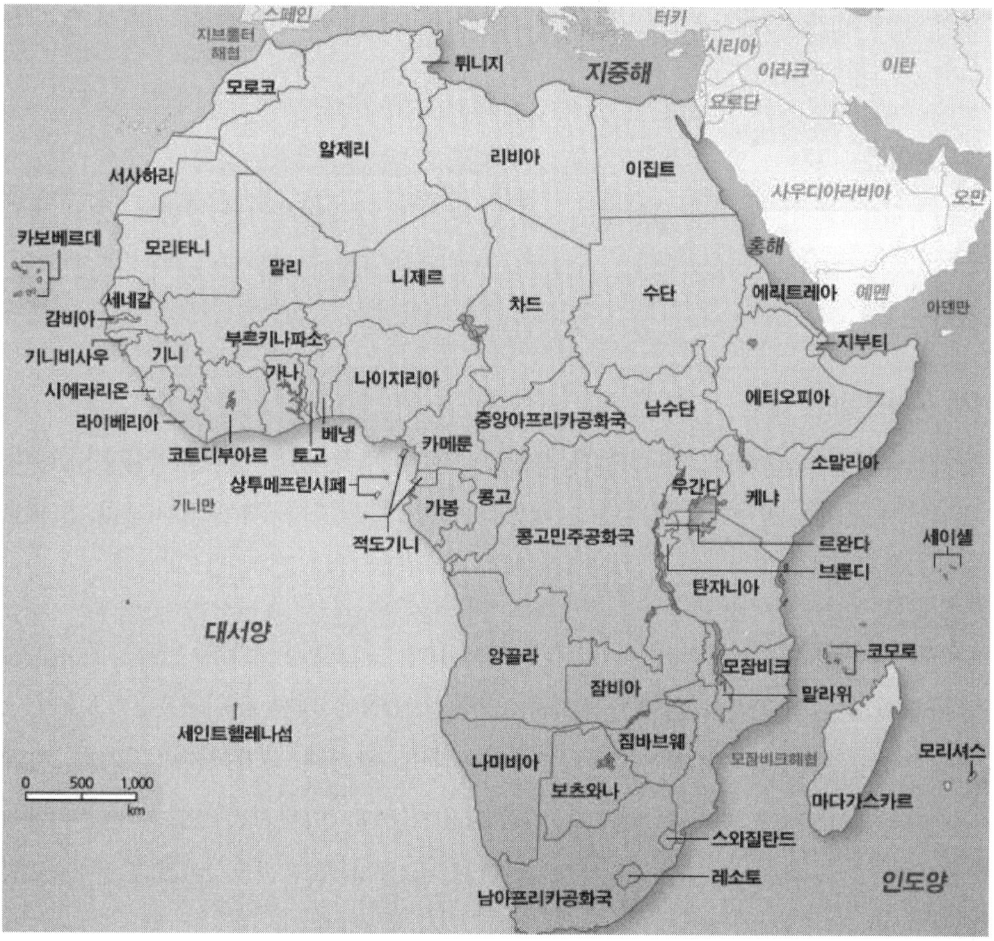

출처: NAVER 지식백과 두산백과(아프리카)

그림 1-15 ▌아프리카의 국가

4) 북아메리카

북아메리카(North America)는 아메리카대륙(남북아메리카)의 북반부를 지칭한다. 지리적으로 지구의 북반구, 서반구에 위치한 대륙으로 북쪽 북극해, 동쪽 북대서양, 남동쪽 카리브 해, 서쪽의 북태평양과 접하며, 남쪽으로 지협을 통해 남아메리카와 연결된다.

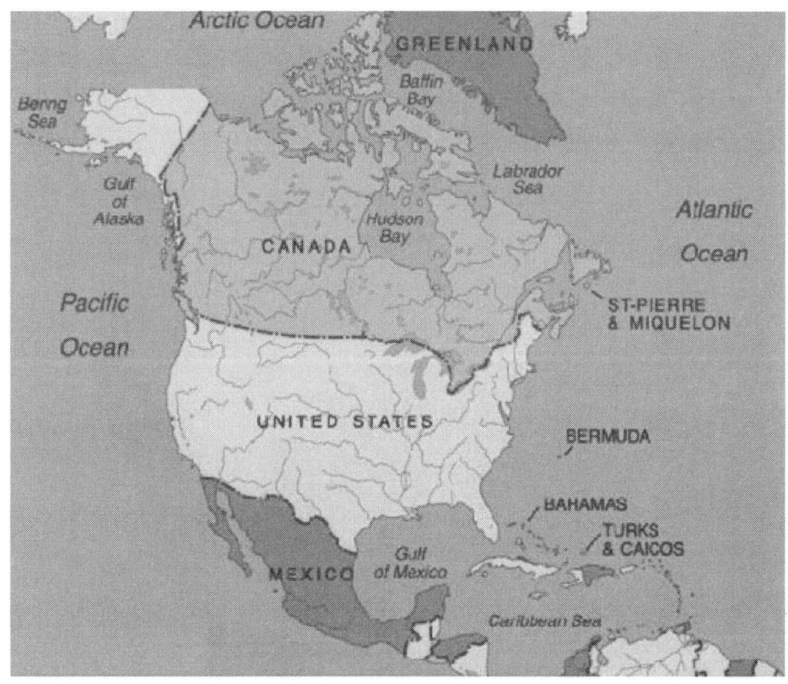

출처: North America Map with Countries

그림 1-16 ▌북아메리카의 국가

이곳은 북아메리카 대륙과 그에 부속된 많은 도서들로 구성되어 있다. 북아메리카 대륙은 대체로 멕시코 남부를 가로지르는 테우안테펙 지협(地峽)을 남쪽 한계로 하며, 그 이남을 중앙아메리카로서 구별하기도 한다. 또한 중앙아메리카와 그 동쪽에 가로놓인 서인도제도를 북아메리카에 포함해서 다루는 경우도 있다. 중앙아메리카는 북아메리카 남부에 접하는 좁은 지협으로 멕시코부터 파나마까지를 일컬으며, 남아메리카 서북부에 있는 콜롬비아의 태평양 해안저지로 이어진다.

북아메리카는 미국과 캐나다, 멕시코를 중심으로 중앙아메리카인 벨리즈, 코스타리카, 엘살바도르, 과테말라, 온두라스, 니카라과, 파나마 그리고 카리브 해의 섬나라인 쿠바, 자메이카, 바하마, 아이티, 도미니카 공화국, 푸에르토리코(미국령), 버진제도(미국령), 바베이도스, 트리니다드 토바고, 아루바(네덜란드령), 안틸레스(네덜란드령)를 포함한다.

미국과 캐나다는 영국의 식민지 영향 아래에서 공통의 문화유산을 이어 받은 경향이 강해 앵글로색슨계의 색채가 짙어 앵글로아메리카라고 일컬으며, 멕시코·중앙아메리카·서인도제국은 남아메리카 제국과 함께 스페인과 포르투갈을 중심으로 하여 라틴계 문화의 영향과 색채가 짙어 라틴아메리카라고 칭한다.

카리브 해는 대륙의 북쪽 해안, 중앙아메리카 동해안과 서인도제도에 둘러싸인 대서양의 내해를 지칭한다. 역사적으로 1492년 콜럼버스의 제1차 항해 때 바하마제도에 있는 산살바도르 섬이 발견된 이래, 스페인의 식민지 활동무대가 되었다.

1 알라바마 주 Alabama
2 알래스카 주 Alaska
3 아리조나 주 Arizona
4 알칸소 주 Arkansas
5 캘리포니아 주 California
6 콜로라도 주 Colorado
7 코넷티컷 주 Connecticut
8 델라웨어 주 Delaware
9 플로리다 주 Florida
10 조지아 주 Georgia

11 하와이 주 Hawaii
12 아이다호 주 Idaho
13 일리노이 주 Illinois
14 인디아나 주 Indiana
15 아이오와 주 Iowa
16 캔사스 주 Kansas
17 켄터키 주 Kentucky
18 루이지애나 주 Louisiana
19 메인 주 Maine
20 메릴랜드 주 Maryland

21 메사추세스 주 Massachusetts
22 미시건 주 Michigan
23 미네소타 주 Minnesota
24 미시시피 주 Mississippi
25 미주리 주 Missouri
26 몬타나 주 Montana
27 네브라스카 주 Nebraska
28 네바다 주 Nevada
29 뉴 헴프셔 주 New Hampshire
30 뉴저지 주 New Jersey

31 뉴 멕시코 주 New Mexico
32 뉴욕 주 New York
33 노스 캐롤라이나 주 North Carolina
34 노스 다코타 주 North Dakota
35 오하이오 주 Ohio
36 오클라호마 주 Oklahoma
37 오레곤 주 Oregon
38 펜실베니아 주 Pennsylvania
39 로드 아일랜드 주 Rhode Island
40 사우스 캐롤라이나 주 South Carolina

41 사우스 다코타 주 South Dakota
42 테네시 주 Tennesee
43 텍사스 주 Texas
44 유타 주 Utah
45 버몬트 주 Vermont
46 버지니아 주 Virginia
47 워싱턴 주 Washington
48 웨스트 버지니아 주 West Virginia
49 위스콘신 주 Wisconsin
50 와이오밍 주 Wyoming

출처: 북아메리카지도 및 미국지도

그림 1-17 ▌미국의 행정구분

17~18세기 카리브 해 연안국들은 에스파냐·영국·프랑스·네덜란드 등의 식민지 쟁탈 대상이 되었으나 1898년 미국·에스파냐 전쟁에서 에스파냐가 패배한 후 미국의 정치적·경제적 영향권에 놓이게 되었다. 1914년 파나마운하 개통 후 세계 해상교통의 요지가 되었고, 주요 항구로 쿠바 산티아고데쿠바, 자메이카 킹스턴, 아이티 포르토프랭스, 푸에르토리코 산후안, 트리니다드토바고 포트오브스페인 등이 있다.

출처: NAVER 지식백과. 두산백과(카리브 해)

그림 1-18 ▌북아메리카와 카리브 해, 중앙아메리카의 국가

5) 남아메리카

남아메리카(South America)는 서반구에 위치한 대륙으로, 대부분 남반구에 위치해 있고 일부분은 북반구에 걸쳐 있다. 북쪽은 파나마 지협을 통해 북아메리카와 연결되며, 서쪽은 태평양, 북동은 대서양, 남쪽은 남극해와 접한다. 이곳은 콜롬비아와 파나마의 국경이자 파나마 지협을 가르는 파나마 운하를 경계로 중앙아메리카와 육지로 연결되어 있어, 남북 아메리카를 하나의 대륙으로 볼 수도 있다.

남아메리카는 브라질을 비롯하여 가이아나, 베네수엘라, 볼리비아, 수리남, 아르헨티나, 에콰도르, 우루과이, 칠레, 콜롬비아, 파라과이, 페루, 프랑스령 기아나가 포함된다.

출처: South American Vacations

그림 1-19 ▌남아메리카 국가

6) 오세아니아

오세아니아(Oceania)는 오스트레일리아를 중심으로 하고, 파푸아 섬과 뉴질랜드 섬, 미국 하와이 주를 비롯한 태평양의 크고 작은 섬들을 포함한다. 오스트랄라시아와 멜라네시아, 미크로네시아, 폴리네시아로 세분된다.

(1) 오스트랄라시아

오스트랄라시아(Australasia)는 오스트레일리아, 뉴질랜드 및 오스트레일리아의 해외영토(코코스 섬, 노 퍽 섬, 크리스마스 섬)로 구성된다.

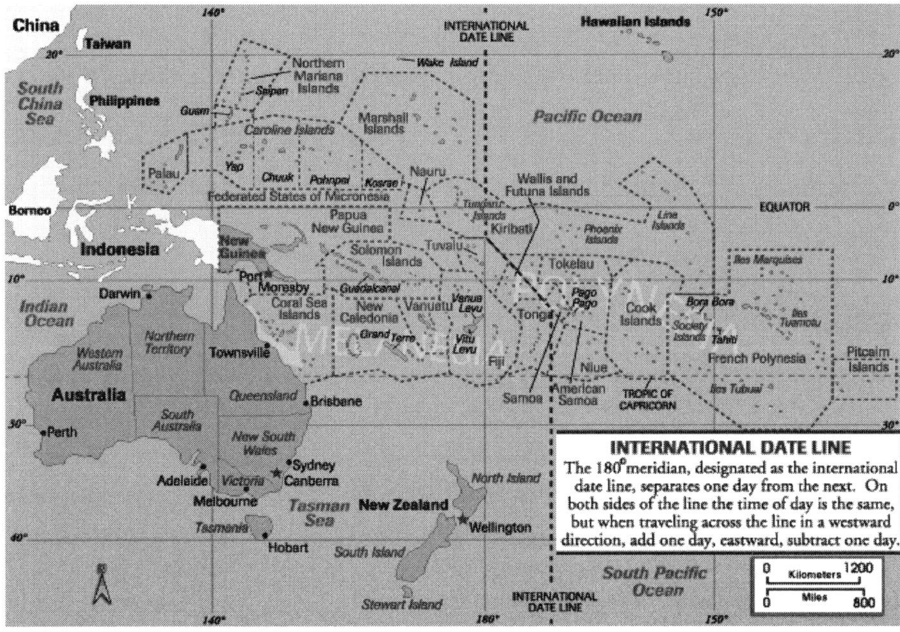

출처: 오세아니아 지도

그림 1-20 ▌오세아니아

(2) 멜라네시아

멜라네시아(Melanesia)는 '검은 섬들'이라는 의미로 서태평양으로부터 아라푸라 해, 오스트레일리아의 북쪽 및 북서쪽까지에 이르는 지역이다. 파푸아뉴기니, 파푸아섬(인도네시아), 뉴칼레도니아(프랑스), 바누아투, 솔로몬제도, 피지가 속한다.

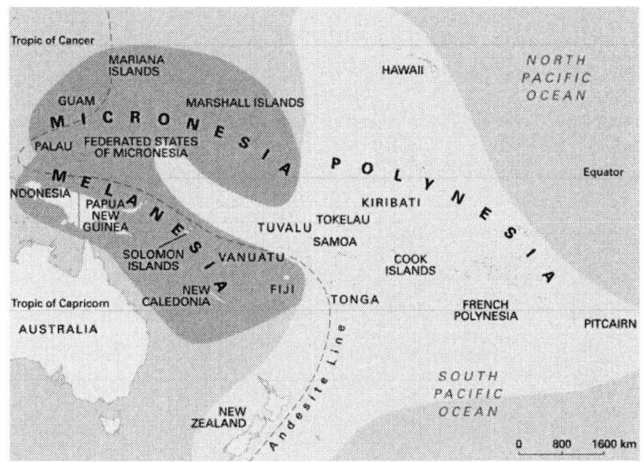

출처: Melanesian culturelock outline

그림 1-21 ▌멜라네시아, 미크로네시아, 폴리네시아

(3) 미크로네시아

미크로네시아(Micronesia)는 서쪽 필리핀, 남서쪽 인도네시아와 파푸아뉴기니 그리고 남쪽 멜라네시아, 남서쪽과 동쪽에 폴리네시아가 위치한다. 정치적으로 미크로네시아는 8개 지역인 괌, 나우루, 마셜 제도, 미크로네시아 연방, 북마리아나 제도(사이판, 티니언, 로타) 웨이크 섬, 키리바시, 팔라우로 구분한다.

(4) 폴리네시아

폴리네시아(Polynesia)는 태평양에 흩어져 있는 1000개 이상 섬들의 집단이며, 지리적으로 하와이제도, 뉴질랜드, 이스터 섬을 잇는 삼각형 안의 섬들이다. 하와이(미국)를 비롯하여 니우에(뉴질랜드), 사모아, 아메리칸사모아, 왈리스 퓌튀나, 프랑스령 폴리네시아, 이스터 섬(칠레), 쿡제도(뉴질랜드), 토켈라우(뉴질랜드), 통가, 투발루, 핏케언 제도(영국)가 속한다.

참고문헌

- 김홍운(1997). 관광과 나라얼굴. 형설출판사.
- 롬 인터내셔날 저·정미영 역(2019). 한눈에 꿰뚫는 세계지도 상식도감. 이다미디어.
- 박광섭(2008). 세계화 시대의 해외지역연구의 이해. 대경.
- 심승진(1996). 국제경제관계론. 법문사.
- 이상환·김웅진(2002). 지역연구: 영역, 대상, 전략. 형설출판사.
- 이순용 외(1998). 지도로 배우는 한국지리. 문창출판사.
- 이혁진(2013). 관광아웃도어를 위한 자연과 지리자원. 대왕사.
- 이혁진(2015). 유럽의 문화와 관광. 새로미.
- 이혁진(2015). 세계의 도시. 새로미.
- 임재열(2016). 세계화시대의 세계경제. 강원대학교출판부.
- 전경수(1999). 지역연구 어떻게 하나, 서울대학교출판부.
- 황윤섭·오윤조·김철(2015). 지역연구개론. 도서출판 청람.
- 21세기연구회 저·전경아 역(2018). 한눈에 꿰뚫는 세계민족도감. 이다미디어.
- 북아메리카지도 및 미국지도. https://blog.naver.com/mrahnn/80194391869
- 서남아시아 지도. https://blog.naver.com/koha5/221196863674
- 오세아니아 지도. https://blog.naver.com/och6289/40024275859
- 위키백과(국제경제학).
  https://ko.wikipedia.org/wiki/%EA%B5%AD%EC%A0%9C%EA%B2%BD%EC%A0%9C%ED%95%99
- 위키백과(대륙). https://ko.wikipedia.org/wiki/%EB%8C%80%EB%A5%99
- 위키백과(세계4대문명).
  https://ko.wikipedia.org/wiki/%EC%84%B8%EA%B3%84_4%EB%8C%80_%EB%AC%B8%EB%AA%85
- 위키백과(아프리카). https://ko.wikipedia.org/wiki/%EC%95%84%ED%94%84%EB%A6%AC%EC%B9%B4
- 위키백과(역사학). https://ko.wikipedia.org/wiki/%EC%97%AD%EC%82%AC%ED%95%99
- 위키백과(유럽). https://ko.wikipedia.org/wiki/%EC%9C%A0%EB%9F%BD
- 위키백과(지리학). https://ko.wikipedia.org/wiki/%EC%A7%80%EB%A6%AC%ED%95%99
- 위키백과(지역). https://ko.wikipedia.org/wiki/%EC%A7%80%EC%97%AD
- 풍성한 아이나라. http://cafe.naver.com/pshinara/379
- NAVER 지식백과. 두산백과(동남아시아의 주민과 언어).
  http://terms.naver.com/entry.nhn?docId=1185238&cid=40942&categoryId=33136
- NAVER 지식백과. 두산백과(문화인류학).
  http://terms.naver.com/entry.nhn?docId=1095652&cid=40942&categoryId=33370
- NAVER 지식백과. 두산백과(아프리카).
  http://terms.naver.com/entry.nhn?docId=1122005&cid=40942&categoryId=33136

- NAVER 지식백과. 두산백과(카리브 해).
  http://terms.naver.com/entry.nhn?docId=1148711&cid=40942&categoryId=40505
- NAVER 지식백과. 두산백과(패러다임).
  http://terms.naver.com/entry.nhn?docId=1222252&cid=40942&categoryId=31433
- NAVER 지식백과. 21세기 정치학대사전(지역연구).
  http://terms.naver.com/entry.nhn?docId=729627&cid=42140&categoryId=42140
- NAVER 지식백과. 문명백과: 사회과학(국제정치학).
  http://terms.naver.com/entry.nhn?docId=2098110&cid=44412&categoryId=44412
- NAVER 지식백과. 학생백과(문화권).
  http://terms.naver.com/entry.nhn?docId=944518&cid=47334&categoryId=47334
- NAVER 지식백과. 학생백과(~스탄 나라들).
  http://terms.naver.com/entry.nhn?docId=1529040&cid=47340&categoryId=47340
- NAVER 지식백과. Basic 고교생을 위한 세계사 용어사전(고대 문명의 발상지).
  http://terms.naver.com/entry.nhn?docId=941899&cid=47323&categoryId=47323
- Melanesian culturelock outline. https://www.britannica.com/place/Melanesia
- North America Map with Countries.
  http://www.istanbul-city-guide.com/north-america-map-with-countries
- South American Vacations. https://www.savacations.com/destination-maps

CHAPTER 02

지역과 문화의 이해

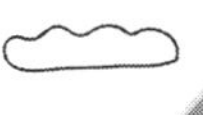

01 문화의 개념과 다양성

1) 문화의 개념과 특징

지역의 이해를 위해서는 무엇보다도 문화의 개념을 확인할 필요가 있다. 문화(Culture)는 인간에 의해 이룩된 정신적, 예술적 표현의 모든 것, 언어, 종교, 신앙, 관습, 규범, 제도, 기술, 예술 및 의례 등을 포함하며, 사회 구성원에 의해 공유되는 지식, 신념, 행위라고 개념을 정립할 수 있다.

(1) 문화의 어원

문화는 용어는 독일어 'Kultur'나 영어와 프랑스어의 'culture'의 역어(譯語)다. 문화란 말은 어원적으로 'Kultur'나 'culture'는 라틴어 동사 'colo'(경작하다, 가동하다, 완성하다)에서 유래하였으며, '경작', '재배', '배양', '교양' 및 '수양' 등 다양한 의미를 포함하고 있다. 문화란 자연 상태의 사물에 인간의 작용을 가해 그것을 변화시키거나 창조해낸 것을 의미하였다.

문화는 광의적 의미에서는 자연에 대립되는 단어라고 할 수 있다. 이런 배경에서 인류가 유인원의 단계를 벗어나 인간으로 진화하면서부터 만들어낸 모든 역사를 담고 있는 것이라고 할 수 있다. 여기에는 정치나 경제, 법과 제도, 문학과 예술, 도덕, 종교, 풍속 등 모든 인간의 산물이 포함되며, 인간이 속한 집단에 의해 공유된다. 문화를 인간집단의 생활양식이라고 정의하는 인류학의 관점은 이런 문화의 본래 의미를 가장 폭넓게 담고 있다(NAVER 지식백과. 한국민족문화대백과).

문화의 학문적 개념은 영국 인류학자 타일러(Edward Burnett Tylor, 1832~1917)의 저서 〈원시문화(原始文化(Primitive Culture, 1871))〉에서 '지식·신앙·예술·법률·도덕·관습 그리고 사회의 한 구성원으로서의 인간에 의해 얻어진 다른 모든 능력이나 관습들을 포함하는 복합적인 총체'라는 정의를 내려져 있다. 타일러 정의를 요약하면, 문화는 인간 고유의 것으로 인간이 환경에 적응하는 과정에서 축적한 지식으로서의 도구, 기술, 사회조직,

언어, 관습, 신앙이나 도덕 등 생활양식의 복합체로 규정되고 있고, 이런 시각에서 문화는 인간이 관찰할 수 있는 가시적 생활영역을 총망라하고 있다(NAVER 지식백과. 실크로드 사전).

(2) 문화의 속성

문화는 문명과는 별개의 개념이며, 다음과 같은 속성을 갖고 있다.

① 공유성

문화는 사회 구성원에 의해 공유(Share)된다. 문화는 사회의 구성원 사이에는 행동이나 사고방식에서 상이점이 있는 반면 공통점이 반드시 있다. 이러한 공통점을 통해 비로소 공동체로서의 사회가 형성되어지며, 사회를 유지하는 문화가 형성된다.

② 학습성

문화는 학습(Learned)된다. 인간은 특정한 문화를 갖고 태어나는 것이 아니며, 단지 문화를 학습(따라 배우기)할 수 있는 능력을 지니고 태어난다. 문화의 학습과정은 비유전적인 수단과 절차에 의해 이루어진다. 문화 형성은 구체적으로 사회화(Socialization) 과정에 의해 결정된다.

③ 축적성

문화는 지속적으로 축적(Accumulated)된다. 인간행동 대부분은 사회화과정에서 학습된 것이지만, 학습이 인간만의 고유한 속성은 아니다. 문화 습득을 위한 인간 학습행동과 생존유지를 위한 동물 학습행동은 본질적으로 차이가 있다. 동물은 단순하게 현장 목격에 의한 수동적인 따라하기에 불과하지만, 인간은 상징적인 언어나 전달수단(문자나 기호)에 의해 지속적으로 축적된 문화를 계승하고 있다.

④ 상호관계성

문화는 상호관계로서 유기적인 전체(Whole)를 이루고 있다. 문화는 인간 생활양식의 총체로서 수많은 요소로 구성되어 있다. 구성요소는 무작위로 또는 상호무관하게 난립되는 것이 아니라, 수많은 부속품으로 구성된 자동차 엔진과 같이, 서로 긴밀한 관계를 유지하면서 의존적으로 하나의 체계(System)로 존재한다. 또한 이런 변화는 그것만으로 끝나는 것이 아니라 지속적으로 상호관계를 유지한다.

⑤ 변화

문화는 변화(Variableness)한다. 즉 시간적인 의미에서 정체적(停滯的)인 것이 아니라 점진적 변화를 지속하고 있다. 문화인류학자들은 문화의 구성부분을 음악연주곡목에 비유, 문화의 레퍼토리(Cultural Repertory)로 본다. 사회의 구성원은 레퍼토리에 의해 행동하고 사고하며 생활하지만 레퍼토리는 시간의 흐름에 따라 교체되고 변화한다. 이런 배경에서 문화도 끊임없이 변화하며, 문화의 변화를 가져오는 요인은 내부적 요인으로서 발견(Discovery)과 발명(Invention), 외부적 요인으로서 문화의 전파이다.

(3) 문화의 특성

문화는 타 문화와 교류하거나 비교차원에서 다음과 같은 특성을 갖고 있다.

① 문화의 보편성

문화의 보편성(Universality)은 동일한 환경이나 여건에서, 혹은 다른 환경이나 여건 속에서도, 시간과 공간을 초월하여 내용과 형식에서 유사한 문화가 창조된다는 것이다. 이러한 보편성 때문에 문화와 문화 사이에는 어떠한 공통성이 나타나거나 또는 상호교류를 통해서도 문화적 공통성이 형성될 수 있다.

② 문화의 개별성

문화의 개별성(Individuality)은 문화의 고유성 혹은 독자성으로도 표현할 수 있다. 다시 말해 각각 특정 문화는 자기의 고유한 개성을 지니고 있고 다른 문화와 구별된다는 것이다. 이와 같은 문화의 개별성으로 인하여 비록 문화교류가 발생한다고 해도 문화의 완전한 융합, 융화 혹은 동화가 쉽게 일어나지 않으므로, 문화의 수용현상이 나타난다.

문화는 보편성도 갖고 있으나, 특정 민족을 단위로 하여 개별적으로 형성, 발전하는 경우도 많은 것이다. 이러한 개별성 때문에 어떠한 문화가 다른 곳에 전파되었을 때 문화는 원형 그대로 전파되는 것이 아니라 전파지역의 문화적 요소가 가미된 문화접변

(文化接變, Acculturation) 현상이 일어난다. 문화교류의 결과나 성격을 논할 때, 문화의 보편성 이외에도 문화접변에 의한 개별성에도 관심을 두어야 한다.

③ 문화의 확산성

문화의 확산성(Diffusion)은 특정 지역(사회)의 문화요소들이 다른 지역으로 전해져서 그 지역의 문화과정에 통합되어 정착된 현상을 의미한다. 여기에서의 문화과정(Culture Process)은 한 지역의 문화체계를 구성하고 있는 부분들, 또한 문화요소들이 시간을 통해 지속적으로 상호작용을 해 나가는 과정을 말하며, 일명 '문화 강물(Stream of Culture)'이라고 한다.

문화의 확산 혹은 전파는 다른 문화를 위한 전파된 문화의 수용성 여하에 따라 속도와 규모가 통제된다. 언제 어디서나 일단 창조된 문화는 물리적 거리나 집단 간 갈등의 장애에도 불구하고, 의식적이든 무의식적이든 그 주변에 전해지는 것이 당연하다.

2) 문화의 구분과 다양성에 대한 사고

2001년 프랑스 파리에서 열린 제31차 유네스코 총회에서 채택된 〈세계문화 다양성 선언〉은 강대국이든 약소국이든 자국 문화를 유지하고 종의 다양성을 보존해야 한다는 구체적인 내용을 담고 있다. 이 선언은 1999년 제30차 유네스코 총회에서 이 선언을 채택하자는 제안이 최초 제기된 후, 2년 동안 전문가그룹회의, 회원국 설문조사 등 다양한 절차를 거쳐 각국의 관심과 의견을 수렴했다. 이 선언은 1982년 멕시코시티에서 개최된 문화정책에 관한 세계회의와 1998년 스웨덴 스톡홀름에서 열린 발전을 위한 문화정책에 관한 정부 간 회의, 그리고 1995년 세계 문화 발전 위원회에서 펴낸 보고서 '우리의 창조적 다양성' 등 다양한 방식으로 문화 다양성의 가치를 보존하기 위해 노력해 온 결과를 종합한 것이다(NAVER 지식백과. 학생백과).

(1) 문화구분

문화를 구분하는 방식은 매우 다양하다.

첫째, 문화를 공유하는 집단에 따라 구분할 수 있다. 한국문화는 한국인이라는 집단이 공유한 문화이고, 미국문화는 미국인이 공유한 문화이다.

둘째, 지역에서 집단을 나누는 기준은 성별, 세대, 계급, 지역, 인종, 직업 등 다양하며, 다양한 기준에 따라 수많은 집단이 만들어지고 이들은 각각 독특한 자기문화를 공유한다. 하위집단의 문화를 하위문화(Sub-culture)라 하며, 문화는 수많은 하위문화의 집합체로 구성되어 있다.

셋째, 동일한 가치와 권위를 갖고 있는 문화는 존재할 수 없다. 권력이 강한 집단의 문화는 강한 힘을 갖고 있지만, 약한 집단의 문화는 지역(사회) 안에서 권력소유 집단의 문화에 의해 억압과 차별을 받는다. 다시 말해 지역(사회)의 지배세력이 지닌 문화를 지배문화, 피지배층의 문화를 피지배문화라고 한다. 저항문화는 피지배집단이 지배집단에 저항하면서 만들어진 문화라고 할 수 있다.

넷째, 문화는 눈에 보이는 물질적 속성을 갖고 있는지 아니면 그렇지 않은지에 따라 물질문화와 정신문화로 구분된다.

다섯째, 문화는 심미적 수준에 따라 고급문화(High Culture)와 저급문화(Low Culture)로 구분된다. 일반적으로 고급문화는 주로 서양에서 비롯된 예술적 전통을 배경으로 하고 있는 문화가 많으며, 저급문화는 대량생산된 대중문화 산물을 지칭하고 있는 경우가 많다.

(2) 문화에 대한 사고

① 문화상대주의

문화상대주의(文化相對主義)는 '지역(사회)마다 다양하고 독특하게 나타나고 있는 문화가 오랜 세월에 걸쳐 학습되고 축적되어 온 삶의 결과이며, 그 지역(사회)의 구성원들에게 무한한 가치와 의미를 담고 있다'는 것이다. 따라서 어느 지역(사회)의 문화가 더 우월하고 어느 지역(사회)의 문화가 더 열등한가를 비교하는 것은 무의미한 것이며, 어떤 특정 지역(사회)의 문화를 다른 지역(사회)의 기준에 입각해서 평가하는 것은 바람직하지 못하다. 문화상대주의는 문화의 다양성과 상대성을 인정하고, 어떤 문화를 그 사회의 특수한 자연환경과 역사적, 사회적 맥락 속에서 이해하고 판단하고자 하는 태도이다.

② 문화절대주의

문화절대주의(文化絶對主義)는 '문화를 절대적인 기준으로 평가하고 우열을 가리는 태도나 관점'이다. 문화절대주의는 어느 한 기준에 맞추어 다른 문화를 평가하기 때문에 고유한 특성이나 상대적 가치를 인정하지 않으며, 문화상대주의와 대립된다. 여기에는 자문화중심주의, 문화사대주의, 문화제국주의 등이 있다.

첫째, 자문화중심주의는 자국 문화를 우월하게 여기며 절대적인 기준으로 삼아 다른 문화를 비하하는 경향이며, 중화사상이 대표적이다. 둘째, 문화사대주의는 스스로 열등감을 느끼며 다른 문화를 숭배하고 찬양하는 태도로서 과거 한국의 중국이 최고라는 모화사상(慕華思想)을 들 수 있다. 셋째, 문화제국주의는 자국의 우월성을 증명하기 위하여 다른 국가나 세력권을 공격하는 태도에서 비롯된다. 넷째, 국내식민주의는 국내 다른 집단을 열등시하고 무시하는 태도로서 백인의 흑인지배가 대표적 사례이다.

○ 자문화중심주의

자문화중심주의(自文化中心主義)는 '자기 문화의 우월성에 빠져, 다른 문화를 부정적으로 평가하는 태도'이다. 자문화 중심주의는 민족 정체감 형성이나 사회 통합의 수단이 될 수는 있으나, 민족적, 종교적 우월주의에 빠져 민족이나 인종 간 갈등을 유발할 우려가 있고 국제적 고립을 자초할 수 있다. 자문화중심주의의 대표적인 사례는 '문화제국주의'라고 할 수 있다. 근대 유럽의 제국주의에서 식민지 주민들에게 문화를 강요하였고, 오늘날 선진국들이 시장논리를 내세우며 선진국의 영화나 음반, 식품 등 문화상품을 가지고 제3세계로 진출하는 것 등이 해당된다.

○ 문화사대주의

문화사대주의(文化事大主義)는 '다른 문화를 이해하는 데 있어 외국 것은 무조건 좋아하고 우리 것을 비하하는 태도'이다. 문화사대주의는 문화에 대한 절대주의적 자세를 취한다는 점에서 자문화 중심주의와 공통적인 면이 있다. 문화사대주의는 자문화중심주의와 반대되는 특정 문화만을 가장 좋은 것으로 동경하거나 숭상하는 나머지 자기 문화를 업신여기거나 비하하는 태도이므로, 자기 문화 발전을 저해할 수 있다.

우리나라 입장에서 볼 때 문화사대주의로 흔히 거론되는 사례는 영어지상주의와 세계 최고의 과학문자 한글경시풍조, 서구인 체형에 맞춘 성형수술유행, 과거 일본 수입식품이나 공산품에 대한 동경 및 애용, 서양식 인스턴트식품 위주의 식생활, 값비싼 수입양주와 명품에 대한 무조건적 선호 및 집착 등을 들 수 있다.

◯ 문화제국주의

문화제국주의(文化帝國主義)는 '부와 권력을 갖춘 발전된 자본주의국가와 상대적으로 힘이 약한 저발전국가(아시아, 아프리카, 남아메리카, 제3세계국가) 사이의 지배와 종속의 문제가 문화에도 적용된다.'는 견해이다. 다시 말해 발전된 자본주의국가의 상품과 유행 등 문화가 저발전국가로 유입되고 종속국가시장은 지배국가의 문화에 대한 수요와 소비를 창출하고 발전시키는 종속시장이 된다. 이런 과정에서 저개발국가의 고유문화는 외래문화, 지배국가의 문화에 의해 지배당하고 대체되며 도전받는다.

다국적 기업과 매스미디어가 중요한 역할을 하고 있다. 다국적기업은 자신의 생산물을 세계경제를 통해 널리 확산시키고자 하며, 문화제국주의는 강력한 커뮤니케이션을 장악하여 경제이익을 얻고 이차적으로 특정 국가의 고유문화를 사장시켜 문화적 지배·종속의 질서를 영구화하고자 한다. 자본주의 문화는 문화영역에 자본이 침투해 다른 산업과 마찬가지로 문화도 문화산업이라는 경제적 하부구조에 의해 상품 생산과 교환 과정을 통해 경제적 잉여를 창출하고 있다(NAVER 지식백과. 문학비평용어사전).

(3) 문화를 적용한 중요 개념

① 문화경관

문화경관(Cultural Landscape)은 문화를 지닌 인간집단이 특정 지역(장소)에 거주하면서 창조해 놓은 인공경관이다. 문화경관은 의식주에 대한 인간의 가장 기본적인 욕구를 해결하고자 하는 노력의 대가이며, 인간집단은 세계 각지에서 주위에서 얻을 수 있는 재료를 활용해 고유 문화경관을 만들어냈다. '백문불여일견(百聞不如一見)'이란 말이 있듯이 자연경관 뿐 아니라 문화경관도 가시적인 것이 중요하며, 문화경관은 인간의 정체성이 담겨 있는 장소라는 사실을 뒷받침하는 랜드마크이다.

② 문화확산과 문화생태론

문화경관의 변화과정을 설명하는데 사용되는 이론에는 문화확산과 문화생태론이 있다.

◎ 문화확산이론

문화확산이론은 문화의 발생에 이은 공간적 확대를 중심으로 문화경관의 변화과정을 설명하는 시각이며, 독일 지리학자 라첼(F. Ratzel)에 의해 시작되었다. 문화전파의 과정을 추정하는 자료는 고고학적 증거, 기록, 구전, 지명을 비롯한 언어학적 증거, 인구이동에 대한 기록과 증거 등이 있으며, 특히 남북아메리카, 시베리아, 남아프리카, 오스트레일리아에서 인구의 대이동은 문화의 전파와 문화권 형성에 큰 영향을 주었다.

스웨덴의 지리학자 헤거스트란트(Hägerstrand)는 문화전파의 개념을 공간 확대의 형태를 기준으로 하여, 팽창확산(Expansion Diffusion)과 재위치확산(Relocation Diffusion)으로 구분하였다. 팽창확산은 인구이동이 없는 상태에서 문화분포의 공간적 범위가 가까운 곳에서 먼 곳으로 확대되어 가는 형태이며, 재위치확산은 인간집단이 거주지를 이동할 때 자신들이 지닌 문화를 새로운 이주지에 이식하고자 하는 형태이다. 재위치확산은 적용되는 공간적 규모에 따라 전파의 주체와 대상이 주요 인물이 되기도 하고 대도시가 되기도 한다.

팽창확산은 계층확산, 전염확산, 자극확산 등의 하부유형을 포함한다. 계층확산은 문화가 특정 인물에서 인물로, 혹은 도시에서 도시로 펴져가는 것으로서 그 중간에 있는 다른 인물들이나 다른 지역(촌락)에게는 전달되지 못할 수 있는 것이며, 특정한 유행 의상이나 헤어스타일이 유행되는 과정은 주로 계층확산에 속한다. 전염확산은 전염병과 같이 가까운 곳에서 먼 곳으로 물밀 듯이 펴져 나가는 것이며, 자극확산은 문화의 팽창확산에서 외형적인 요소는 제외되고 내용적인 요소만 전달되는 것이다. 역사적으로 시베리아에 사는 사람들은 남쪽에서 소를 가축으로 키우는 문화를 접하기 전에는 순록을 사육하는 것을 미처 알지 못하였다. 시베리아인들은 소를 가축으로 키우는 문화를 접한 후에 가축사육이라는 아이디어를 이해한 후, 오랫동안 사냥감으로 여겨온 순록을 사육하게 되었음을 알 수 있다.

문화생태론

문화생태론은 인간과 자연환경의 상호의존적 관계를 전제로 하여 문화의 공간적인 차이를 분석하고자 하는 견해이다. 문화생태론은 문화인류학자 스튜어트(J. Steward)에 의해 문화변동을 분석하고자 하는 방법론이며, 지리학에서 강조되어온 환경가능론과 환경결정론과 차이를 보인다. 환경가능론과 환경결정론이 모두 인간과 환경의 관계가 일방적인 것으로 간주하고 있는 것에 반해, 문화생태론은 인간과 환경이 서로 영향을 주고받는 쌍방적인 관계를 갖고 있다는 것이 핵심이며, 이런 환경의 구성요소는 지형과 기후, 토양, 식물과 동물 등이다.

문화생태론에서 자주 사용되고 있는 단어는 생태계와 문화적 적응이다. 생태계는 순환을 계속하는 에너지, 물질, 정보의 상호관계 속에서 안정성을 자기는 유기적인 집합체이며, 문화적 적응은 자연환경변화나 인구, 경제, 도시 등 같은 지역사회의 내부변화에 반응하는 인간행동을 지칭한다.

02 인종과 민족의 이해

1) 인류의 기원과 기원지

한국인이란 오랜 세월에 걸쳐 혈통과 문화적 전통을 공유하고 있는 한민족을 뜻하지만, '특정 시기'부터라고 하는 시간과 '공유'라고 하는 문화적 특성을 함께 내포하고 있다. 한국인은 법률적으로 규정되고 있는 국민의 개념을 넘어서 역사적 경험을 공유한 민족(Nation)과 생물학적 특징을 공유한 인종(Race)의 양면적인 의미를 갖는다.

(1) 인류의 기원

인류의 기원에 대해 수많은 논쟁과 연구가 진행되어 가고 있으며, 인류의 화석연구를 통해 신체적 기능과 형태가 진화되었다는 것이 인정되고 있다. 최초의 인류화석은 1924년 아프리카 탄자니아에서 발견된 오스트랄로피테쿠스이다. 이 화석은 약 600만

년 전에 생존했던 키 120㎝정도의 직립원인으로 원숭이 혹은 유인원에 가까운 화석이지만 최초 인류로 추정하고 있다. 1964년 탄자니아 북부 올두바이 협곡에서 발견된 호모하빌리스는 도구를 사용할 줄 아는 인류로 오스트랄로피테쿠스보다 조금 진화된 화석으로 인정받는다.

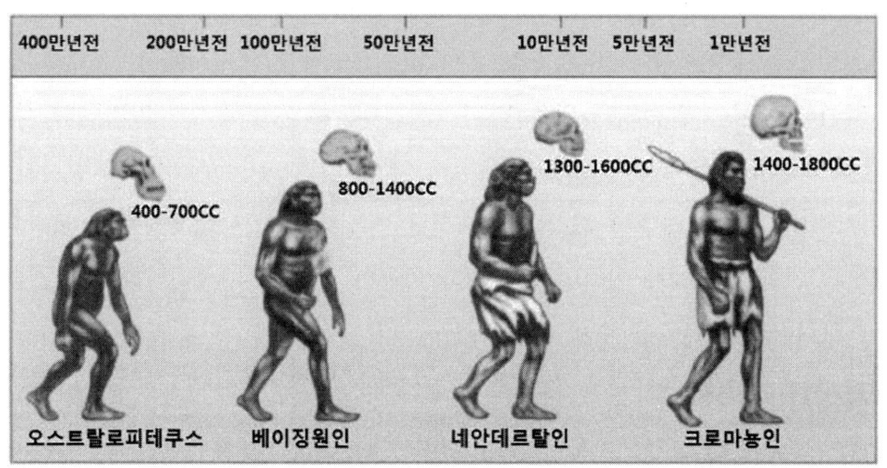

자료: NAVER 지식백과. 어린이백과(인류의 탄생)

그림 2-1 ▌인류의 탄생

호모에렉투스는 이보다 더욱 진화된 인류로 인도네시아 자바 섬에서 발견된 자바원인과 북경 서남쪽 67㎞에 위치한 조우코우덴(周口店)에서 발견된 베이징원인으로 최초로 불을 사용하였다. 호모사피엔스(지혜의 인간)는 BC 11만년~3만5천 년 전에 생존했고, 구 인류라 불리는 네안데르탈인 화석이 여기에 포함된다. 현 인류의 시조는 BC 약 3만 5천년부터 지구에 거주한 호모사피엔스 사피엔스로 불리는 크로마뇽인 화석이다.

이상과 같이, 화석인들은 과거 200만년 동안 홍적세(Pleistocene) 4번의 빙기와 3번의 간빙기를 거치면서 지구의 환경변화에 신체적 특징을 적응시켰고, 도구와 불을 사용할 줄 알았던 화석인만 번성하고 적응하지 못한 화석인은 인류의 역사무대 지구에서 서서히 사라졌을 것으로 추정된다.

(2) 인류의 기원지

인류의 기원지는 최초의 인류 화석이 현재의 알프스, 히말라야 산맥 이남 지역에 존재했던 아프리카 열대 사바나(AW) 기후 지역이었을 것이라는 학설이 유력하다. 사바나 기후라는 조건이 불에 사용을 몰랐던 오스트랄로피테쿠스와 호모하빌리스 화석인들이 생존하기 최적조건이었고, 200만 년 전부터 시작된 초기인류는 50만년이 되어서는 그 수가 증가하여 저위도와 적도에서 중위도 지역으로 거주지를 확대시켰다.

호모사피엔스 사피엔스인은 빙하시대에 불을 이용하여 추위에 적응하면서 약 3만 5천 년 전에는 구대륙(아시아, 아프리카, 유럽) 전체까지 거주지를 확대시켰다. 신대륙은 크로마뇽인 이전의 화석은 발견되지 않고 남미의 인디오 화석은 북미의 인디언 화석과 동일하지 않은 것이며, 유추하여 보면 최후빙기 약 10만년~4만 년 전부터 빙기와 더불어 나타난 결빙 그리고 해수면 하강으로 드러난 연륙된 육지를 이용하여 시베리아에서 베링 해협을 건너 아메리카 인디언의 조상이 되었다. 또한 동남아시아에서 오스트레일리아로 확산되었다가 바다를 통해 다시 남아메리카로 건너가 전 지구적으로 인류 거주지 확대가 시작되었다는 학설이 제기되고 있다.

2) 인종과 민족

인종은 세계 각지에서 민족과는 다른 개념으로 통용된다. 인종은 얼굴이나 체형과 같은 신체적 특징을 기준으로 하는 것에 비해, 민족은 문화나 역사적인 동질성을 근거로 다른 집단을 구분하는 분류기준이다. 일반적으로 민족을 구분하는 문화, 역사적인 기준은 언어와 종교가 있고, 인종을 구분하는 일반적인 기준은 인종집단별로 뚜렷한 유전학적 특징이다.

인류는 오랜 세월을 거쳐 이동과 전파, 적응과 진화를 겪으면서 몇 개의 인종으로 분화되었으며, 인종은 민족을 구성하는 기본적인 요소로 작용하였다. 민족은 인종적 동질성을 기본으로 하여 역사적 경험과 문화적 전통, 특히 동일한 언어를 공유하는 인간집단이다.

(1) 인종(Races of Mankind)

인종은 '인류를 생물학적으로 구분할 때, 신체상의 유전학적인 제반 특징을 공유하는 집단'이다. 즉 인간을 신체적 특징인 피부색, 모발형태, 머리형태, 코의 형태, 얼굴형태

등을 기준으로 분류한 것이며, 황인종(몽골인종)과 백인(코카서스) 그리고 흑인(니그로)으로 나누고, 이들 간 서로의 혼혈인종으로 구분할 수 있다. 인종은 생물학적인 구분일 뿐이며, 풍속이나 습관과는 관계가 없다. 이런 시각에서, 인종은 문화적 구분인 민족이나 정치적 구분인 국민과는 명확히 구분된다.

① 인종구분

세계의 인종은 분류기준에 따라 트게 3가지로 구분된다. 일반적으로 인종은 크게 몽골인종(Mongoloid), 코카서스인종(Caucasoid), 니그로인종(Negroid)으로 구분된다. 몽골인종은 자체 내부의 동질성과 이질성을 토대로 하여 신몽골인종과 구몽골인종으로 양분된다. 이외에도 3대 인종을 제외한 소수인종으로 오스트레일리아인종(Austranoid), 부시맨(Bushman), 피그미(Pygmy) 등이 있다.

첫째, 몽골인종은 신몽골인종(아시아 북부, 동부, 동남부와 유라시아 북단)의 극한지역에 분포하여, 구몽골인종은 아메리카 전역에 걸쳐 분산되어 분포하고 있다.

둘째, 코카서스인종은 유럽, 아메리카, 오스트레일리아 전역, 아시아의 남부와 서부, 아프리카의 북부와 남부에 걸쳐 분포한다.

셋째, 니그로인종은 사하라사막 이남의 아프리카, 북아메리카 남부, 중앙아메리카, 남아메리카(라틴아메리카) 북부에 집중 분포하고 있다.

이외에 오스트레일리아인종은 오스트레일리아와 주변에 있는 섬들에서 외부세계와 고립되어 분포하였으며, 피그미는 아프리카, 인도, 동남아시아에 산발적으로 분포한다. 세계 인종분포는 인류문화 발달, 인구증대로 인해 많은 변화를 겪은 산물이다.

② 인종의 진화와 지리적 분화

3대 인종은 원시인류가 거주지를 이동할 때 새로운 자연환경에 적응하는 과정에서 분화된 것으로 추측된다. 이런 생물학적 변화를 일으킨 원인은 첫째, 기후에 따른 상이한 적응 양식, 둘째, 신체적 변이의 다양성과 속도, 셋째, 혼혈과 격리로 인한 번식 양식의 차이, 넷째, 돌연변이 출현 등이 있고, 이중 기후에 따른 상이한 적응 양식은 가장 큰 영향을 미쳤다. 이를 배경으로 한 3대인종의 형성에 대한 견해는 아래와 같다.

첫째, 니그로인종은 아프리카 열대기후에 적응하는 과정에서 검은 피부색을 비롯한 신체특징이 발달했다. 니그로인종의 검은 피부색은 적도부근에서 흑색에 가깝게 가장 짙어지고, 적도로부터 남북으로 멀어지면서 갈색으로 옅어지는데, 이런 현상을 열대기후대에서 태양광선이 전달하는 강렬한 자외선을 차단하기 위해 피부가 검은색으로 진화한 것으로 본다. 자외선은 강한 살균력을 갖고 있으므로, 과도하게 흡수되면 피부가 화상을 입거나 심한 피해를 입어 죽음에 이를 수 있다. 멜라닌(흑색소)이 피부표면에 축적되어 있으면 피부를 통과하는 자외선이 효율적으로 차단될 수 있으므로, 아프리카 저위도 환경에 자연스럽게 적응하는 과정 속에서 피부표면에 축적된 멜라닌(흑색소)의 양이 증가해 피부색이 바뀐 것으로 생각된다.

니그로인종은 열대기후에 적응해 발한(發汗)능력이 발달하였고 사지가 길며 늘씬한 체격조건을 갖고 있다. 둥근 얼굴, 넓고 편평한 코, 곱슬머리, 두꺼운 입술 등 신체적 조건이 뚜렷하다. 니그로인종은 수단니그로(아프리카 서부 기미만의 적도이북), 반투니그로(콩고강 유역과 동남부 아프리카), 소니그로(통고분지와 칼라하리 사막부근), 드라비다족(인도 남부), 파푸아족(뉴기니), 멜라네시아인(뉴기니) 등으로 구분되며, 피그미(콩고분지의 열대우림지대), 부시맨도 오래전에 출현한 니그로인종으로 분류되는 경향이 있다.

둘째, 코카서스인종과 몽골인종은 원시 인류가 기원지인 아프리카에서 유럽과 아시아로 이동하는 과정에서 생물학적 변이를 일으켜 형성되었다. 저위도에서 고위도로 이동하면서 일조량이 부족한 기후환경을 경험하였고, 이런 환경은 멜라닌(흑색소)을 감소시키고, 피부색을 옅게 만들었다. 다시 말해 인류가 일조량이 적은 고위도지대에서 적응하기 위해 눈과 머리칼이 짙은 색에서 옅은 색으로 변화하였고, 인간의 눈동자도 동공 주변의 홍채로 인해 다양한 색을 띠게 되었다(홍채에 멜라닌이 많으면 흑색이 되고, 멜라닌이 감소하면 갈색이나 노란색으로 엷어진다.). 유럽 대륙에서 눈동자, 피부, 머리나 체모의 색깔이 엷어지는 정도는 위도가 낮은 남부에서 위도가 높은 북부유럽으로 올라갈수록 뚜렷해지고 있다. 특히 노란 머리색, 푸른 눈, 백색피부로 표현되는 백인의 전형은 북부유럽 스웨덴을 중심으로 분화되어 있다.

코카서스인종은 원시인류가 카프카스산맥을 넘어 추운 기후의 북쪽으로 이동하는 과정에서 출현한 것으로 추측되며, 유럽, 인도, 서남아시아, 북동부아프리카 등지로 갈라져 이동하면서 지역에 따라 다양하게 진화하였다. 코카서스인종은 유럽아리안족(유럽 전역), 인도아리안족(인도북부), 셈족(서남아시아와 아프리카동부), 햄족(아프리카북부) 등으로 구분된다. 특히 유럽아리안족은 튜턴족(유럽북서부), 라틴족(유럽남부와 지중해주변), 슬라브족(유럼동부), 켈트족, 그리스족 및 알바니아족 등으로 구분된다. 인도아리안족은 힌두족과 이란족으로 구성되며, 셈족은 아랍인과 유대인을 포함한다. 햄족은 이집트와 베르베르인 등으로 셈족과는 차이가 있다. 코카서스인종은 전체적으로 밝은 갈색피부, 엷은 색의 눈, 곱슬머리, 높은 코, 큰 키 등의 특징이 전형적이다.

몽골인종은 원시인류가 아프리카를 떠나 아시아에 들어갔을 때, 추운 기후에 대한 적응과 관련되어 있다. 최후빙기 때 동북아시아에 이미 신몽골인종의 조상이 되는 구몽골인종이 거주하고 있었으며, 현재의 아시아대륙과 아메리카대륙을 분리시키고 있는 베링해협이 육지로 연결되어 있었기 때문에, 구몽골인종은 그곳을 건너 아메리카대륙으로 건너가 아메리칸인디언의 조상이 되었다고 한다. 또한 시베리아에 자리 잡은 일부는 건조하고 한랭한 기후에 적응하기 위해 신체적 변화를 겪었다.

신몽골인종은 동부아시아 각지에서 원주민과 혼혈하여 탄생하였고, 인종 간 혼혈기회가 확산되어 구몽골인종은 점차 사라졌다. 신몽골인종은 현재 구몽골인종을 대신해 동부아시아 전역에 분포하고 있다. 몽골인종은 얼굴바깥으로 광대뼈가 돌출되어 있고, 안면이 둥글고 납작한 외모로서 이런 날씨에 적응한 결과의 산물이다. 숨 쉴 때 받아들이는 차가운 공기의 온도를 높이기 위해 코가 낮아지고 콧구멍이 측면으로 이동하였으며, 눈도 보온효과를 위해 눈꺼풀의 지방층이 두꺼워지고 눈의 형태도 가느다란 모양을 형성하였기 때문에, 전체적으로 황색피부, 갈색 눈, 검은색 곧은 머리, 낮은 코 등의 신체적 특징이 전형적이다.

몽골인종은 북방계(터키인, 몽골인, 한국인, 일본인 등)와 남방계(한족, 묘족, 티베트족, 미얀마족, 타이족, 베트남족, 크메르족 등)로 구분되지만, 북방계에 포함되는 소수인종 에스키모인, 퉁구스족, 랩족(스칸디나비아반도 북부), 핀족(핀란드), 마자르족(헝가리) 및 아메리칸인디언 등이 있다.

③ 콜럼버스 이후의 인종의 대규모 이동과 혼합

1492년은 콜럼버스가 신대륙을 발견한 역사적인 해이다. 이로 인해 15세기말 신대륙을 향한 코카서스인종의 이동은 인류역사 상 최대를 이루었다. 1820년대부터 1930년대까지 100여 년 동안 6,000만 명 이상의 코카서스인종이 유럽을 떠나 아메리카와 오세아니아로 이주하였다. 특히 1870년부터 1914년까지 신대륙으로 이주하기 위해 유럽을 떠난 인구는 약 340만 명으로 추산되며, 이중 미국으로 이주한 이주자는 약 270만 명으로 절대적이었고, 나머지는 아르헨티나, 브라질, 오스트레일리아, 남아프리카 등지로 분산되었다. 1890년을 기점으로 서부유럽의 이주자 행렬에 비해, 동부유럽이나 지중해 연안을 출발한 이주자도 현저히 증가하였다.

1518년 유럽인들에 의해 대서양을 횡단하는 노예무역이 시작된 이래, 400여 년 동안 아프리카에서 아메리카 각지로 팔려간 니그로인종은 1,000만 명이 넘었다. 니그로인종을 대상으로 한 노예무역의 출발은 1518년 아프리카 기니 만 연안에서 아프리카인들이 카리브 해 연안의 아이티로 끌려간 것으로 알려져 있다. 1600년부터 1650년까지 아메리카대륙에 있는 스페인과 포르투갈식민지로 팔려간 니그로인종 노예의 수는 매년 7,000명이 넘었다. 노예무역은 18세기중반을 전후하여 최고정점에 달하였고, 19세기 중반부터 감소했다. 아프리카에서 노예로 팔려 간 니그로인종의 상당수는 카리브 해 연안의 쿠바와 아이티 그리고 브라질로 향하였고, 미국으로 반입된 니그로인종 노예는 25명 중 1명꼴로 약 40만 명에 육박했다. 아프리카 니그로인종의 강제이주는 신대륙, 아메리카대륙의 문화와 인종구성을 총체적으로 변화시켰다.

북아메리카대륙은 인종 간 혼혈이 거의 없이 코카서스인종을 구성하는 민족 간의 혼혈이 중심이 된 반면, 남아메리카대륙은 인종 간 혼혈, 인디언 문명을 정복한 유럽인(스페인과 포르투갈)과 토착민 사이의 혼혈도 강하게 나타났다. 메스티소(Mestizo)는 코카서스인종(스페인)과 몽골인종(아메리칸인디언)의 혼혈, 물라토(Mulato)는 코카서스인종(스페인)과 니그로인종(이주 아프리카인)의 혼혈, 삼보(Sambo)는 몽골인종(아메리칸인디언)과 니그로인종(이주 아프리카인)의 혼혈인종이다.

(2) 민족(Nation)

민족은 일반적으로 신체적 특징보다 언어나 역사적 경험 및 종교에도 바탕을 두고 있다. 민족은 '일정한 지역에서 장기간에 걸쳐 공동생활을 함으로써 언어, 풍습, 종교, 정치, 경제 등 각종 문화 내용을 공유하고 집단귀속감정에 따라 결합된 인간집단의 최대 단위로서의 문화공동체'를 가리키는 말이다. 민족은 다의적(多義的)인 것이어서 국민, 부족 및 종족 등과 혼동되는 경우가 많고, 실제 이들과 부분적으로 중복되는 요인이 있다. 민족은 언어, 거주하는 지리적 범위, 경제생활과 문화, 동류로서의 공동의식을 공통으로 가지며, 역사적으로 형성된 인간집단이다. 이런 여러 요인이 상호 관련하는 하나의 전체로서 통일되고, 개개의 요인이 단독으로 민족을 구성하는 것은 아니다. 또한 이러한 여러 요인이 복합하여 어떤 민족이 생성, 발전하는 과정 중 그 민족에게 고유한 특징으로서 나타나는 것이 민족성이다.

민족은 오랫동안 같은 지역에서 자연적 환경에서 적응하며 생활하는 동안 만들어진 문화적 동질성과 민족적 의식에 의해 구분된다. 문화적 동질성이 비슷하게 나타난 지역을 분류하고 묶어 놓은 개념이 문화권이다.

① 민족의 국가구성

단일민족국가(The Nation-State)는 역사적 유산 혹은 혈통을 공유하는 사람들이 함께 모여 단일한 공동체를 구성하는 국가이며, 국민 전체가 단일한 언어나 역사적 경험을 공유하며, 민족주의가 상대적으로 강한 것이 특징이다. 그러나 지구상에 단일민족국가는 많지 않으며, 현대 국가의 일반적인 형태는 다민족국가(The Multinational State)이다. 또한 단일민족국가에도 절대다수를 차지하는 단일민족의 정치적인 지배를 받는 극소수의 이민족(소수민족)이 거주하는 경우가 적지 않다. 단일민족국가는 오래전부터 독립국가로 내려온 유형과 최근 신생국으로 독립한 형태가 있다. 에스토니아, 그루지아, 세르비아 등 신생국은 최근 단일민족국가의 건설이라는 정치적인 염원을 구현한 국가로 볼 수 있고, 에스토니아와 조지아는 구소련으로부터, 슬로베니아, 크로아티아, 보스니아-헤르체고비나, 몬테네그로, 북마케도니아, 코소보, 세르비아는 각각 구 유고연방에서 분리, 독립된 국가이다. 또한 중국은 중화민족(中華民族)이라는 중심개념으로 국민통합을 추구하고 있으나, 소수민족이 중화민족과 융합되기 어려운 사례이다.

미국은 세계에서 민족분리주의를 극복하고 통합해 성공한 국가이다. 미국 내 소수민족들은 독립적인 정치의식을 내세우지 않고 자기 고유의 문화의식 만을 보전한 채 융화되어 살고 있으며, 미국 이외의 다민족국가는 스위스, 캐나다, 남아프리카공화국, 벨기에 등이 좋은 사례이다. 이들 국가는 민족 간 정치와 문화적 차이를 극복하고 국민통합을 도모하는 것이 중요하며, 통합에 실패할 경우 민족분리주의의 위협에 직면할 수 있다.

② 민족분리주의

아프리카는 유럽사회에 의한 식민지지배가 종식되면서 다민족국가들이 속속 출현하였으나, 민족 간 차이와 갈등으로 인한 정치적 내분에 시달리는 신생국가들이 적지 않다.

민족분리주의(Ethnic Separatism)는 '다민족국가에 거주하고 있는 소수민족이 다수민족으로부터 자치권을 획득하거나 독립국을 건설하고자 하는 신념이나 의지'를 말한다. 민족분리주위를 추구하는 소수민족들이 민족국가의 구성에 성공하는 사례도 있으나 실패하는 경우도 많고, 이런 경우 내전으로 이어진다. 과거의 소련을 비롯하여 유고연방이나 체코슬로바키아는 민족분리주의의 도전을 받아 붕괴된 다민족국가의 표본이었다.

민족분리주의는 불안정한 정세가 강한 아프리카대륙 뿐 아니라, 정치적으로 안정되어 있는 캐나다와 영국에서도 확인할 수 있다. 캐나다는 불어를 사용하는 프랑스계 캐나다인들이 민족분리주의를 강하게 주장하는 소수민족이다. 프랑스계 캐나다인들은 캐나다의 퀘벡 주, 특히 퀘벡시티와 몬트리올에 집중해 있으며, 이들은 1600~1700년대 프랑스에서 이주한 식민지 개척자의 후손이라고 할 수 있다. 이곳은 영-프 전쟁이후 20세기초반까지 영국계의 통치를 받았으나 프랑스계 주민의 자치권을 획득하였고, 1948년 채택된 주 깃발에도 프랑스 상징 붓꽃문장이 그려져 있다. 퀘벡 주는 여러 차례 주민투표를 실시한 바 있으며, 독립국 탄생은 근소한 차이로 부결된 바 있다.

영국으로부터 분리, 독립하고자 하는 북아일랜드는 영국의 주변부에 해당되는 아일랜드 북부에 위치하고 있고, 2016년 6월 23일 영국의 유럽연합(EU) 탈퇴를 의미하는 브렉시트(Brexit) 결정이후, 스코틀랜드, 북아일랜드, 웨일즈와 잉글랜드의 문제는 새로운 국면에 접어들었다. 중국으로부터 자치와 완전한 독립을 강하게 요구하고 있는 티베트도 중국의 서남쪽 변방에 자리 잡고 있는 대표적인 민족분리주의를 염원하고 있는 사례이다. 다민족국가 모두가 민족분리주의로부터 오는 정치적 문제를 안고 있는 것은 아니다. 스위스는 지방분권과 중앙집권을 조화롭게 혼합한 연방국가로 독일어, 프랑스어, 이탈리아어를 사용자들이 함께 정치적인 안정을 이루었다.

③ 소수민족의 문화지역

소수민족은 '주인문화 혹은 다수민족에 동화되지 않고 자기 고유 역사적 흔적과 문화유산을 간직하고 있는 소수집단'을 말한다. 소수민족의 경우 다민족국가 안에서 주인문화 영향을 받게 되므로, 소수민족문화는 주인문화와 접촉하는 문화접변을 경험한다. 이런 문화접변이 강하면 소수민족 문화는 주인문화에 흡수되거나 동화되며, 소수민족 문화 정체성을 상실한다.

미국은 잉글랜드와 아일랜드, 스코틀랜드, 독일, 프랑스 등으로부터 전래된 문화를 통해 새로운 미국의 주인문화를 형성한 경우이다. 반면 러시아는 미국과 같이 민족구성이 복잡하지만 민족 상호간 문화적 결합이 미국만큼 성숙된 단계가 아니다. 러시아의 소수민족은 각각 언어와 종교적 동질성을 토대로 집단정체성을 보전하고 있다.

소수민족이 이국땅에서 정착하는 형태는 고국 땅 안에서 정착하는 경향과는 다르며, 미지의 세계에 대한 두려움을 줄이고 생활개척의 편리를 도모하기 위해 연쇄이주(Chain Migration)를 선호하였다. 연쇄이주는 출발지와 목적지가 동일한 이동경로를 가지는 인구집단의 연속적인 이주를 의미하는 것이며, 후발집단은 앞선 집단의 행동루트를 그대로 재현하고 있다. 이것은 소수민족이 다수민족과 비교할 때 인구집단규모나 세력크기에서 열등한 처지에 놓여있기 때문에, 사회적 열세를 만회하고 생존을 유지하기 위해 다른 선택보다 '집중'을 통해 자기 세력을 한곳으로 결집시킨 것이다. 집단거주지는 민족고국(Ethnic Homeland), 민족도서(Ethnic Island), 민족근린지구(Ethnic Neighborhood) 및 민족게토(Ethnic Ghetto)로 구분할 수 있다.

민족고국

민족고국은 가장 넓은 면적과 가장 많은 인구를 점하는 소수민족의 집단거주지로서 이곳의 주민들은 최소한 부분적으로는 정치적인 자치권을 향유한다. 이곳에 거주하는 소수민족은 민족정체성을 비교적 강하게 갖고 있으면서 외부로부터 도전이 있더라도 민족정체성이 흔들리지 않고 자손에게 전수하는 것이다. 대륙규모의 다민족국가 미국과 캐나다에서는 민족고국이 나타나고 있다. 미국 뉴멕시코 주의 히스패닉, 텍사스 주 남부의 테하노(Tejano, 멕시코계 텍사스인), 뉴멕시코 주와 애리조나 주의 나바호인디언, 캐나다 퀘벡주 세인트로렌스 강 저지대의 프랑스계 캐나다인은 민족고국을 형성한 소수민족의 사례이다.

민족도서

민족도서는 소수민족의 집단이 집중해 있으면서 규모가 작은 집단거주지이다. 미국과 캐나다전역에서 확인할 수 있으며, 특히 미국 중서부지방은 역사와 전통이 다른 서로 다른 민족도서들이 산재해 있다. 펜실베이니아 주 동남부와 위스콘신 주의 독일계 소수민족, 미네소타 주와 노스다코타 주 북부, 위스콘신 주 서부의 스웨덴과 노르웨이계통의 소수민족들이 민족도서가 형성되었고, 텍사스 주에 슬라브족의 민족도서가 분산되어 있다. 또한 캐나다 앨버타 주 에드먼턴에는 우크라이나 민족도서가 존재한다. 이곳은 그 결속력을 위해 토지의 상속이나 매매를 대부분 민족내부에 한정하는 경향이 강한 것이 특징이다.

민족근린지구

민족근린지구는 도시에 형성되는 소수민족집단거주지이며, 민족적 배경이 동일한 사람들이 자발적으로 모여 사는 거주지이다. 이곳은 이들을 위한 상점, 서비스업체, 공장들이 있고, 가까운 친척들이 모여 있어 모국어로 의사소통하기 때문에 이민을 온지 얼마 되지 않은 경우에도 불편함을 최소화 할 수 있다. 미국과 캐나다는 1840년 이후 산업화에 따른 도시화에 따라 민족근린지구가 많이 발생하였다. 이 시기에 아일랜드인, 이탈이아인, 폴란드인, 동부유럽의 유대인을 비롯하여 미국 남부의 흑인, 푸에르토리코인 등이 정착해 도시 안에서 민족별로 구분되는 근린지구를 생활의 근거지로 이용하였다. 특히 도시내부에 존재하는 특성상 민족고국이나 민족도서에 비해 흥망성쇠가 빈번한 것이 특징이다.

◎ 민족게토

민족게토는 소수민족근린지구에 비해 주민들의 이주동기가 비자발적이며 경제와 사회적 지위가 열악한 것이 특징이다. 인류 역사상 최초의 게토는 고대의 정복자들이 원주민들의 주거를 일정지역 안으로 제한한 범위에서 비롯되었고, 중세유럽의 도시에는 유대인의 게토가 다수 존재했다. 미국 도시에서 발생하는 흑인 게토의 탄생을 들 수 있다.

④ 민족경관

민족의 고유문화를 시각적으로 표현하는 방법은 민족별로 다양한 차이가 있다. 건축양식, 토지구획양식, 가옥과 건물의 공간적 배치, 토지이용 등은 각 민족별로 뚜렷한 외형을 나타낸다. 민족경관(Ethnic Landscape)은 '민족의 고유문화를 대변하는 문화경관'을 말하며, 눈에 잘 띄는 유형과 그렇지 않은 유형으로 구분할 수 있다.

민족깃발(Ethnic Flag)은 마치 국기와 같이 일반인에게 눈에 잘 들어올 만큼 주위의 풍광과 전혀 다른 외관을 나타내는 민족경관이다. 미국 미네소타 주 북부와 미시간 주에 위치한 핀란드계 미국인의 민족도서에 있는 핀란드 민족의 문화를 상징하는 '증기목욕탕' 사우나는 민족깃발의 사례이다. 또한 민족근린지구나 민족게토의 경우 이방인이 쉽게 알아 볼 수 있는 민족경관이 있으며, 미국 남서부 멕시코계 미국인의 민족근린지구에는 건물 벽면에 전통적인 밝은 벽화가 채색되어 있다. 이런 벽화는 종교적인 메시지, 역사적인 사건의 해석, 정치적인 이데올로기 등 다양한 소재를 갖고 있다. 중국인은 과거부터 '붉은 색'을 행운을 가져다주는 색으로 인식하고 숭배하여 왔기 때문에, 캐나다 토론토와 미국 샌프란시스코의 차이나타운을 건설할 때에도 붉은 색을 많이 사용한 채색경관의 중요성을 확인할 수 있다.

03 언어와 어족의 이해

1) 언어와 어족의 관계

언어는 음성표현을 통해 전달되는 말이다. 언어는 좁은 의미로는 말(Speech) 만을 가리키지만, 넓은 의미로는 말뿐 아니라 신호(Sign), 몸짓(Gesture), 표시(Mark) 등을 총칭한다. 언어의 종류는 적게는 3,000여개부터 많게는 8,000개에 이르며, 세계의 언어들은 20여개 어족(語族)을 이루고 있다. 어족은 언어학에서 하나의 공통된 조어(祖語)에서 갈라져 나왔다고 추정되는 여러 언어들을 통합해 지칭한다.

언어는 인간들이 서로 약속한 의사소통의 상징체계이면서 학습된 관습과 기술을 한 세대에서 다음 세대로 전달하는 수단이다. 언어는 민족을 구분하는 기준으로 활용되는 만큼 언어와 민족 간은 상호 불가분의 관계에 놓여 있다. 과거에 민족과 언어는 밀접한 관계였다. 그러나 이주나 혼혈이 진행되면서 소수민족언어가 사라지고 있고, 언어의 90%가 앞으로100년 안에 사라질 수 있다(21세기연구회 저·전경아 역, 2018).

(1) 주요 어족과 어군

① 인도-유럽어족

인도-유럽어족(Indo-European Languages)은 역사시대 이후 인도에서 유럽에 걸친 지역에 널리 퍼져 있던 언어의 총칭이며, 영어, 독일어, 프랑스어, 러시아어, 스페인어, 이탈리아어 등 현대 유럽의 거의 모든 언어가 포함된다. 인도-유럽어족은 아리안어족, 인구어족(印歐語族), 인도게르만어족이라고도 한다.

인도-유럽어족은 근세 들어 유럽인의 식민지 확장에 따라 아메리카 지역에서 널리 사용됨에 따라 현존하는 어족 중 가장 광범위하게 쓰이고 있다. 특히 15세기 이전까지 유럽, 북아시아, 남아시아 지역에서 사용되다가 오늘날 전 세계적으로 사용되고 있다. 오늘날 인도유럽 공통조어에서 나온 언어를 사용하는 인구는 약 30억 명, 즉 전체 인류의 거의 반에 이르는 것으로 추산된다. 인도-유럽어족의 문법과 특징은 주어·목적어·

동사의 어순이 우세한 SOV형 언어였다고 추정되며, 고대의 인도유럽어족의 언어가 이러한 특성을 보인다. 예를 들어 히타이트어, 인도이란어파의 고전 여러 언어, 라틴어에서도 이런 특징이 나타난다. 그러나 SOV형 이외의 어순을 가지는 언어도 등장하게 되면서, 현재 SOV형이 인도유럽어족의 전형적인 어순이라고 단정할 수는 없게 되었다. 인도유럽어족에서 속하는 언어의 어순은 다양하지만, 주로 유럽에서는 주어·동사·목적어의 어순이 우세한 SVO형 언어가 비교적 많으며, 이러한 예로 영어, 독일어, 프랑스어, 러시아어 등이 있다(위키백과. 인도유럽어족).

표 2-1 ▎모국어 사용자수에 의한 세계 주요 언어

언어	어족	사용자수 (100만)	주요 지역
중국어(표준)	중국-티베트어족	853	중국, 타이완, 싱가포르
힌디어	인도-유럽어족	423	인도북부
스페인어	인도-유럽어족	346	스페인, 라틴아메리카, 미국남서부
영어	인도-유럽어족	330	영국, 앵글로아메리카, 오스트레일리아, 뉴질랜드, 남아프리카, 필리핀, 아시아와 아프리카 열대의 과거 영국식민지
벵골어	인도-유럽어족	197	방글라데시, 인도동부
아랍어	아프로-아시아어족	195	중동, 아프리카북부
포르투갈어	인도-유럽어족	173	포르투갈, 브라질, 아프리카남부
러시아어	인도-유럽어족	168	러시아, 카자흐스탄, 우크라이나와 과거 구소련공화국 일부
일본어	알타이어족	125	일본
독일어	인도-유럽어족	98	독일, 오스트리아, 스위스, 룩셈부르크, 프랑스동부, 이탈리아북부

출처: 테리 조든 외 저·류제헌 역(2002). 세계문화지리

인도-유럽어족의 하부는 로망스어군(Romance Languages), 슬라브어군(Slav Languages), 게르만어군(German Languages), 인도-이란어군(Indo-Iran Languages), 켈트어군(Celt Languages) 등이 있다.

- **로망스어군**: 스페인어, 프랑스어, 이탈리아어, 포르투갈어
- **슬라브어군**: 러시아어, 폴란드어, 체코어, 리투아니아어
- **게르만어군**: 독일어, 스칸디나비아어(스웨덴·덴마크·노르웨이), 영어
- **인도-이란어군**: 벵골어, 이란어(페르시아어), 벤트와어
- **켈트어군**: 아일랜드어, 브르타뉴어

② 아프로-아시아어족

아프로-아시아어족(Afro-Asiatic languages)은 북아프리카와 동아프리카, 사헬(Sahel, 아프리카 사하라 사막 남쪽 가장자리의 지역), 서아시아 등에서 쓰이는 240여 언어의 어족이다. 사용 인구는 약 3억 7천만 명이며, 셈함어족 혹은 함셈어족이리고 한다. 아프로-아시아어족에 속하는 대표 언어는 아랍어, 히브리어(고대 이스라엘의 언어), 암하라어(에티오피아의 공용어) 등이 있다. 아프로-아시아어족의 기원지에 대해 오리엔트에서 찾는 시각도 있었으나, 현재는 북동쪽 아프리카의 수단과 에티오피아 부근이라는 것이 정설이다. 아프로-아시아어족의 하부는 셈어군(Sem Languages)과 함어군(Ham Languages)으로 나눈다. 분포범위가 상당히 넓은데 비해, 사용 인구는 적은 편이다.

첫째, 셈어군은 아리비아반도, 유프라테스-티그리스 강 유역(이라크)의 비옥한 초승달 지역, 시리아, 북부아프리카, 대서양 연안의 도서 등지에서 사용된다. 아랍어는 가장 멀리까지 분포되어 있으며, 사용인구가 2억 명에 달한다. 이집트는 현재 아랍어가 공용어로 되어 있으나, 과거에는 사어(死語)가 되어버린 고대이집트어를 사용하였다. 아랍어에 속하는 셈어군의 언어는 에티오피아어와 히브리어가 있으며, 특히 히브리어는 아랍어와 가까운 관계를 지닌 언어로 오랫동안 사어(死語)로 인식되었다. 그러나 수세기 동안 세계 각지에 흩어져있던 유대인들이 종교의식에 사용하였던 것을 1947년 이스라엘 독립시 세계 각지에서 온 유대인들이 공통으로 사용하는 언어로 지정되어 현재에 이르고 있다.

둘째, 함어군은 아시아대륙에서 탄생하였으나, 현재는 북부와 동부아프리카에서 소수민족이 사용하는 언어로 존재하고 있다. 이 언어는 아랍어의 세력이 수천 년 걸쳐 확산되는 동안 사용범위가 제한되었고, 함어군의 언어를 사용하는 민족은 모로코와 알

제리의 베르베르족, 사하라사막의 투아레그족, 아프리카동부의 쿠시트족 등을 들 수 있다.

③ 기타 어족

◎ 중국-티베트어족

중국티베트어족(Sino-Tibetan Languages)은 중국어파와 티베트버마어파로 구성된 어족이며, 한장어족(漢藏語族)이라고도 한다. 이 어족은 250여개에 달하는 언어가 속해있는 대어족이며, 사용자수는 인도-유럽어족 다음으로 많다. 중국어와 티베트어 등이 이 어족에 속하는 언어이다. 중국티베트어족은 중국어군, 캄-타이어군(壯侗語群), 티베트-미얀마어군 등으로 구성된다. 중국어군은 사용인구가 8억 5300만 명이 넘는다.

◎ 오스트로네시아어족

오스트로네시아어족(Austronesia Languages)은 남도어족(南島語族) 혹은 말레이폴리네시아어족이라고 한다. 동쪽 이스터 섬에서 서쪽은 마다가스카르 섬까지, 북쪽 하와이 제도에서 남쪽 뉴질랜드 섬에 이르는 남태평양의 많은 지역에서 사용되는 여러 언어를 통틀어 이르는 말이다. 명칭의 어원은 라틴어 'auster'와 섬을 뜻하는 희랍어 'nêsos'의 합성어이다.

말레이-인도네시아어군과 폴리네시아어군으로 구분되며, 사용인구가 많은 것은 말레이-인도네시아어군이고, 분포 범위가 넓은 것은 폴리네시아어군이다. 전자에는 타갈로그어(필리핀), 말레이어, 인도네시아어, 후자에는 통가, 피지, 하와이 같은 도서언어가 주종을 이룬다.

◎ 오스트로-아시아어족

오스트로-아시아어족(Austro-Asiatic Lanuages)은 남아시아어족이라고도 하며, 동남아시아와 남아시아에 널리 퍼진 어족이다. 이 어족은 베트남어, 몽어, 쿰어, 베나르어 등이 포함되는 몽-크메르어군이 대표적이며, 중국-티베트어족, 인도-유럽어족, 오스트로네시아어족으로부터 끊임없이 침범을 받아, 지역이 제한되어 있다. 이 어족과 오스트로네시아어족과의 사이에 동족관계가 있다고 해 두 어족을 합해 오스트릭어족이라고 한다.

◎ 우랄어족

우랄어족(Uralic Languages)은 핀우그르어파와 사모예드어파의 두 관련된 언어로 구성된다. 핀우그르어파는 핀란드어, 에스토니아어, 랩어를 포함한 핀어군과 헝가리어를 포함하는 우그르어군이 있고, 사모예드어파는 네네츠어(툰드라 시베리아 거주), 에네츠어, 셀쿠프어, 가나산어 등이 포함된다. 우랄어족에 속하는 언어들은 모음조화 현상이 있어 알타이어와 유사하기 때문에 우랄알타이어족이라는 총괄적 명칭을 사용하기도 한다.

◎ 알타이어족

알타이어족(Altaic Languages)은 북부·중앙아시아의 황량한 사막, 툰드라, 침엽수림지대를 본거지로 하며, 만주어(청 나라를 세운 만주족의 언어)와 사할린어가 포함되는 만주어군, 몽골어군, 터키어군 등으로 이루어진다. '알타이'라는 명칭은 이 언어를 사용하던 민족이 분열하기 전 원주지가 알타이산맥 부근이었다는 가설에서 유래한 것이며, 한국어 혹은 일본어를 포함시킬 수 있다.

◎ 드라비다어족

드라비다어족(Dravidian Languages)은 인도남부, 스리랑카북부, 파키스탄 일부에서 일상적으로 사용되는 언어이며, 2억 명 이상의 사용자수를 포함한다. 이 어족은 타밀어(인도와 스리랑카), 말라얄람어, 칸나다어, 텔루구어(인도) 등으로 이루어진다.

◎ 니제르-콩고어족

니제르-콩고어족(Niger-Kordofanian Languages)은 지역, 사용자수, 개별언어 개수 등의 측면에서 아프리카에서 가장 큰 어족이다. 세계에서 가장 많은 언어를 보유한 어족이라고 할 수 있으며, 사하라 이남의 아프리카 지역에서 사용되는 여러 언어가 포함된다. 반투어군(Bantu)이 대표적이며, 스와힐러어는 아프리카 동부에서 널리 통용되고 있는 상용어이다.

(2) 세계 주요 어족의 확산과 역사

세계 인류의 언어는 매우 다양하며, 지구상의 언어분포는 다수언어가 소수언어를 희생시키고 자기의 세력범위를 차지하여 확대해 온 결과이다. 지금부터 1만 년 전에는

100만여 명의 인류가 약 15,000개의 언어를 사용하였다. 이후 전지구촌의 세계 인구는 약 6,000배 증가하였으나 오히려 언어의 수는 200여개로 감소하였다. 사용인구가 50만 명을 초과하는 언어 수는 세계 전체의 10%에 불과하며, 언어 발생지와 전혀 다른 곳에서 사용되는 언어가 적지 않다.

① 인도-유럽어족의 확산

인도-유럽어족을 사용한 사람들은 초기에 아나톨리아 고원지대에서 작물재배와 가축사육을 영위하였으나, 북쪽과 서쪽으로 이동하여 유럽대륙의 원주민들에게 해당 언어와 농업을 전파한 것으로 추정된다. 인도-유럽어족은 오랜 세월을 거쳐 여러 갈래의 언어로 특색에 맞게 분화되었다.

오늘날 유럽 언어의 지리적 분포는 인도-유럽어족의 전파에 따른 분화과정을 통해 생성된 것이다. 인도-유럽어족 중 라틴어는 로마제국의 영토확장과 흥망성쇠에 따라 유럽 전역에 확대된 것이며, 중세까지 크리스트교 교회의 공식 언어로 사용되었으나, 현재는 가톨릭교회의 본산 로마 바티칸시티에서 공용어의 지위를 얻었다. 스페인어와 포르투갈어, 영어와 프랑스어는 각각 15세기이후 제국주의의 발전과 팽창에 따라 구대륙에서 신대륙으로 전파, 확산된 지리적 분포를 갖는다. 유럽의 언어는 전혀 다른 기후 특성을 지닌 열대나 아열대지역에 있는 식민지의 언어지도를 확 바꿔놓았고, 유럽의 제국주의가 물러난 후에도 여전히 유럽언어를 사용하고 있다. 영어와 프랑스어, 스페인어와 포르투갈어 확산은 아래와 같다.

첫째, 스페인과 포르투갈은 1494년 교황청 중재에 의한 토르데시야스(Tordesillas) 조약에 의해, 경선 50°W를 기준으로 남아메리카를 양분하여 서쪽은 스페인, 동쪽은 포르투갈이 식민지를 개척한다. 이를 계기로 현재와 같은 남미의 언어형태가 자리매김 되었다.

둘째, 영어는 스페인어와 포르투갈어에 비해 신대륙으로 확장된 시기가 늦었으나, 영국인의 적극적인 해외이주를 통해 북아메리카와 오스트레일리아에서 공용어 지위가 강화되었다. 미국은 '미국식영어' 형태를 발전시켰다. 영어는 아프리카 전역, 인도, 필리핀, 태평양제도에서 우월한 지위를 갖고 있다. 반면 프랑스어는 북부, 서부, 중앙아프리카, 마다가스카르, 폴리네시아 일부에서 공용어 지위를 얻었다.

출처: 두고보자 패밀리의 세계일주

그림 2-2 ▌스페인어의 지리적 분포

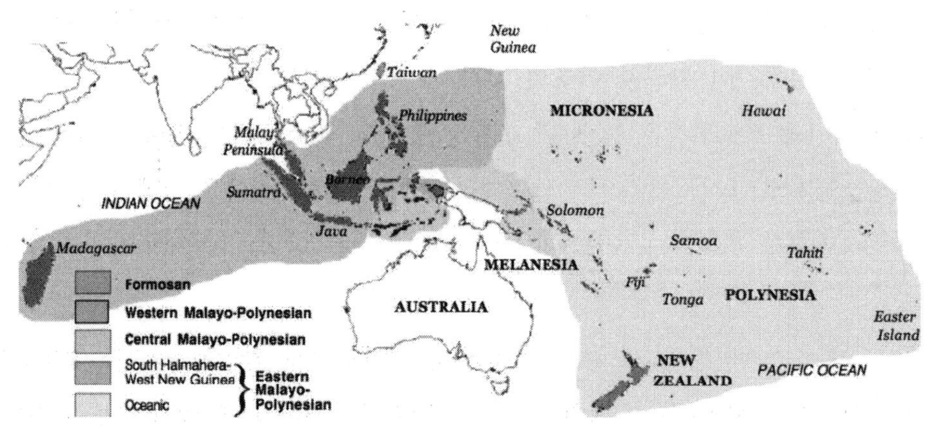

출처: 나무위키. 오스트로네시아어족

그림 2-3 ▌오스트로네시아어족의 이동

② 오스트로네시아어족의 이동

오스트로네시아어족은 과거 태평양제도 북쪽에 위치한 동남아시아에서 일상적으로 사용된 언어이다. 이 언어 사용자들은 북쪽에서 내려온 중국-티베트어족 세력에 밀려 말레이반도로 이동하였고, 다시 바다 해로를 통해 태평양제도로 옮겨갔다. 또한 이들은 항해술을 터득해 태평양으로 방향을 돌려 인도네시아열도, 뉴질랜드, 이스터 섬, 하와이제도 등에 도달했다.

2) 언어의 통일과 분열 및 환경의 영향

언어는 국가통합에 중요한 요소로 작용하고 있다. 서부유럽의 경우, 근대국가의 탄생은 여러 개의 언어를 통합하는 과정 속에서 이루어졌고, 이런 움직임은 국가의 분열을 방지하고 강력한 중앙집권국가로 발전하기 위한 언어의 통일이 필요하였다.

(1) 언어의 통일과 분열

언어의 통일과 분열은 국가의 흥망성쇠에 영향을 미쳤다. 언어의 통일에 어려움을 겪거나 언어의 통일에 성공하지 못한 국가들은 복수의 언어를 국가의 공식 언어로 지정하고 있다. 이런 유형의 국가에는 러시아, 캐나다, 인도와 같은 국토면적이 매우 넓은 국가로부터 스위스와 벨기에 같은 서유럽 선진국도 있다. 국토면적이 광대한 다민족국가는 민족 언어도 매우 다양하기 때문에 단일한 공용어를 채택하기 쉽지 않고, 인도는 언어분열이 뚜렷해 국민통합에 장애요소가 되고 있는 다민족국가에 해당한다. 미국은 다민족국가로 드물게 단일 언어(영어)로 국가언어를 통일한 국가이다.

① 유럽국가의 언어통일

영국은 '해가지지 않는 나라'라는 별칭과 같이, '대영제국'이라고 불린 나라이다. 영국은 민족과 언어의 지역차이를 극복하고 강력한 중앙집권국가를 만들었다. 영국의 영토는 그레이트브리튼 섬과 아일랜드 섬 북부로 구성되며, 이곳은 오래전 게르만어군의 영어와 켈트어군의 웨일즈어, 스코틀랜드어, 아일랜드어로 분화되었다. 이중 웨일즈어는 산업혁명이후 영어의 자연스러운 침투에 의해 지속적으로 쇠퇴했으며, 언어의 소멸과 같은 극단적인 상황은 스코틀랜드어와 아일랜드어와 같은 소수 언어에서도 일어나고 있는 것이 현실이다.

프랑스는 1789년 프랑스대혁명이 발발했을 때, 프랑스어를 사용하는 인구가 전체인구의 1/2이 되지 않는 상황이었으며, 브르타뉴어, 바스크어, 카탈로니아어, 프로방스어, 알자스어 등과 같은 다양한 언어들이 알려져 있다. 프랑스공화국은 1793년 프랑스국어를 단일한 표준어로 통일하는 정책을 추진하였고, 언어의 지역적 차이를 극복하고 국민 전체가 단일한 언어를 사용하는 국가로 발전하였다.

② 인도의 언어분열

오늘날 인도 아대륙(Sub-Continent)은 BC 1500년경 아리안족이 중앙아시아로부터 침입해오기 전까지 드라비다어족의 언어를 사용하는 드라비다인이 지배하였다. 아리안족은 인도-유럽어족에 속하는 언어를 사용하였으며, 히말라야산맥 북쪽 고개를 넘어 인도북부에 있는 평원으로 이주해온 것이다. 반대로 드라비다인은 아리안족에 밀려 남쪽으로 내려가다가 데칸고원과 남부해안에 정착했다. 이때부터 인도북부는 인도-유럽어족에 해당하는 아리안족의 언어가 자리 잡았다. 8~12세기 이슬람교도가 인도북부를 침입하였고, 우르두어를 만들었으며, 이것은 아리안족 언어에 아랍어, 페르시아어, 터키어의 단어가 첨가된 것이다. 우르두어는 현재 인도북부 일부와 파키스탄에서 여전히 공식 언어로 남아있다.

영어는 17세기 영국인에 의해 도입된 후 식민정부의 공식언어로 사용되어 인도 상류층에서 인정받게 된다. 인도가 영국으로부터 독립하고 1950년 헌법에서 공식언어로 북부에서 통용되던 힌디어를 채택하였으나, 남부를 중심으로 한 지역과의 언어 차이는 심각한 갈등과 대립을 불어 왔다. 현재 이 지역은 영어를 제외하고 14개 주요 언어와 1,652개의 방언이 사용된다. 이중 사용자수가 가장 많은 언어는 인도 북부의 힌디어, 힌두스탄어(서부 힌디어), 우르두어 등이다.

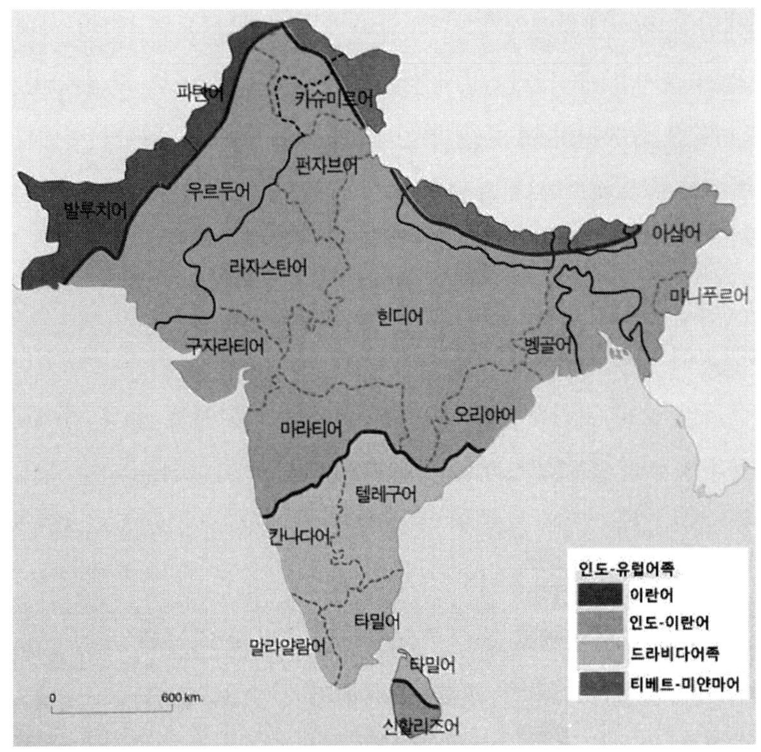

출처: 테리 조든 외 저·류제헌 역(2002). 세계문화지리

그림 2-4 ▌인도 주변 지역의 주요 언어

(2) 언어에 대한 인문과 자연지리환경의 영향

언어는 인문과 자연지리환경으로부터 적지 않은 영향을 받았다. 자연환경은 상이한 언어의 경계가 되기도 하며, 고립된 언어의 피난처가 될 수 있다. 언어는 정치, 경제, 사회 및 문화적 환경으로부터 변화를 겪으며, 과학이나 교통의 발달은 언어의 변화를 가속화시켰다.

① 인문지리적 영향

현대에 들어, 인문지리적 환경은 자연환경에 비해 더 많은 영향을 미치고 있다. 산업화 이전에는 기술과 경제력 수준이 낮아 언어의 공간적 확대가 미흡하였으나, 산업혁명과 과학기술 발달로 인해 인간의 행동과 이동제약이 줄어들었음을 의미한다. 언어가 인문환경에 영향을 받은 사례를 들어보면 아래와 같다.

첫째, 지배세력이 피지배집단에게 자기 언어를 강요해 왔으며, 이러 사례는 인류 역사에서 매우 많이 찾아볼 수 있다. 지배자의 언어는 공식 언어로 지정되면, 피지배집단에서는 사회적 지위 상승이나 유지를 위해 지배 언어를 습득해야만 하였다. 아메리칸 인디언들이 미국의 교육제도에 적응하기 위해 고유 언어를 버리고 영어를 사용하도록 제도화 되었다.

둘째, 언어는 인간집단이 믿는 종교와 함께 확산된다. 이슬람제국은 이슬람교를 대외적으로 전파할 때 아랍어도 같이 아라비아반도의 외부로 널리 확산되었다. 이집트의 민족은 이슬람교를 믿게 되면서 토착 언어를 버리고 아랍어를 공식 언어로 채택했고, 이란은 일상생활이 아닌 종교의식에서 이란어를 대신해 아랍어를 사용하고 있다. 바티칸시티는 이탈리아 로마 안에 있지만, 유럽에서 이미 사어(死語)가 되어버린 라틴어를 그대로 가톨릭의 공식 언어로 유지하고 있다.

셋째, 언어는 지배의 압력에도 불구하고, 오랜 세월을 극복해 특정 종교에 힘입어 유지, 계승하는 경우도 있다. 이스라엘이 건국되기 전 히브리어는 오직 유대교 의식의 언어로 인식되었을 뿐이다.

이와 같이, 지배와 피지배의 관계, 종교의 확산과 유지는 언어 분포에 영향을 미쳤고, 교통기술 발달은 언어의 전파를 저지하는 자연장벽을 무너뜨려 주요 언어의 재배치를 가져온 새로운 동력으로 부각되었다.

② 자연지리적 영향

자연지리적인 환경에 따른 언어의 적응은 언어를 사용하는 집단이 자기들이 처한 자연환경의 이용을 극대화하기 위한 문화적 적응의 결과이다. 언어가 자연환경에 영향을 받은 사례를 들어보면 아래와 같다.

첫째, 미국은 이민족으로 구성된 국가이며, 20세기 초반에 들어 미국 전역에 영어가 확대되면서 소수언어의 가치는 매우 줄어들었다. 그럼에도 불구하고 로키산맥과 같은 산간 오지와 관련이 깊은 뉴멕시코 주나 텍사스 주 일부는 고풍스러운 스페인어가 잔존하고 있다.

둘째, 유럽 알프스산맥은 오랜 세월 남북방향의 왕래에 자연 장애물로 작용하였다.

이론 인해, 산맥의 북부는 독일어가 우세하였고, 남부는 이탈리아어가 지배적이게 되었다.

셋째, 카프카스 산맥과 이에 가까운 중앙아시아의 산악지대는 다양한 언어가 존재하는 대표적인 지역이다. 카프카스 산맥에서 흑해와 카스피 해의 중간에 놓여있는 곳은 아르메니아, 조지아, 아제르바이잔의 영토로 분할되어 있고, 어족이 다른 언어들이 사용되어 의사소통이 불가능하게 되었다.

넷째, 서양의 이방인이라고 잘 알려진 마자르족은 우랄어군에 속하는 마자르어를 사용한다. 이들은 원래 아시아 목초지대에 거주했으나, 10세기이후 아시아대륙을 떠나 유럽대륙으로 이동했고 과거 선조들이 살던 곳과 자연환경이 비슷한 초원지대에 정착하여 특색 있는 언어를 지켜냈다. 다시 말해 자연지리적인 환경이 언어집단의 이주를 유인하는 역할과 차단하는 역할을 함께 하였음을 알 수 있다.

3) 언어경관

언어경관은 '인간의 소리(음성)로 전달되는 언어가 문자(글씨)를 통해 눈에 보이는 문화경관으로 표현되는 것'이다. 세계에는 많은 어족과 언어가 분포한다. 이렇기 때문에 특정 국가나 지역 범위를 벗어나면 사람들 눈에는 생소한 언어경관이 나타나기 마련이다. 주요 사례는 도로의 표지판, 상점 간판, 플래카드나 현수막, 벽면 낙서, 지도의 지명 등 매우 다양하다.

우리나라 사람들이 일본과 중국을 여행할 때 이국적인 느낌이 덜 드는 이유는 거리의 간판이나 표식들이 한자로 구성되는 경우가 많기 때문이다. 그러나 특정 국가의 고유 문자나 아랍어 등을 대할 때는 생소한 느낌이 강하기 때문에 이국적인 느낌을 더 받는다.

(1) 문자

문자는 '인간의 언어를 적는 데 사용하는 시각적인 기호 체계'를 말하며, 말이나 소리를 눈으로 볼 수 있도록 적기 위한 일정한 체제의 부호이다. 문자는 유형과 발달순서에 따라, 회화문자(繪畵文字, 그림글자), 표의문자(表意文字, 뜻글자), 표음문자(表音文字, 소리글자) 등 세

종류로 구분할 수 있다. 첫째, 회화문자는 그림으로써 언어의 내용을 뭉뚱그려 나타내는 문자를 말한다. 둘째, 표의문자는 단어의 뜻을 다소 상징적인 방법의 기호로 표시한 문자를 말하며, 셋째, 표음문자는 알파벳문자와 같이 단어의 요소나 소리를 추상적인 기호로 나타내는 문자이다(NAVER 지식백과. 두산백과).

표의문자는 단어 하나를 단위로 하여 형상과 함께 음과 뜻을 전달하는 것이며 중국의 한자가 속한다. 표음문자는 단음 하나를 단위로 하여 문자를 표현하는 것이며, 로마자나 벵골문자가 해당된다. 이것은 크게 두 가지로 나누어지며, 소리를 음절단위로 표시하는 음절문자(音節文字) 혹은 자모문자와 소리를 음소단위로 표시하는 음소문자(音素文字)이다. 특히 음절문자는 하나의 음절을 단위로 하여 문자를 표현하는 것으로 일본 가나(假名)가 속한다. 또한 음소문자로서 대표적인 것은 로마알파벳문자와 한글, 몽골과 만주문자를 들 수 있다. 우리나라의 한글은 자음은 발음기관의 모양을 본떠서 기본자를 만들고, 기본자에 획을 더해 같은 계열의 글자를 만들었고, 모음은 철학적 사고에 바탕을 둔 천(天), 지(地), 인(人)의 3재(三才)를 뜻하는 '· ㅡ ㅣ'의 세 글자를 바탕으로 문자를 창조하였다. 문자의 경우, 대부분의 나라의 문자가 어떤 다른 문자를 빌려서 자기말에 맞게 수정하였거나, 변천, 개량을 거쳐서 오늘에 이르렀지만, 한글은 독창성과 체계성을 갖고 만들어진 뛰어난 표음문자의 대표적인 사례이다.

세계에서 널리 사용되고 있는 문자는 로마자와 인도계통의 문자이다. 로마자는 잘 알려진 바와 같이 유럽 전역과 유럽인들이 식민지로 개척한 주로 신대륙의 옛 식민국가에서 유럽 각국의 언어와 함께 다양한 형태로 사용된다. 영국, 프랑스, 독일, 스페인 문자와 같은 서부유럽국가 경우 알파벳 형태가 로마자와 기본적으로 동일한 것이 특징이다. 반면 인도계통의 문자는 동남아시아, 서남아시아, 남부아시아, 아프리카북부 등지에서 여러 가지 형태로 사용되고 있다. 한자는 중국의 상용 문자에서 출발하였고, 현재 범중화권과 한국, 일본, 베트남에서 자국 문자와 병행되어 사용된다.

(2) 지명

지명(地名)은 '땅에 붙여진 이름'을 뜻하며, 토지에 지명을 정하여 붙여놓음으로써 사회를 구성하여 모여 사는 인간생활에 도움을 주고 편리성을 주고 있다. 지명은 산, 하천, 도로, 취락 등에 붙여진 이름이며 언어와 방언, 민족과 같은 문화의 차이를 반영하고 있다. 지명은 문화의 발달과 함께 발달하는 것이 특징이다.

지명은 문화가 소멸된 이후에도 끈질기게 살아남는 속성이 있다. 특히 오스트레일리아 애버리진 원주민의 언어경관과 같이, 신대륙에 유럽인들이 이주하면서 원주민을 말살하였거나 다른 곳으로 내쫓는 경우가 있었음에도 불구하고 원주민이 사용하던 지명의 상당수가 남아 있다. 뿐만 아니라 미국과 캐나다를 구성하고 있는 50개의 주와 10개의 주와 3개의 준주 중에서 상당수가 인디언 언어에서 비롯된 지명을 갖고 있다. 미시간(Michigan)은 '큰 호수', 오하이오(Ohio)는 '좋은 강', 매사추세츠(Massachusetts)는 '큰 언덕 근처', 알래스카(Alaska)는 '섬들', 미시시피(Mississippi)는 '위대한 강' 등은 모두 원주민 언어에서 유래되었다. 반면, 버지니아(Virginia), 캐롤라이나(North Carolina, South Carolina), 조지아(Georgia), 메릴랜드(Maryland), 뉴욕(New York)은 영국을, 캘리포니아(California), 플로리다(Florida), 콜로라도(Colorado), 네바다(Nevada), 뉴멕시코(New Mexico)는 스페인을 어원으로 한다.

이베리아반도의 두 나라 스페인(에스파냐)과 포르투갈은 과거 7세기 동안 이슬람교도 무어인의 지배를 받았기 때문에 당시 무어인들이 붙인 지명이 남아 있다.

04 종교의 이해

1) 종교의 의미

종교는 초월적, 선험적 또는 영적인 존재에 대한 믿음을 공유하는 집단으로 이루어진 신앙 공동체와 그들이 가진 신앙 체계나 문화적 체계를 말한다. 종교는 인종과 민족, 언어와 함께, 민족주의를 강화시켜 민족 간 반목과 갈등의 원인이 되기도 하지만, 인류의 고난극복과 치유를 위한 수단이기도 하다.

종교는 문화의 본질적인 구성요소로서 민족, 국가, 지역, 계층별로 분포 차이를 나타낸다. 세계 각지에는 다양한 종교가 존재하며, 표교대상의 범위에 따라 민족(지역)종교와 보편(세계)종교로 구분되고 있다.

(1) 종교의 개념과 구분

① 종교의 개념

종교는 무한(無限) 그리고 절대(絶對)의 초인간적인 신을 숭배하고 신성하게 여겨 선악을 권계하고 행복을 얻고자 하는 믿음이다. 인간이 나약한 존재임을 인식하면서 생겨난 종교는 문화를 구성하는 중요한 요소로서 사상(이데올로기)과 더불어 인간을 구분하는 가장 확실한 개념이다.

② 종교의 구분

종교는 민족(지역)종교와 보편(세계)종교로 나눌 수 있고, 신흥종교를 추가하기도 한다. 민족종교는 하나의 민족에 국한되어 타 종교를 배타하는 교리를 가진 것으로서 유대인의 유대교, 인도의 힌두교, 중국의 도교 및 일본의 신도를 들 수 있다. 물론 보편종교의 경우에도 처음에는 민족종교였다가 보편적 세계종교로 확대되었고, 불교, 크리스트교 및 이슬람교 등을 들 수 있다.

(2) 세계의 주요 종교

종교의 보편성과 신자수를 기준으로 할 때, 크리스트교, 이슬람교, 불교를 3대 종교라고 할 수 있다. 현재는 인도의 민족종교로 볼 수 있는 힌두교의 경우, 보편종교로 간주될 수 있던 역사를 갖고 있고, 주요 종교의 분포 지역은 서로 경쟁하면서 복잡한 분포를 형성하였다. 애니미즘은 교리와 교단조직이 체계화되어 있지 못하지만, 분포영역이 광범위하기 때문에 통틀어서 종교와 유사한 신앙으로서 가치를 지닌다.

① 보편(세계)종교

○ 크리스트교

크리스트교(Christianity)는 예수 크리스트의 인격과 가르침을 바탕으로 하는 종교이다. 1세기 초 팔레스타인 땅 예루살렘에서 하나님의 독생자인 예수 크리스트에 의해 창시되었고, 유대교의 형식주의와 편협한 선민주의에 반대하고 신분과 민족을 구분하지 않고 박애와 믿음의 내면적 충실을 주장하였다. 크리스트교는 팔레스타인에서 발생해

313년 콘스탄티누스 대제의 밀라노 칙령에 의해 로마제국의 합법적인 종교가 되었다. 380년 테오도시우스 1세 황제 때 테살로니카 칙령을 통해 로마제국의 국교로 선포되었고, 392년 모든 이교금지령 이후 전 세계로 전파되었다.

크리스트교는 흔히 기독교(基督敎)라고 한다. '기독교'의 '기독'(基督)은 그리스어 그리스도(Χριστός, 크리스토스)의 중국어 음역 '기리사독'(基利斯督)의 줄임말이다. 또한 구세주 그리스도는 고대 그리스어 크리스토스(Χριστός)의 한국어 음차이다(위키백과).

크리스트교는 중세의 면죄부 판매에 따른 마틴 루터의 종교 개혁을 계기로 구교 가톨릭과 개신교로 구분한다. 가톨릭(구교)은 로마를 중심으로 한 중남부 유럽과 라틴아메리카 그리고 필리핀에서 신봉되고 있고, 개신교(신교)는 북서 유럽과 미국과 캐나다, 남아프리카공화국, 호주, 뉴질랜드 등과 기존의 타 종교지역으로 계속 확산되면서 기존 종교와 갈등과 반목이 계속되었다. 크리스트교의 한 분파인 그리스정교는 발칸반도와 구소련지역에 전파되어 숭배되고 있다.

◎ 이슬람교

이슬람교(Islam)는 7세기 초 아라비아반도의 메카와 메디나지방에서 마호메트(Mahomet)에 의해 창시된 종교이다. 이슬람교도들은 마호메트를 가장 위대한 예언자로 떠받들며, 이슬람 성서 코란(Koran)은 신자들에게 사후의 세계, 즉 내세를 약속하고 있으며, 약 14세기 이전 아라비아반도의 마호메트가 설파한 도덕과 윤리강령이 기록된 것이다.

이슬람교도들은 5대 기둥(Five Pillars of Islam)이라고 하는 기본의무를 일생동안 실천한다. 5대 기둥은 신앙고백(샤하다), 기도(살라트), 단식(사움), 자선(자카트), 메카 순례(하지)라고 알려져 있다(위키백과).

첫째, 신앙고백(샤하다)은 알라신만이 유일신이고 마호메트가 자신의 유일한 사도라고 고백하는 것이다.

둘째, 기도(살라트)는 메카를 향해 하루에 다섯 번씩 기도하는 것이다.

셋째, 단식(사움)은 라마단(Ramadan)에 일출부터 일몰까지 금식하는 것이다.

넷째, 자선(자카트)은 가난한 사람에게 자선을 베푸는 것이다.

다섯째, 메카 성지순례(하지)는 일생에 적어도 한번 메카를 순례하는 것이다.

이슬람교는 유럽에서는 창시자의 이름을 따서 '마호메트교' 라고 하며, 중국에서는 위구르족을 통하여 전래되었으므로 회회교(回回教) 혹은 청진교(淸眞教)라고 한다. 한국에서는 이슬람교 혹은 회교(回教)라고 한다.

이슬람교는 아랍민족의 원시신앙과 유대교 그리고 크리스트교적 요소를 융합하여 아랍지역의 독특한 문화와 혹독한 자연환경을 극복하면서 민족의 구심체 역할을 하면서 가장 강인한 종교양식으로 발전하였다. 정치, 군사적 정복과 함께 전파되어 아랍상인의 뛰어난 상술과 함께 전 세계에 급속히 보급되어 중동과 북아프리카 지역, 파키스탄, 아프가니스탄, 말레이시아, 인도네시아에서 신봉되고 있다. 이슬람교는 강렬한 신앙심과 단결심을 가지고 있다.

○ 불교

불교(Buddhism)는 응신불 석가모니(釋迦牟尼)를 교조로 삼고 그가 설(說)한 교법(敎法)을 종지(宗旨)로 하는 종교이다. BC 6세기경 현재의 네팔 소왕국(성지는 부다가야)의 왕자였던 석가모니(싯다르타)가 보리수 밑에서 인간의 생로병사의 무상함에서 대오각성 해탈하여 만민평등과 개방된 보편적 종교를 창시하였다. 불교는 고타마 싯다르타가 펼친 가르침이자 또한 진리를 깨달아 부처(깨우친 사람)가 될 것을 가르친다.

불교는 오늘날까지 2,500년의 세월이 흐르는 동안 불교는 다양하고 복잡한 종교적 전통을 지니게 되었다. 불교는 일반적으로 개조(開祖)로서의 부처, 가르침으로서의 법(法), 그리고 이를 따르는 공동체인 승(僧)의 삼보(三寶)로 이루어져 있다.

불교는 석가모니 생전에 이미 교단이 조직되어 포교가 시작되었으나 이것이 발전하게 된 것은 그가 죽은 후이며, 기원전 후 인도와 스리랑카 등지로 전파되었다. 불교는 발생지보다는 포교된 지방에 전파되어 오히려 번성하였다. 대승불교(大乘佛教)는 중생구도를 최선의 목표로 삼고 있으며, 한국, 중국, 일본의 동부아시아에 포교되었다. 소승불교(小乘佛教)는 인간 본연의 모습으로 돌아가 개인의 해탈을 추구하는 것으로 스리랑카와 태국 등의 인도차이나 반도 등에 신앙권이 형성되어 있다. 토착신앙과 융합된 라마교가 티베트, 신장, 위구르 자치주, 몽고 등에서 신봉되고 있다.

② 민족(지역)종교

◎ 유대교

유대교(Judaism)는 크리스트교나 이슬람교와 같이 유일신교이지만, 민족(지역)종교로 구분된다. 유대교는 두 종교와 달리 유대민족만을 포교대상으로 한다. 유대교는 천지만물의 창조자인 유일신(야훼)을 신봉하면서 스스로 신의 선민(選民)임을 자처하며 구세주 메시아의 도래와 지상천국 건설을 믿는 유대인의 종교이다. 유대교의 기원은 고대 이스라엘인의 종교로 거슬러 올라가고 있으나, 보통 유대교는 바빌론 포로(BC 586~BC 536) 이후 '모세의 율법'을 근간으로 하여 발달한 유대인의 고유종교를 말한다. 현재 유대교는 유대인들에 의하여 야훼가 이스라엘의 자손들과 함께 개발하여 온 계약적 관계의 표현으로 정의되고 있다. 모세(Moses)는 유대교의 종교적 지도자로 율법을 전수한 사람이고 예언자이다(위키백과).

◎ 힌두교

힌두교(Hinduism)는 크리스트교, 이슬람교, 유대교와 달리 수많은 신을 인정하는 다신교이다. 힌두교는 인도의 국교나 다름없는 민족(지역)종교이다. 과거 힌두교의 교권은 멀리 인도네시아의 발리섬까지 영향을 미쳐 보편성을 갖고 있었으나, 현재 힌두교를 믿는 사람은 인도내부 인도-유럽어족과 드라비다어족에 국한되어 있다.

힌두교도들은 자신의 종교를 칭할 때 힌두교라고 하지 않으며, '영원한 다르마(법)'라는 의미의 사나타나 다르마(Sanātana Dharma)라고 한다. 힌두교의 기본경전은 베다와 우파니샤드이며, 그 외에도 브라마나와 수트라 등 문헌이 있고, 이런 것들은 인도의 종교적 그리고 사회적 이념의 원천이 되고 있다. 기본 교의(Samsara)는 우주의 법칙(우주는 생성, 발전, 소멸을 반복한다)과 인간의 윤회(수레바퀴가 한바퀴 돌아 제자리로 돌아가듯 인간 역시 현 생애에서 다음 생애로 돌아간다)를 근간으로 한다. 힌두교의 교의를 이룬 개념은 대부분 불교와 인도에서 발원한 자이나교와 시크교에도 도입되었다. 또한 카스트제도는 조상과 직업을 기준으로 사람을 엄격하게 계급화하는 것으로 힌두교와 밀접하게 관련이 되어 있다.

자이나교(Jainism)와 시크교(Sikhism)는 힌두교와 전혀 다른 종교로 독자적인 성격이 강한 종교의식이다. 자이나교는 약 2500년 전 고대 인도에서 제사 중심의 베다 브라마니즘에 대한 반동이자 개혁으로 발생하여 지금까지 존속하고 있는 종교이자 철학이다. 시크교는 115세기 후부터 18세기 초에 걸쳐 인도 북서부 펀자브 주를 중심으로 발전하였다. 특히 하나의 신을 인정하며, 펀자브 주의 암리차르에 있는 황금사원은 최고의 성지로 숭배되고, 고유의 성서 '아디그란트(Adi Granth)'를 갖고 있다.

2) 종교의 지리적 분포와 전파 및 확산

종교는 인간집단의 선택의 결과로서 인간의 결정은 다양한 결과를 낳게 된다. 하나의 지역에 하나의 종교만이 분포하는 것은 불가능하지만, 상대적으로 우월한 종교의분포를 확인할 수 있다. 세계 주요 종교의 신자 수에 의한 구분은 크리스트교(26억), 이슬람교(20억), 힌두교(11억 3천만) 그리고 불교(5억 4천만) 및 기타 민간신앙(Folk Religion, 4억) 순이다. 각 종교의 역사적 배경에 따른 지리적 분포는 아래와 같다.

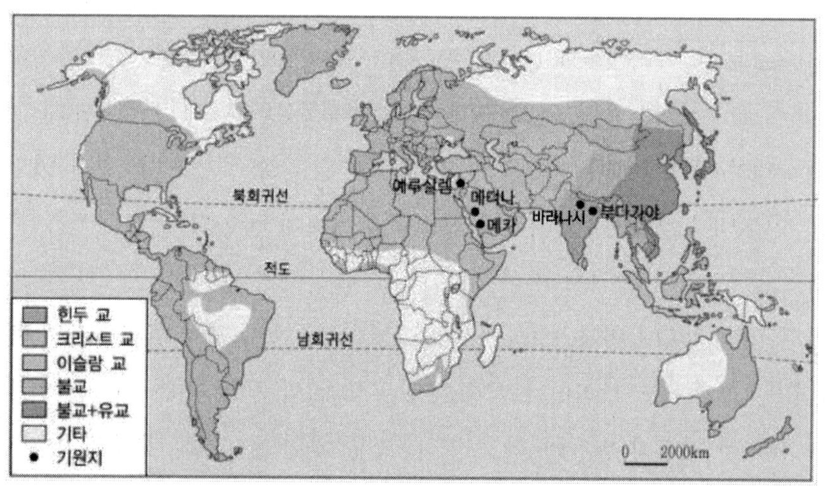

자료: 폭풍간지 김선생의 지리교실

그림 2-5 ▌세계의 종교 분포

(1) 종교의 지리적 분포

① 크리스트교

크리스트교는 지구상에서 가장 보편적인 종교로서 세계인구의 1/3에 해당하는 26억 명의 신자를 갖고 있다. 크리스트교는 잘 알려진 바와 같이, 중동지역에서 발생하였으나 현재 크리스트교신자는 유럽 전파를 시작으로 하여 아프리카대륙과 신대륙으로 확산되어 있다. 크리스트교는 역사적으로 유럽으로 전파되면서 유럽서부와 유럽동부로 양분되어 발달한다. 전자는 로마를 중심으로 라틴어지역, 후자는 콘스탄티노플(현 이스탄불)을 중심으로 하는 그리스어지역의 특색이 강하였다. 서부기독교는 1400~1500년대 개신교가 로마가톨릭에서 분파될 때 다양한 종파로 나뉜다. 유럽제국주의 팽창에 힘입어 전 세계로 퍼져나갔으며, 개신교는 미국과 캐나다와 같은 신대륙으로 전파된 후 많은 종파가 출현하였다.

오늘날 미국에는 200개 넘는 개신교 종파가 있다고 알려져 있으나, 개신교 교단으로부터 정식으로 인정받지 못한 종파도 포함된다. 미국남부는 개신교 종파가 가장 다양하게 분화된 곳으로 이른바 '바이블벨트(Bible Belt)'라고도 한다. 이 지역은 침례교(Baptist)를 필두로 보수적인 개신교 종파가 강하다. 서부 유타 주는 예외적인 개신교 종파 모르몬교(Mormon)의 근거지이며, 미국 중서부는 감리교(Methodist)가 다수 종파이지만, 감리교 이외에 루터교(Luther), 전크리스트교(Christian Church of Christ), 메노파(Mennonite), 모라비안교(Moravian), 칼뱅파(Reformed) 등 상대적으로 생소한 종파들이 공존하고 있다. 반대로 비영국계가 지배적인 서부, 남서부의 멕시코 국경지역, 루이지애나 주 남부, 동북부 공업지대는 각각 멕시코계 원주민과 이민자, 프랑스계 이민자, 아일랜드계 이민자들의 색채를 반영하듯 로마가톨릭이 지배적인 것이 특징이다. 그러나 미국의 종교문화는 외형적으로 크리스트교라고 하는 공통분모를 중심으로 외형적으로 동질화되어 있다.

반면 동부크리스트교는 다소 생소한 이집트를 중심으로 교단을 형성해 온 기독교 콥트교(Coptic Church), 시리아와 레바논 지역의 동양적 의식 가톨릭교 마론교(Maronites), 콘스탄티노플에서 만들어져 레바논 산지에서 잘 알려져 있는 네스토리아교(Nestorians) 및 동방정교회(Eastern Orthodox Church) 등으로 분파되었다. 특히 동방정교는 그리스어지역의 종파로 탄생하여 슬라브족에 전파된 후 그리스, 러시아, 우크라이나, 세르비아정교와 같은 민족종파로 분화되었다.

② 이슬람교

이슬람교도는 전 세계적으로 약 20억 명에 달하며, 크리스트교와 같이 하나의 신을

민정하고 믿는 유일신교이다. 이슬람교는 서남아시아와 아프리카북부의 사막지대에서 동쪽의 말레이시아와 인도네시아 그리고 도서에 이르기까지 광범위하게 확산되어 있다.

이슬람교는 마호메트가 죽은 후 여러 종파로 분열되었으나, 대표적인 종파는 전체 무슬림의 80~90%를 차지하는 수니파(Sunni)와 이란이 대표하는 시아파(Shi'ah)가 있다. 이외에 시아파와 수니파에 섞여 있는 수피파(발칸반도, 중앙아시아, 동남아시아의 무슬림), 그리고 이바디파 등 여러 종파가 존재한다.

수니파는 이슬람의 최대종파이다. 수니파는 무슬림 공동체 즉 움마(Ummah)의 순나(sunnah, 관행)를 추종하는 사람들이라는 뜻이다. 반면 시아파는 빼앗긴 칼리파 자리를 살해당한 알리 가문에 되돌려주려는 운동으로 시작되었다. 시아파는 인도-유럽어족이 우세한 지역에서 뚜렷한 반면, 수니파는 이와 다른 언어지역을 중심으로 한 다수종파이다. 수니파는 사우디아라비아를 중심으로 하는 서남아시아와 아프리카북부, 동쪽으로 멀리 인도네시아, 중국서부(신장 위구르 자치구), 방글라데시, 파키스탄에 이르기까지 분포한다. 방글라데시와 파키스탄은 인도-유럽어족에 포함되는 경향이 있지만, 시아파가 아닌 수니파를 추종하는 국가이다.

이슬람교도는 유럽의 알바니아, 보스니아-헤르체고비나, 코소보와 중앙아시아 아제르바이잔 등에도 존재한다. 또한 이슬람 국가에서 온 이민들이 많은 영국, 독일, 프랑스, 벨기에, 스웨덴, 네덜란드 등 서유럽에도 존재하며, 특히 프랑스와 스페인은 이슬람이 제2의 종교 세력으로 간주된다. 아메리카에서는 미국과 브라질에 이슬람이 소수로 존재하고 있으며, 오세아니아의 파푸아뉴기니에도 극소수가 분포한다.

우리나라는 1955년 한국전쟁에 참전한 터키군의 이맘(종교 지도자) '압둘 가푸르 카라 이스마일 오울루'가 국내 선교활동을 시작함으로써 포교되었다. 1964년 3,700명의 무슬림에 불과하였으나, 우리나라에는 현재 약 20~26만 명의 내외국인 무슬림 인구가 있다.

③ 불교

불교는 오늘날 세계 3대 종교의 하나로서 아시아대륙에서 가장 넓은 분포를 나타내고 있다. 불교의 지리적 분포는 동서로 인도 남부의 스리랑카에서 일본까지, 남북은

내륙 몽골에서 인도차이나 베트남까지 길게 뻗어있다. 불교의 전파는 북방루트와 남방루트로 나눈다.

첫째, 북방루트를 거쳐 전파된 불교는 대승불교(북방불교)라고 한다. 인도에서 발생한 불교는 간다라를 거쳐 티베트, 페르시아, 아프가니스탄 지역으로 전파되었다. 이들 지역은 중국에서 과거 서역이라 불리던 곳으로 승려들에 의해 불경과 불상이 전래되고 경전이 한역되었다. 중국에 전해진 불교는 중국 고유의 도교사상과 많은 융합이 일어났다. 또한 불교는 한국을 거쳐 일본에 전래되었고, 독특한 불교문화를 창조했다. 우리나라와 중국, 일본에서는 불교가 토착신앙과 어울려 융합되었기 때문에, 순수한 불교신자를 구분하는 것이 쉽지 않다. 티베트에 전래된 불교는 독자적인 발전을 거쳐 라마교로 알려졌고 몽골에 전파되었고 원나라 때 널리 알려지게 되었다. 서쪽으로 전파된 불교는 유럽에까지 전파되어 칼미크 공화국(현 러시아 내부)은 불교를 국교로 삼고 있다.

둘째, 남방루트를 거쳐 전파된 불교는 소승불교(남방불교)라고 한다. 동남아시아 지역에도 불교가 전파되었으며 스리랑카, 태국, 캄보디아, 미얀마, 베트남 지역의 대다수 사람이 불교를 믿는다. 동남아시아 지역은 산스크리트어의 방언인 팔리어로 된 불경이 전파되어 현재에 이르고 있다.

④ 유대교

유대교의 분포는 유대인 역사라고 할 수 있다. 역사적으로 유대인들은 로마시대에 들어 이스라엘로 강제 추방되었고, 전 세계로 흩어졌다. 로마제국 각지로 분산된 유대인은 그 지역의 소수민족으로 살았고, 옛 로마제국의 영토로부터 유럽, 아프리카북부, 아라비아반도에 이르기까지 다양하게 이주하였다. 유럽중부와 동부의 유대인을 아슈케나짐(Ashkenazim), 유럽남부 지중해연안이 유대인을 세파르딤(Sephardim)이라고 한다. 19세기후반부터 20세기 초반까지 많은 유대인(아슈케나짐)이 유럽을 떠나 미국을 중심으로 아메리카대륙을 떠나는 이민행렬이 이어졌고, 홀로코스트(Holocaust)라고 하는 대학살로 인해 전 세계 유대인 인구의 1/3이 희생당하였다. 이후 살아남은 유대인은 새롭게 탄생한 이스라엘이나 미국으로 이주하였고, 이로 인해 이스라엘과 미국이 과거 유럽을 대신해 유대교의 최대밀집지역이 되었다. 전 세계적으로 약 1,600만 명 정도가 유대인으로 분류되며, 유대교 신자들은 이스라엘(약 74%가 유대인)과 미국(약 750만 명)에 가장 많이 분포한다.

⑤ 힌두교

힌두교는 남아시아에서 발생한 종교로 인도를 비롯한 남아시아에서 널리 믿어지고 있는 종교로서 신도수를 보면 약 11억 3천만 명에 이른다. 힌두교는 근대 이전에 인도 부근의 네팔, 인도네시아 지역에 전파되었고, 근대에 들어, 인도인들의 이주에 따라 세계 각지로 전파되었다. 힌두교의 많은 신들과 주요 사상은 불교에 큰 영향을 주었으며 불교의 전파와 함께 힌두교의 신화와 전설이 확산되었다. 힌두교를 국교로 하는 국가는 네팔이 있으며, 인도는 종교의 자유를 인정하고 있지만, 많은 사람들이 힌두교를 믿는 국가이다.

⑥ 애니미즘

애니미즘(Animism)은 해, 달, 별, 강과 같은 자연계의 모든 사물과 불, 바람, 벼락, 폭풍우, 계절 등과 같은 자연현상에 생명이 있다고 보고, 그것의 영혼을 인정해 인간과 같은 의식, 욕구, 느낌 등이 존재한다고 믿는 신앙이다. 애니미즘은 정령신앙(精靈信仰)이라고 표현되며, 각각의 사물과 현상에는 정령(精靈, 영혼), 다시 말해 '눈에 보이지 않는 어떤 영적인 힘 또는 존재'가 깃들어 있다고 믿는 것이다(위키백과).

지구촌에는 아직까지 부족단위의 생활을 영위하면서 애니미즘을 믿는 사람들을 찾아볼 수 있다. 애니미즘을 믿는 추종자는 정확히 확인되지 않지만, 최소 1억 명 이상으로 추정된다. 애니미즘은 교단조직과 사원 같은 장소가 존재하지 않기 때문에, 고급종교로 보기 어렵고, 원시신앙 형태를 띠고 있다. 아프리카의 사하라사막 남부지역은 전세계에서 가장 많은 애니미즘 신봉자 수를 확인할 수 있는 곳이다. 이곳은 북부지역은 이슬람교의 지배력이 강하게 작용하고 있지만, 근대화와 선교활동에 따라 크리스트교 확산도 나타나고 있다. 라틴아메리카에서도 아프리카에서 건너온 옛 노예의 후손들을 중심으로 애니미즘 전통이 부분적으로 나타나고 있다.

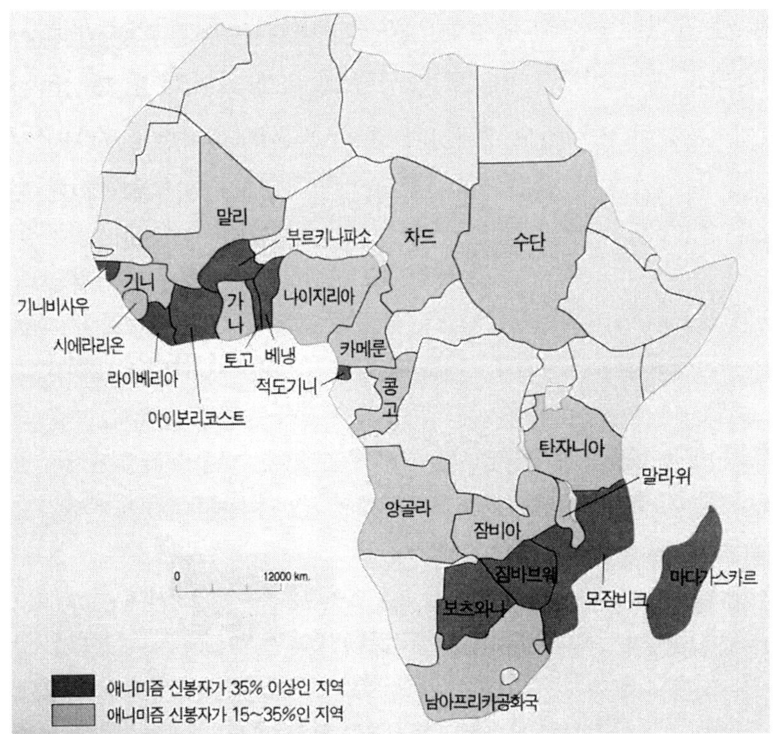

출처: 테리 조든 외 저·류제헌 역(2002). 세계문화지리

그림 2-6 ▌아프리카의 애미니즘 분포

(2) 종교의 전파와 확산

잘 알려져 있는 바와 같이, 크리스트교와 이슬람교는 서남아시아에서, 불교와 힌두교는 인도북부에서 발생하였다. 이런 종교는 공통적으로 대륙을 아우르는 분포범위를 나타내고 있다.

① 크리스트교, 이슬람교, 유대교

크리스트교, 이슬람교, 유대교는 세계 3대 유일신교이며, 공통적으로 서남아시아의 사막 가장자리 셈어 사용지역에서 발생하였다. 이 세 종교 중에서 가장 오랜 역사를 지닌 종교는 분명히 유대교이지만, 현재의 지리적 분포와는 무관하다. 유대교는 '비옥한 초승달 지대'의 남단에서 4000여 년 전 발생하였으나, 세계의 역사 속에서 오랜 공백을 견뎌내고, 제2차 세계대전 후에 지중해와 요르단 강 사이의 영토를 얻어 이스라엘이란 나라를 재건국해 오늘에 이르고 있다. 크리스트교는 '신이 약속한 땅'에서 유대교의 개혁과정을 거쳐 새로운 종교로 탄생했고, 세계 최대의 종교로 확산되었다. 이슬람교는 크리스트교가 탄생하고 7세기가 흐른 후 아라비아반도 서부에서 유대교와 크리스트교와의 차이점을 부각하며 탄생하였다. 두 종교는 이동과 팽창이라는 논리에 의해 널리 확산되었으며, 크리스트교와 이슬람교는 세계 양대 유일신교로서 셈족이 거주하는 서남아시아에서 발생한 다음 구대륙 전역으로 퍼져나갔다.

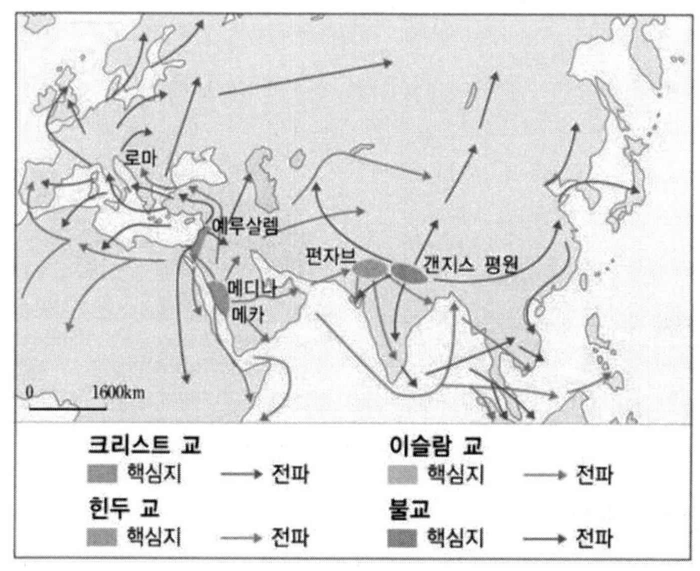

자료: 폭풍간지 김선생의 지리교실

그림 2-7 ▎세계 주요 종교의 기원과 전파

② 불교와 힌두교

불교와 힌두교는 인도내륙의 북부평원에서 발생했다. 힌두교는 인도의 갠지스 강과 인더스 강 유역의 저지대에서 발생하였고, 불교의 발생도 유사하다. 힌두교는 4000년 전에 탄생했고, 불교는 2500년 경 만들어진 전통을 갖고 있다. 힌두교는 펀자브 지방을 기원지로 하여 인도 전역에 퍼져 나갔지만, 타 지역으로의 포교활동은 강조되지 못하였다. 불교는 BC 500년경 갠지스 평원과 경계를 이룬 산기슭에서 힌두교와 대등한 힘을 갖추게 된 후 외부로의 세력 확장에 눈을 돌렸다. 오늘날 불교가 발생지 인도 부근에서는 쇠퇴하였지만, 인도 외부에서 다양한 종파로 발전한 것은 우연의 결과가 아니다. 중국, 한국, 일본, 동남아시아, 티베트, 몽골 등지에 전파되어 뿌리를 내리게 되며 고유의 불교 특색을 창출하였다.

3) 종교관습과 종교경관

종교와 식생활 관습에 관계가 있을까? 종교는 전파와 확산을 거쳐 지역에 뿌리를 내린 후, 지역사회 더 나아가 민족이나 국가에 지배적인 의식이나 관습을 토착화하였다. 이런 관습에는 종교의식 뿐 아니라 식생활 관습도 포함된다. 특정 종교는 의식을 거행할 때 특정 종류의 음식과 음료가 선호되거나 금기된다. 이런 배경에서 종교에 도움을 주는 가축이나 농작물을 중심으로 농업과 같은 산업 발달도 발달하였다.

(1) 종교와 관련된 생활관습

① 종교와 음식

수리적 위치나 자연환경이 서로 비슷한 국가에서도 음식이 대한 금기현상이나 관습의 차가 크게 나타나고 있는데, 이것은 종교와 음식과의 영향 관계를 보여주는 것이다. 스페인과 모로코는 지중해를 지브롤터 해협으로 마주하고 있는 국가로 얼 뜻 보면 자연환경이 유사할 수 있지만, 오랜 종교문화의 전통 아래, 음식에 대한 금기관습은 상반되게 나타나고 있다. 스페인은 국가 전체적으로 가톨릭교를 믿으며, 사람들은 돼지고기를 즐겨먹는다. 반면 모로코는 이슬람교를 믿으며 돼지고기는 전혀 먹지 않는다. 따라서 스페인은 상당히 많은 수의 돼지를 사육하는 전통이지만, 모로코는 과거에 사육되는 돼지는 약 12,000마리로 매우 적었다.

이슬람 음식은 '할랄(Halal)'과 '하람(Haram)'의 개념으로 구분하는데, 할랄은 알라의 이름으로 기도하며 적법하게 도살된 소, 양, 닭과 같이 허용된 깨끗한 음식을, 하람은 돼지고기, 술, 특정 동물(맹수, 맹금류, 파충류, 곤충, 개, 고양이)의 고기 및 신의 이름으로 도살하지 않거나, 피가 섞인 고기 등 금지하고 있는 음식이다.

종교의 음식관련 금기사항은 몇 가지 시각에서 주장되고 있다.

첫째, 구약성경(레위기)에서 찾아볼 수 있다. 이를 확인하여 보면 '되새김질하거나 발굽이 갈라진 것 중에 먹어서는 안 되는 것'에 대해 나열하고 있는데, 낙타와 토끼는 발굽이 갈라지지 않았으나 되새김질을 하는 동물로서, 돼지는 되새김질을 하지 않으나 발굽이 갈라진 동물로 부정되는 사례이다. 이런 구약성경의 내용을 믿는 유대교도는 돼지뿐 아니라 낙타와 토끼 등 육류음식도 먹지 않는 것으로 알려져 있다.

둘째, 종교가 아닌 사회적 관습에서 음식의 금기관련 전통을 찾는 주장도 확인되고 있다. 특히 돼지고기에 대한 금기와 관련된 주장은 돼지를 통해 인체에 침투할 수 있는 기생충에 대한 두려움이나 돼지의 지저분한 사육환경에서 비롯되었다고 보는 입장이다. 그러나 이러한 주장은 인간이 덜 익힌 돼지고기를 먹을 때 돼지의 기생충이 인간의 몸 안으로 침입한다고 하는 의학적 근거를 고대인들이 알고 있었을 것인가 하는 의문을 안고 있다.

셋째, 돼지를 식용으로 금기하는 사회적 관습이 사막에 거주한 유목민의 경제와 생활에 밀접히 관련되어 있다는 주장이다. 이 지역이 농경생활을 대신해 유목생활로 전환되고 유목에 집중하게 되면서 이들이 기르던 돼지의 가치가 낮아지게 되었다. 돼지는 사막에서 얻기 힘든 기후와 음식찌꺼기를 필요로 하는 잡식성 동물이면서 다리가 짧아 기동력이 떨어지는 특성상, 정착과 이동을 빈번하게 하는 유목민에게 실용성이 낮은 동물로 분류되었다. 이로 인해 돼지의 사육보다는 양, 염소, 말, 소, 낙타 등 가축에 집중되었다고 본다. 결국 돼지고기를 금기하는 사회적 풍습이 종교적인 금기로 발전했고, 이슬람교의 코란 속에 정착되었으며, 중동지역에서 타 지역으로 이슬람교가 확산될 때 종교적 금기도 함께 전달되었다는 주장이다.

한편 인도를 중심으로 하고 있는 힌두교는 소에 대한 숭배와 금기가 있으며, 이것은 인간과 다른 생명체들이 동일하다고 하는 종교의 교리에 근거를 두고 있다. 소를 식용으로 금기하는 사회 풍습은 힌두교 교리의 맹목적인 실천인 동시에 역사적으로 내려온 실제 생활과 밀접하게 관련되어 있다. 인도에서 소를 보호하여 얻어지는 실질적인 혜택은 전통적인 농업부문에 집중되었다. 소는 일시에 많은 노동력이 소요되는 여름 몬순기후에 있어서 필수적이었으며 쟁기를 끄는 짐승으로 절대적인 존재였다.

결국 소의 수적 감소를 방지하기 위해 소에 대한 보호가 자연스럽게 이어졌다고 보는 주장이다.

② 종교와 알코올음료

크리스트교에서 사제들이 성찬의식을 열 때 예수 크리스트를 상징하는 포도주를 마시는 것이 알려져 있다. 예배의식에서 포도주를 사용하는 관습은 원래 가톨릭 고유 전통은 아니며, 종파에 따라 술이 건강에 해롭다는 믿음에서 어떤 종류 알코올음료도 마시지 않은 경우도 찾아 볼 수 있다.

전자의 경우, 유럽의 가톨릭교회는 미사에 사용하는 포도주 수요를 충당하기 위해 일찍부터 포도의 재배와 포도주 제조 및 관리에 관심을 두었다. 이런 관습은 가톨릭이 전래되기 전부터 유럽 남부로부터 전해 내려오던 것을 가톨릭이 문화적으로 계승한 것으로 추정된다. 포도주의 생산과 소비는 아테네인들이 술의 신으로 믿은 디오니소스(Dionysus)의 숭배와 함께 확대되었고, 로마제국과 중세를 거쳐 포도의 재배지가 가톨릭 전파와 확산과 함께 따뜻한 지중해에서 알프스산맥을 넘어 크리스트교로 개종한 유럽 전역으로 확대되었다. 결국 유럽의 가톨릭교회는 오늘날 유럽의 포도재배 산지의 형성에 적지 않게 영향을 주었으며, 유럽의 선교사들이 미사에 사용할 포도주를 제조하기 위해 포도재배 방법을 신대륙에 전파했고, 그 결과 미국의 캘리포니아를 비롯해 오스트레일리아와 뉴질랜드에도 포도재배 면적이 넓고, 많은 양의 포도주가 생산되게 되었다.

크리스트교는 알코올음료 금기에 대해 견해가 종파에 따라 상이하다. 특히 미국은 종파와 그 종파가 지배적인 장소에 따라 다양한 특색이 나타난다. 미국에서 침례교도, 모르몬교, 제7일안식일 예수재림교(The Seventh Day Adventist)와 같은 종파는 알코올음료 금기를 명확히 하고 있으나, 가톨릭과 루터교의 종파는 알코올음료의 음주를 허용하고 있고, 의식에 자연스럽게 이용하고 있다. 모르몬교가 우세한 유타 주는 알코올음료 주류 판매의 법적 규제가 가장 강한 곳이며, 텍사스 주는 주류 판매 법적규제가 크리스트교 종파별로 뚜렷하게 차이가 나타나고 있다. 가톨릭과 루터교가 우세한 지역(동북부)은 주류 판매가 허용되지만, 침례교와 감리교가 우세한 지역(남서부)은 주류가 판매되지 않는다.

이슬람교는 술을 금기하고 있다. 코란은 '술, 도박, 우상, 예언의 화살은 모두 사탄의 추악한 수공품에 지나지 않으며, 이것을 피하라'고 하는 구절이 있어, 이슬람교도들은 알코올음료를 금기하는 계율을 갖고 있다.

(2) 종교경관

종교경관(Religious Landscape)은 경관이나 토지위에 특정종교의 이념, 사상, 계율, 세계관(World View) 등이 새겨지거나 박혀져, 주위 모습이나 다른 모습과 다른 가시적 모습을 나타낼 때 그 모습을 말한다. 우리가 흔히 볼 수 있는 가톨릭성당, 교회, 불교사찰, 모스크 및 신전의 제단(대형 구조물), 탑(중요 신앙표적), 세계관이나 종교적 규율을 보여주는 취락구조 그리고 그 외 종교적 지명과 교인무덤 등은 모두 해당된다.

① 신성한 장소

신성한 장소(성소, Sanctuary)는 신의 숭배에만 이용되는 건물 혹은 장소를 말하며, 자연지형과 지세와 같은 자연공간부터 성지(종교에서 신성시하는 장소를 일컫는 종교 발상지나 순교가 있었던 지역)가 해당된다.

○ 자연지형과 지세

종교에서 순리에 따라 흐르는 물, 산악 그리고 식생이나 나무 등은 중요한 성소로서 알려져 왔다. 인도의 힌두교도들은 바라나시에 있는 신성한 갠지스 강(Ganga) 언덕의 계단 가트(Ghat)를 찾아 종교의식으로 목욕과 기도를 하며, 이것은 갠지스 강이 힌두교도들에게 자양분을 공급해주고 이들의 영혼을 정화시켜 주므로, 이를 통해 신비로운 에너지를 받는 숭배의식의 사례로 알려져 있다. 자연 산악의 경우, 일본인은 후지산을 신성한 산으로 여기고 있으며, 오스트레일리아 중부에 위치한 붉은 색 사암으로 형성된 에어스 록(Ayers Rock)은 애버리진(원주민)에게 울루루(Uluru)라고 지칭되며 오랜 전부터 애니미즘의 대상이 되어 왔다.

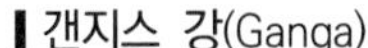
▎갠지스 강(Ganga)

▎에어스 록(Ayers Rock)

성지

성지는 종교순례의 주요 목적지가 되며, 종교가 탄생한 곳, 종교 창시자가 살던 곳, 종교를 설법한 곳 그리고 종교지도자가 순교한 곳이나 종교적 기적이 일어난 곳 등을 포함한다. 이슬람교의 대표적인 성지는 사우디아라비아의 메카와 메디나이며, 크리스트교(가톨릭)의 경우, 이탈리아 로마의 바티칸, 스페인의 산티아고 그리고 이스라엘 예루살렘은 대표적인 곳이다. 또한 인도 갠지스 강 연안에 위치한 바라나시는 힌두교 순례의 목적지이다. 또한 불교에서는 석가모니가 태어난 룸비니(Lumbini), 성도한 부다가야(Bodhgaya), 처음 설법을 한 사르나트(Sarnath), 열반에 들어간 쿠시나가라(Kushinagar)를 '4대 성지'라고 하고, 여기에 슈라바스티(사헤트마헤트), 산카샤, 라지기르, 바이살리를 더해 '8대 성지'가 알려져 있다(NAVER 지식백과. 두산백과).

사우디아라비아 메카는 작은 도시이지만, 매년 수백만 명의 순례자가 세계 각지에서 몰려들고 있다. 성지순례 하지(Haji)를 살펴보면, 첫날 예언자 마호메트가 최후로 설교를 했다고 하는 아라파트 산에서 보내며, 다음날 이 산에서 12㎞ 떨어져 있는 시내의 대사원에서 기도를 한다. 순례자들은 육면체 모양의 검은 돌 '카바'를 한 바퀴 돌고 코란을 암송한 다음, 악마를 상징하는 2개의 기둥에 돌을 던지고 카바를 한 바퀴 도는 것으로 순례가 끝나게 된다.

예루살렘은 상이한 종교가 하나의 성지를 두고 각각 자기 소유(순례지)라고 주장하는 대표적인 장소이며, 종교 간 갈등과 마찰의 장소라고 할 수 있다. 예루살렘은 현재 이스라엘이 점령하고 있지만 국제법상 어느 나라의 소유도 아닌 도시로서 이스라엘과 팔레스타인의 분쟁지역이다. 특히 유대교와 크리스트교, 이슬람교가 탄생한 도시이자 서구 역사에서 매우 중요하고 성지로서 숭배되고 있다.

예루살렘 동부는 종교의 성적(聖蹟)이 많고, 통곡의 벽(유대교), 성묘교회(크리스트교), 오마르사원(이슬람교)이 각각 종교를 대표한다. 예수 크리스트가 십자가를 지고 빌라도의 법정에서 골고다(갈보리) 언덕까지 걸었던 예루살렘의 전통적인 길 '비아 돌로 로사(Via Dolorosa)'와 십자가에 못 박히고 시신이 묻힌 무덤으로 알려진 성묘교회(거룩한 무덤 교회)는 크리스트교 순례의 중요한 코스이다.

▎십자가의 길(비아돌로로사)

▎성모교회(거룩한 무덤 교회)

예루살렘에는 마호메트가 승천한 장소인 이슬람교도의 바위의 돔(Muslim Dome of the Rock)이 고대 유대교사원의 잔해 통곡의 벽(Wailing Wall) 위에 있기 때문에, 유대교와 이슬람교도들이 각각 예루살렘을 이교도가 출입할 수 없는 자기 고유의 성지로 간주하여 대립해왔다.

스페인의 북서쪽 도시 산티아고 데 콤포스텔라(Santiago de Compostela)는 가톨릭 순례길로 유명하다. 이곳은 예수 크리스트의 12제자 중 한 명이었던 야곱(야고보)의 무덤이 있는 성당으로 향하는 약 800㎞에 이르는 길이다. 1189년 당시 교황 알렉산더 3세는 이곳을 예루살렘과 로마와 함께 '성스러운 도시'로 선포한 바 있다. 1993년 유네스코 세계문화유산에 등재되었고 유럽과 전 세계로부터의 성지순례가 가장 활발한 곳이다.

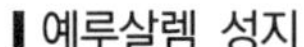

▌예루살렘 성지

▌산티아고 데 콤포스텔라

② 종교경관

종교가 추구하는 이념과 세계관은 전 세계의 건축물이나 기념비 등 구성에서 다양한 형태로 존재하고 있다. 일반적으로 종교경관을 구성하는 요소는 종교의 예배건물이나 기념비, 묘지 및 취락 그리고 넓은 의미에서 고대문명의 신전 등을 포함하고 있다.

○ 종교건축

종교건축물은 가장 눈에 띄는 종교경관이며, 종교 창시자나 성인 그리고 신자들의 안식처로 지은 건축이나 기념물이다. 가톨릭에서 성당건물은 하나님이 사는 집이며, 제단은 중대한 의식이 집행되는 장소이다. 또한 높은 첨탑은 하늘을 지향하는 것이고, 건물내부 화려함은 신격과 신성함을 상징하고 있다. 따라서 전형적인 가톨릭의 건물은 규모가 크고, 장식이 정교하고 장엄하다. 그러나 개신교를 중심으로 한 크리스트교 중 감리교나 침례교를 포함한 영국계통의 칼뱅파 교도를 위한 교회건축은 예배를 드리기 위해 모이는 장소 성격이 강하며, 뛰어난 시각효과보다는 안락하고 아름다움을 강조한다. 물론 전 세계에서 잘 알려진 많은 교회건축은 건물을 만든 왕의 권력이나 국가의 권위를 상징하였으므로, 세기의 걸작으로 만들어져 오늘날에도 국가의 상징을 대표하는 건축이 많다.

이탈리아 로마 바티칸 성베드로대성당(Basilica of St. Peter), 프랑스 파리의 노트르담대성당(Cathedral Notre Dame de Paris), 독일 쾰른대성당(Cologne Cathedral), 러시아 모스크바 성 바실리대성당(St. Basil's Cathedral)은 가장 대표적인 사례이다. 성베드로대성당은 로마시대

순교자를 처형했던 공동묘지였으며 서기 326년 콘스탄티누스 대제에 의해 베드로의 무덤에 성당이 최초 세워졌다. 이곳 중앙에는 교황의 제단이 있다.

노트르담대성당은 노트르담 대성당은 '성모 마리아'를 뜻하는 노트르담(Notre Dame)이란 단어에서 알 수 있듯이 성모 마리아를 위해 지어진 성당이다. 파리의 상징적 건물로 1163년 기공된 지 182년 만에 완성되었고, 800년의 프랑스 역사가 담겨 있다. 독일 쾰른대성당은 고딕양식 교회 건축물로 서유럽 최고 규모를 자랑하며 1248년부터 약 600년에 걸쳐 건축된 세기의 건축물이다.

▍바티칸 성베드로대성당

▍파리 노트르담대성당

▍쾰른대성당

▍성바실리대성당

성바실리대성당은 전 세계에서 단 하나뿐인 특이한 형태로 이루어진 러시아정교회의 성당이다. 이 건물은 붉은 광장 진입로로 들어서는 모든 관광객들의 시선을 한눈에 사로잡아 버리는 곳으로서 200여 년 간 러시아를 점령하고 있던 몽골의 카잔 한(汗)을 항복시킨 것을 기념하기 위해 세워졌다. 현란한 색채와 무늬를 자랑하는 9개의 양파모양 돔 지붕으로 이루어져 있고, 가장 러시아적이면서도 찾아볼 수 없는 특색 있는 건축물로 평가 받는다.

시칠리아의 몬레알레 대성당은 외형이 화려하지는 않지만, 노르만 양식으로 지어진 가톨릭 성당으로 성당의 동쪽 후면의 주제단(Apes)에 황금모자이크로 된 반원 돔이 있고, 제단 위의 판토크라토르(Pantoncrator)를 중심으로 아래에 성모마리아와 여러 사도의 모습이 묘사되어 있다.

몬레알레대성당

판토크라테르

이슬람교의 모스크는 독특한 형태의 사원건물을 말한다. 모스크의 내부는 신성을 포용한 모습 자체이며, 미나레트(Minaret)와 내부 벽은 찬란하고 화려하다. 미나레트는 이슬람교의 예배당 모스크(마스지드)의 일부를 이루는 첨탑으로 지역에 따라 형태가 다르다. 북아프리카의 경우 부피가 큰 사각기둥 형태지만, 지중해 지역은 가늘고 긴 원통이나 뿔 형태를 띤다. 미나레트는 후원자나 건축가 취향과 계획에 의해 1~6개가 건설되었다.

술탄 아흐메드 모스크

핫산 2세 모스크

술탄 아흐메드 모스크(Sultan Ahmed Mosque)는 튀르키예를 대표하는 이슬람사원이며, 사원 내부가 파란색과 녹색의 타일로 장식되어 '블루 모스크'로 잘 알려졌다. 오스만제국의 제14대 술탄 아흐메드 1세가 1609년에 짓기 시작하여 1616년에 완공했다. 우뚝 서 있는 미나레트 6개는 술탄의 권력을 상징하며, 이슬람교도가 지키는 1일 5회의 기도를 뜻한다. 핫산 2세 모스크(Hassan Mosque)는 모로코 카사블랑카에 위치하는 북아프리카 최대의 이슬람 건축이다. 사우디아라비아 메카와 메디나모스크에 이은 세계에서 3번째 규모의 사원으로 핫산 2세가 성금을 걷어 1987년부터 1993년에 완성하였고, 약 6000평의 대지위에 210m의 높은 탑, 내부에 25,000여명이 동시에 예배 볼 수 있다. 건물지붕이 개폐식으로 되어있고, 3,300명의 조각기술자가 완성한 실내장식이 걸작이다.

불교사찰(Buddhist temple)은 불교의 발생지 인도와 최대 국가 중국을 중심으로 하여 대승불교, 소승불교, 라마교에 따라 다양하게 사찰가람이 건축되었다. 사찰은 불상과 탑 등을 모셔놓고 승려가 거처하면서 불도를 닦고 신자들에게 교리를 설파하는 건축물의 총체를 말한다. 불교사찰의 중심은 불상을 모신 본전(금당)이며, 불심의 깊고 꾸준함, 고결함을 상징하는 불탑 및 기타 건축 등 다양하게 나타난다.

아잔타석굴

윈강석굴

인도는 지역 특성을 반영하듯 석굴사원이 많이 남아있으며, 아잔타석굴(Ajanta Caves)은 인도 마하라슈트라(Maharashtra) 주의 북동부에 위치한 아잔타 주변에 모여 있는 30개의 불교석굴이다. BC 2세기부터 5세기에 걸쳐 지어진 석굴들이지만 보존 상태가 뛰어나다. 석굴내부는 인도의 불교예술 발달을 보여주는 벽화와 부조가 남아 있다. 중국 윈강석굴(Yungang Grottoes)은 산시성(山西省) 다퉁(大同)에 있는 중국 최대의 불교석굴이다. 윈강석굴의 252개 석굴과 51,000여 개 석상은 5세기~6세기 중국 불교석굴사원의 위업을 보여 준다.

스리랑카의 담불라 황금 사원(Dambulla Cave Temple)은 부처님 치아사리를 모신 불치사와 함께 스리랑카의 대표적인 불교 성지로, 유네스코 세계문화유산이며 산 바위를 깎아 만든 5개 석굴에 수많은 불상과 벽화가 있는 동굴 사원이다.

▎담불라 석굴사원

▎불치사

신전

신전(Temple)은 신의 거처로 만들어진 종교건축물로 이곳에서 신자들의 집회, 예배, 수행 등이 행해진다. 신전은 크리스트교의 교회당, 이슬람교의 모스크, 유대교의 시나고그(Synagoga), 불교사찰 등의 특별한 명칭을 가진 이외의 건조물이다. 템플은 라틴어로 시간을 나타내는 말이었으며, 그리스나 로마인이 제사를 드릴 때 정확한 시간의 중요성을 인지하여 유래되었다고 추정된다.

이집트의 신전건축은 대신전과 한 쌍의 오벨리스크가 서 있는 것이 특징이다. 대표적인 유적은 기자의 3대 피라미드와 스핑크스 신전, 룩소르 신전, 아부심벨신전(Abu Simbel Temple) 등이다. 아부심벨 신전은 고대 이집트의 암굴신전으로서 이집트 누비아 지방의 아부심벨에 있다. 이곳은 19왕조의 람세스 2세(재위 BC 1301~BC 1235)가 자연 사암층을 뚫어 건립했다. 왕 자신을 위한 대신전과 왕비 네페르타리를 위한 작은 신전으로 되어 있으며, 아스완댐 건설에 따라 수위가 60m 높아져 수몰 운명에 놓였으나 유네스코 노력과 현대 공학에 힘입어 1963~1966년 신전을 원형대로 70m를 끌어올려 보존하였다.

그리스와 로마의 신전건축은 목조의 원형을 석조로 옮긴 것이라 생각되며, 직사각형이 보통이지만 로마 판테온과 같은 돔형건축도 있다. 아테네 아크로폴리스는 파르테논 신전을 비롯한 다양한 신전건축을 보여주는 사례이다. 파르테논 신전은 수천 년 간 웅장한 자태로 아테네 시가지를 내려다보고 있고, 아테네의 수호신을 모셨다. 이 건축은 세계에서 가장 균형 잡힌 건축물로 불리며, BC 4세기경 페리클레스가 설계를 하고 조각가 피아디아스가 총 15년 걸려 완성한 건축물이다. 역사의 흐름과 함께 이곳은 신전에서 교회로, 그 이후는 사원으로 사용되었으며 터키인의 화약고로 이용되기도 하였다. 1687년 베네치아인이 쏘아 올린 대포로 파괴된 흔적이 많으며, 수천 년을 이어져 내려온 인류의 귀중한 유적이 인간에 의해 얼마나 짧은 순간에 파괴될 수 있는지를 보여준다.

▎아부심벨신전

▎파르테논신전

묘지경관과 취락

묘지경관은 시신을 처리하는 방식의 종교와 종파의 차이에 의해 다양하게 나타날 수 있다. 불교사찰에서는 가람 안에 부처의 진리사리탑을 세우거나 유명한 고승의 부도를 사찰 내에 만들었다. 힌두교와 불교는 죽은 사람을 화장하여 장례를 지내기 때문에 묘지의 유무는 제한적이었다.

고대 이집트는 피라미드와 같이 거대한 규모의 묘지가 죽은 자의 안식처로 조성되었고, 큰 묘지들은 현대사회 이전에 도굴된 것이 대부분이었다. 왕들의 계곡(Valley of the King)은 고대이집트의 신왕국 시대에 테베라는 이름으로 알려져 있던 룩소르 시 서쪽 다이르알바리 바위산 깊은 계곡 속에 역대 파라오가 건설한 공동묘지이다. 투탕카멘왕(Tutankhamun)의 무덤은 유일하게 도굴되지 않은 것으로 영국인 하워드 카터가 발굴한 내부에 무수한 보물과 함께 황금관 속에 황금 마스크를 쓴 왕의 미라가 들어 있다. 투탕카멘의 마스크를 비롯한 3,500점에 달하는 유물은 카이로 박물관에 소장되어 있다.

이슬람교 묘지는 원칙적으로 수수하게 조성되었다. 그러나 거대한 이슬람제국의 성립과 함께, 화려한 묘지가 등장하였는데, 인도 무굴제국의 후마윤 묘와 타지마할(Taji Mahal)은 세계 최대의 이슬람양식의 묘지건축이다. 타지마할은 인도의 대표적 이슬람건축이다. 인도 아그라(Agra)의 남쪽, 자무나(Jamuna) 강가에 자리 잡은 궁전 형식의 묘지로서 무굴제국 황제 샤자한이 왕비 뭄타즈 마할을 추모해 건축하였다. 아내의 죽음을 애도하며 22년 동안 무덤공사를 하였으나 국가재정에 영향을 준 거액이 투자되어 완공 뒤 1658년 막내아들 아우랑제브(Aurangzeb)의 반란으로 왕위를 박탈당하고 아그라 요새(Agra Fort)에 갇혀 말년을 보냈다. 샤자한은 타지마할과 마주보는 곳에 검은 대리석으로 자신의 묘를 만들어 구름다리로 연결하려 했다는 이야기도 전해지지만, 1666년 죽은 뒤 타지마할에 묻혔다.

▎왕들의 계곡

▎타지마할

크리스트교는 매장을 위한 토지에 자기 고유의 묘지경관을 조성한다. 가톨릭교회는 성인의 무덤에 세운 것이 많고, 교회무덤은 크리스트교인의 종교분위기를 표현하며 십자가와 특유의 종교무덤의 복합체라고 할 수 있다.

또한 종교취락은 '특정 종교나 종파의 신도들이 모이거나 또는 특정의 숭배대상을 중심으로 형성된 취락'이며, 크리스트교, 이슬람교, 불교 등에서 종교시설을 중심으로 발달한 취락이다. 이런 종교취락은 오래전부터 형성되어 오늘에 이르고 있으며, 규모가 큰 것은 종교중심의 문화도시로 성장한다. 특히 신자나 참배객을 위한 상점, 호텔, 음식점 및 토산품점 등의 서비스업이 자리하고 있다. 주요 도시에서는 유명 종교유적을 중심으로 상업이 발달하여 종교관광지의 성격을 띠는 경우가 많다.

참고문헌

- 권혁재(2005). 한국지리. 법문사.
- 롬 인터내셔날 저 · 정미영 역(2019). 한눈에 꿰뚫는 세계지도 상식도감. 이다미디어.
- 이혁진(2015). 유럽의 문화와 관광. 새로미.
- 테리 조든 외 저·류제헌 역(2002). 세계문화지리. 살림출판사.
- 홍경희(1985). 촌락지리학. 법문사.
- 21세기연구회 저·전경아 역(2018). 한눈에 꿰뚫는 세계민족도감. 이다미디어.
- 나무위키. 오스트로네시아어족. https://namu.wiki/w/%ED%8C%8C%EC%9D%BC:external/www.languagesgulper.com/Austronesian%2520big.jpg
- 두고보자 패밀리의 세계일주. http://blog.naver.com/bian/220705093170
- 위키백과(기독교). https://ko.wikipedia.org/wiki/%EA%B8%B0%EB%8F%85%EA%B5%90
- 위키백과(불교). https://ko.wikipedia.org/wiki/%EB%B6%88%EA%B5%90
- 위키백과(애니미즘). https://ko.wikipedia.org/wiki/%EC%95%A0%EB%8B%88%EB%AF%B8%EC%A6%98
- 위키백과(유대교). https://ko.wikipedia.org/wiki/%EC%9C%A0%EB%8C%80%EA%B5%90
- 위키백과(이슬람교). https://ko.wikipedia.org/wiki/%EC%9D%B4%EC%8A%AC%EB%9E%8C%EA%B5%90#.EC.9D.B4.EB.A7.8C_.286.EC.8B.A0.29
- 위키백과(인도유럽어족). https://ko.wikipedia.org/wiki/%EC%9D%B8%EB%8F%84%EC%9C%A0%EB%9F%BD%EC%96%B4%EC%A1%B1
- 위키백과(힌두교). https://ko.wikipedia.org/wiki/%ED%9E%8C%EB%91%90%EA%B5%90
- 폭풍간지 김선생의 지리교실. http://blog.daum.net/kh0222/543
- NAVER 지식백과. 두산백과(문자). http://terms.naver.com/entry.nhn?docId=1095501&cid=40942&categoryId=32972
- NAVER 지식백과. 두산백과(8대 불교 성지). http://terms.naver.com/entry.nhn?docId=1278821&cid=40942&categoryId=31543
- NAVER 지식백과. 문학비평용어사전(문화제국주의). http://terms.naver.com/entry.nhn?docId=1530000&cid=41799&categoryId=41800
- NAVER 지식백과. 실크로드사전(문화). http://terms.naver.com/entry.nhn?docId=2782700&cid=55573&categoryId=55573
- NAVER 지식백과. 어린이백과(인류의 탄생). http://terms.naver.com/entry.nhn?docId=1624812&cid=47307&categoryId=47307

• NAVER 지식백과. 한국민족대백과(종교취락).
http://terms.naver.com/entry.nhn?docId=549554&cid=46618&categoryId=46618
• NAVER 지식백과. 학생백과(세계 문화 다양성 선언).
http://terms.naver.com/entry.nhn?docId=1720371&cid=47336&categoryId=47336#TABLE_OF_CONTENT1
• NAVER 지식백과. 한국민족문화대백과(문화).
http://terms.naver.com/entry.nhn?docId=554876&cid=46634&categoryId=46634

CHAPTER 03

지역과 사회의 이해

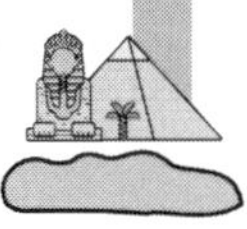

01 인구와 지역의 이해

1) 인구의 개념과 인구분포

인구(Population)는 인간집단의 계수(計數)로 정치적, 경제적, 사회적, 문화적으로 구획된 일정한 지역 안에 거주하는 주민을 말한다. 인구는 국민, 인종, 민족 등과 상이하며, 일정한 지역 안에 있는 주민 전부를 포괄하기 때문에, 지역에 사는 외국인, 이민족을 포함한다. 유엔인구국(UNPD)은 세계 인구가 2022년 11월 15일 80억 명을 돌파했다고 발표했으며, 인구 증가율 둔화에도 불구하고 2080년대 중반 약 104억 명에 도달하여 정점을 찍을 것으로 예측하고 있다.

(1) 인구의 개념과 인구학적 접근

① 인구의 개념

인구는 일정한 지역에 사는 사람의 수, 다시 말해 특정한 국가나 지역에 거주하고 있는 사람의 수를 말한다. 인구는 사망, 출생, 혼인 등 다양한 요인으로 결정된다. 인구는 일반적으로 인구의 증감이나 이동 혹은 인구구조에 의해 성격을 알 수 있다. 인구의 증감은 출생과 사망의 차이에 의한 자연증감과 전입과 전출의 차에 의한 사회증감과의 합에 의해 결정된다.

인구이동은 경제, 문화, 지리, 인구학적 요인에 의해 인구가 한 지역에서 다른 지역으로 이동하는 현상을 가리키며, 전출과 전입을 포함하는 국내 인구이동과 이민을 포함하는 국제인구이동으로 구분된다. 산업화에 따른 인구도시화는 인구이동의 주요 흐름을 이농향도형(離農向都型) 인구의 주거이동 뿐 아니라 시간이동(時間移動)으로 전환시켰고, 대도시에서의 비주거이동 출퇴근이동(commuting)이 주요한 인구현상으로 나타났다.

② 인구학적 접근

인구학(Demography)은 인구변화와 인구변화의 특징을 연구하는 학문이다. 인구의 구성이나 규모는 주로 출산, 사망, 이동 등 세 가지 인구학적 과정이 결합하여 변화한다.

간략히 살펴보면, 인구변화의 3요소를 조합하여 특정 국가나 지역에서 두 시점 간의 인구변화(P)를 나타내면, 아래와 같이 성립한다.

P=(+)출생(-)사망(+)유입이동(-)유출이동

세계인구성장은 글로벌 시각에서 출생자수와 사망자수 간 차이를 의미한다. 이것을 자연증감(Natural Increase/Decrease)라고 한다.

◎ 인구밀도

인구밀도(Population Density)는 단위면적당의 인구수로서 보통 1㎢당의 인구로 나타낸다. 인구밀도는 일반적으로 생산양식과 생산기술이 높고 인구수용력이 클수록 높아진다. 인구밀도가 높은 지역을 인구조밀지대(稠密地帶)라고 하며, 전통적으로 북서유럽, 미국 북동부 상공업지대 및 동남아시아의 벼농사 중심의 집약적 농업지역이 속한다. 인구밀도가 낮은 지역을 인구 희박지대(稀薄地帶)라고 하며, 거주여건이 좋지 못한 사막, 고산, 열대우림(熱帶雨林)지방 등이 포함된다(NAVER 지식백과. 두산백과).

인구밀도는 산출방법에 따라 산술적 인구밀도(총인구/총면적), 지리적 인구밀도(총인구/경지면적), 농업인구밀도(농업인구/경지면적), 경제적 인구밀도(총인구/생산능력) 등으로 구분하고 있고, 그 중에서 이상적인 것은 경제적 인구밀도라고 할 수 있다.

경제적 인구밀도(Economic Population Density)는 일반 인구밀도(인구/면적)에 경제적 요소(GDP, 생산성 등)를 결합하여 '단위 면적당 생산 부가가치'나 '단위 면적당 경제활동 인구'와 같은 형태로 확장 해석된다.

◎ 출생률과 사망률

출생률(Birth Rate)은 인구 1,000명 당 1년에 태어나는 신생아 숫자로 서, 지역적으로 차이가 있다. 인구밀도가 높은 곳이 모두 출생률이 높고, 인구밀도가 낮은 곳이 출생률이 낮은 것이라는 판단은 잘못된 것이다. 구미 대부분의 나라는 1870년대부터 출생률이 저하하기 시작했고, 제1차 세계대전 이후 더욱 급속도로 저하해 1930년대에는 뚜렷하게 낮아졌으나, 제2차 세계대전 후 일시적인 베이비붐이 일어났다. 유럽 여러 나라는 다시 낮은 수준이 되었으나 미국, 캐나다, 오스트레일리아는 약간 높은 수준을 나타내고 있다.

사망률(Mortality Rate)은 일정기간 내에 일정집단에서 발생한 사망자의 비율이다. 보통 인구 1,000명에 대한 연간 사망자의 수로 표시한다. 사망률은 연령, 인종, 생활환경에 따라 상이하다. 유럽대륙과 중국은 인구밀도는 높지만 출생률이 낮고, 아프리카 내륙은 인구밀도가 낮지만 출생률은 높은 수준을 유지한다. 일반적으로 출생률은 열대, 아열대의 저위도지역에서 높고, 온대 중위도와 냉대의 고위도 지역에서 낮게 나타난다.

◎ 인구이론

인구의 이론 중 가장 대표적인 것은 영국의 경제학자 T.R.맬서스가 저서 〈인구론〉에서 "인구는 기하급수적으로 증가하지만 식량은 산술급수적으로만 증가한다. 따라서 인구의 증가는 빈곤으로 이어진다."고 하였다. 이에 대해 산아제한(産兒制限)에 의한 인구증가를 억제하는 방향을 수립한 신(新)맬서스주의가 나타났다.

③ 인구구성과 인구피라미드

◎ 인구구성

인구구성은 어느 지역의 인구 상태를 특정 시점에서 질적으로 파악하는 것이며, 각종 구성요소에 의하여 표현된다. 인구의 구성요소는 첫째, 성별·연령별·인종별 등 자연적인 요인, 둘째, 산업별·직업별·노동력별 등 경제적인 요인, 셋째, 거주지별·결혼상태·교육수준별 등 사회적인 요인, 넷째, 국적별·언어별·종교별 등 문화적인 요인 등을 포함한다.

◎ 인구피라미드

인구피라미드는 인구의 성별과 연령구조를 나타내는 것으로 좌우로 성별구성(왼쪽 남성: 오른쪽 여성), 수직으로 연령대의 인구비율을 표시한 것이다. 막대그래프의 중앙의 세로축에 1세 혹은 5세 간격으로 연령을 나타내고 좌우의 가로축에 남녀별 실수 혹은 비율로 인구구성을 나타낸 것으로 밑변을 0세로 나타내고 고령층을 상부에 두면 표준형이 피라미드 모양을 형성하므로 인구피라미드라고 한다(NAVER 지식백과. 두산백과).

인구피라미드로 불리게 된 이유는 연령의 계층별 형태가 피라미드처럼 아래쪽이 넓고 위쪽으로 올라갈수록 좁아지는 현상을 보이는 극단적인 경향이 나타났기 때문이다. 인구피라미드에서 볼 수 있는 불균형 현상은 자연적 증감뿐 아니라 사회적 증감에 의해서 나타나므로, 국가나 지역 간 인구구조를 설명할 때 흔히 사용되고 있다.

인구노령화

인구노령화(Aging of Population)는 인구 전체에서 노년인구(65세 이상 인구)의 비율이 높아지는 현상이다. 일반적으로 노령인구 비율의 증가로 파악되는 인구구조의 변화를 의미하며, 근대화 과정과 함께 나타난다. 근대화는 인구변동과 병행하여 일어나므로, 인구변동은 주로 사망력 저하와 출산력 저하에 의해 이루어진다. 출산력 저하는 소년인구 비율을 감소시키고 사망력 저하에 따른 평균수명의 연장은 노령인구를 증가시키므로 인구구조에서 노령인구의 비율이 높아지게 되며 이러한 사회를 노령화사회라고 한다. 노인인구의 상대적 규모를 나타내는 지표에는 65세 이상 인구를 경제활동인구(15~64세)로 나눈 노령인구부양비, 노령인구를 연소인구(0~14세)로 나눈 노령화지수가 있다. 인구노령화 정도를 부각시킬 수 있는 수치 지표로 평균수명이 있다(NAVER 지식백과. 두산백과).

UN 기준에 의하면, 65세 이상 인구 비율이 7% 이상이면 고령화사회, 14% 이상이면 고령사회, 20% 이상이면 초고령사회로 분류된다. 우리나라는 2024년~2025년경 초고령사회의 기준을 넘어섰다. 저출산·고령화 심화로 인해 전체 인구의 노령화가 가속화되고 있고, 사회 전반의 노동력 감소, 소비 패턴 변화, 복지 부담 증가 등 다양한 사회경제적 문제를 야기하는 중요한 변화이다.

④ 인구조사

인구조사(Census)는 어떤 시점에서 국가 전체 혹은 광범위한 특정 지역의 사람을 대상으로 인구수, 인구와 관련된 가구·주택·경제 활동 등을 정기적으로 조사하는 것을 말한다. 인구조사의 기원은 로마 시대에 시민의 권리 의무를 확정하기 위하여 5년마다 인구 및 재산을 일제히 등록한 데에서 비롯하였다. 우리나라는 10년마다 시행되었으나 사회변화가 빨라짐에 따라 최근 5년마다 실시하고 있다(NAVER 지식백과. Basic 고교생을 위한 지리 용어사전).

인구구성이나 분포는 특정 시점의 인구 상태를 파악하는 인구정태조사에 의하여 밝혀지며, 이 정태통계(靜態統計)는 인구의 출생, 사망, 혼인, 이동 등 일정기간내의 동태사실을 나타내는 동태통계(動態統計)와 함께 인구통계 축을 이룬다.

(2) 인구분포와 인구이동

인구분포는 사람들이 어디에 얼마나 모여 살고 있는가를 나타낸 것이며, 지형, 기후, 자원의 분포 등 자연적 요인과 역사나 문화적 배경, 산업발달, 사회, 경제적 변화 등 인문적 요인 등에 의해 나타난다. 인구분포는 전통적으로 경지분포에 따른 조밀지역과 희박지역으로 차별화되었으나, 오늘날 인구이동의 결과가 더 크게 반영된다. 세계의 인구분포를 보면, 그 분포가 고르지 못해 특히 거주지역과 비거주지역의 한계가 명백하여, 거주지는 현재 지구상의 전 육지의 87%를 차지하게 되었다.

① 인구분포와 인문지리환경의 영향

인구이동과 분포는 인문지리환경에 영향을 받는다. 인구성장과 이동에 대한 태도, 식생활 습관과 결혼제도, 정치와 사회적 제도 등은 인구분포에 영향을 주는 요인들이다.

○ 인구성장과 이동에 대한 태도

인간집단의 문화성향은 인구이동에 대해 다양한 태도로 작용하고 있다. 캐나다의 다른 주와 달리, 퀘벡 주는 프랑스계 중심 사회를 형성하였고, 이들은 이민 초기부터 오늘날 변함없이 대가족을 선호한다. 이런 경향은 모국 프랑스가 산업혁명 초기부터 산아제한을 엄격히 강조해 다른 서부유럽 국가에 비해 낮은 출생률 문제를 먼저 겪은 것과 대조적이다. 이것은 프랑스계 이민자들이 개척지(캐나다 퀘벡주)에서 영국계 이주자와의 경쟁에 뒤지지 않기 위해 인구의 자연증가가 필요했기 때문이다. 이런 경향은 또 다른 개척지 미국의 뉴잉글랜드 지방으로 이주한 사람들도 동일한 상황이었다.

인간집단이 믿는 종교적인 결속에 대한 태도는 옛날부터 전해 내려오는 고향 땅을 떠나지 못하게 하는 믿음으로 작용하는 경우가 많다. 공산혁명 전, 중국인들이 조상을 모시는 목적에서 고향 땅을 떠나지 않는 것을 자손으로서 책임과 의무로 생각하였고,

미국 남서부 나바호 인디언들도 집에 대한 애착이 강해 이주하는 것을 꺼리는 경향이 심리적으로 강하였다. 미국과 유럽은 선호하는 주거환경에 대해서 다른 성향이 있다. 미국인은 인구가 과밀하게 밀집된 환경보다 개인적인 공간이 크고 넓은 환경을 선호한다. 이런 경향에서 미국 도시들은 개인정원으로 둘러싸인 단독주택이 압도적인 거대한 교외지역이 서로 연결되는 주거형태를 발전시켰으나, 서부유럽의 도시들은 건물의 밀집도가 높으며, 거주지가 대체로 단독주택이 연이어 있거나 공동주택(아파트나 펜션) 형태로 형성되었다.

◎ 식생활 습관과 결혼제도

영위하는 농업유형과 관련된 식생활 습관은 인간집단의 거주에 영향을 주고 있다. 동아시아에서 볼 수 있는 농업은 쌀을 주식으로 하는 식습관에서 비롯하여 집단주거를 형성하였으며, 아열대와 열대 아시아의 습윤기후는 다작이 가능한 벼농사중심의 농업을 발달시켜 주거를 집중시켰다. 식습관은 앞서 전술한 바와 같이, 종교와 밀접한 관련성을 갖고 있으며, 형성된 종교사회에 영향을 받고 있다,

인구분포는 사회 구성원의 결혼제도에 적지 않은 영향을 받았다. 결혼상대자를 존내혼과 존외혼 중 어느 쪽에 두고 있는지 결혼제도는 매우 중요하다. 인도는 전통적으로 지역별로 큰 차이를 갖고 있으며, 인도의 북부와 서부에서는 존외혼을, 반대로 남부와 동북부 카슈미르지역은 존내혼이 우세하다. 인도의 북부와 서부는 신부가 신랑에게 시집을 가는 것이 보통이므로, 여성인구의 사회적 이동의 원인이 된다. 반면, 인도 남부는 여성이 촌락 외부로 시집가는 경우가 적으며, 사위가 장모와 함께 살고 딸이 어머니의 가계를 이어가는 모계사회의 전통이 강하였다.

◎ 정치와 사회적 제도

인구분포는 정부의 정책 그리고 법률적인 제도에 영향을 받아왔다. 인구 억제는 일반적으로 정부의 정책에 의해 추진되었고, 식민지개척시대에 구대륙에서 신대륙으로의 이동도 국가정책에 의한 결과이다. 노예의 강제이동도 당시 서유럽 국제사회의 인구이동 정책의 산물이었다.

법률적인 제도에 따라 사회의 구성원 사이에도 혜택을 받는 자와 그렇지 못한 자로 나뉘어 인구이동이 일어난다. 탁월한 사례는 각 국가마다 다른 상속 제도를 포함한 법률제도 차이이다. 서유럽 대부분의 국가는 로마법에 영향을 받아 균등분할상속법의 전통을 갖고 있다. 균등분할상속법에 따라, 부모의 재산은 자식들에게 균등하게 분배되는 것이 보편화되어 있을 경우, 사회적 전통에 따라 해당 지역은 세대가 거듭되면서 농토가 계속 분할되면서 인구집중에 따라 인구밀도가 높아질 것이다. 반면 오래 전 독일에서와 같이, 장자상속법, 부모의 재산을 장자에게 상속하는 원칙이 적용될 경우, 해당 지역은 토지를 상속받지 못한 장자 이외의 다른 자식들은 다른 곳으로 이주하게 됨으로 인구성장에 제약이 되었다. 이 결과, 19세기 독일에서 인구과잉을 가장 심각하게 경험한 지역은 독일 남서부지방, 라인 강과 그 하류의 비옥한 영토와 관련된 지역이었다.

② 인구분포와 자연지리환경의 영향

자연지리적 조건과 기후요소는 인간이 정착할 곳을 찾는데 근본적으로 영향을 준다. 전 세계에서 인구가 희박한 곳은 기후환경 제약이 적지 않은 곳이다. 산지보다 평지를 선택하고, 하천유역의 비옥한 토지가 있는 곳에서 세계의 주요 문명이 싹튼 것도 자연환경의 영향을 뒷받침하는 것이다.

인간은 생물학적으로 적응능력이 뛰어나기 때문에, 거주지를 점차 넓히는데 성공하였다. 자연환경 중에서도 수리적 위치, 위도에 대한 일부 인간의 적응 상황도 뚜렷하다. 유라시아대륙과 북미대륙의 북부는 광범위하지만 날씨가 매우 춥고, 아프리카북부와 유라시아 중앙에 펼쳐지는 사막지대는 건조하다. 인간은 습윤하거나 반습윤한 열대, 아열대와 중위도 지방에는 잘 적응했으나, 몹시 한랭하거나 건조한 환경 속에서는 잘 적응하지 못하였다. 스칸디나비아반도의 라프족(Lapp)과 그린란드, 캐나다, 알래스카, 시베리아 등 북극해 연안에 주로 살며 어로와 수렵을 즐기는 소수인종 이누이트족(Innuit)은 예외적으로 극한 환경에 잘 적응하여 온 사례이다.

인류는 일반적으로 낮은 고도를 선호하며, 이런 성향은 중위도와 고위도 지방에서 확인할 수 있다. 그러나 열대지방에서는 높은 고도를 선호해 산간 계곡과 분지에 인구조밀지역이 형성됐다. 이런 경향은 열대 저지대의 습윤한 기후와 고온을 피하기 위한 목적이었고, 남미대륙의 안데스 산맥은 인접한 아마존 지역보다 많은 인구가 집중하게 되었다. 열대와 아열대지방 국가들은 해발고도 900m 이상 고지대에 수도를 정하는 경우가 많았다.

인류는 해안이나 해안 가까운 조건을 선호하는 경향이 있다. 세계의 대도시가 항구 인접도시가 많은 것은 예전부터 이런 성향을 반영한 것이다, 오스트레일리아는 전체인구의 절반 이상이 4대 항구도시에 몰려 있고, 나머지 절반도 항구도시 주변에 흩어져 있어서 마치 도넛 모양의 인구분포를 보인다. 사막의 경우에는 식수를 얻을 수 있는 장소를 필요로 하므로, 나일 강과 같이 사막 외부에서 발원하는 하천과 오아시스를 중심으로 인구가 집중되어 분포하였다.

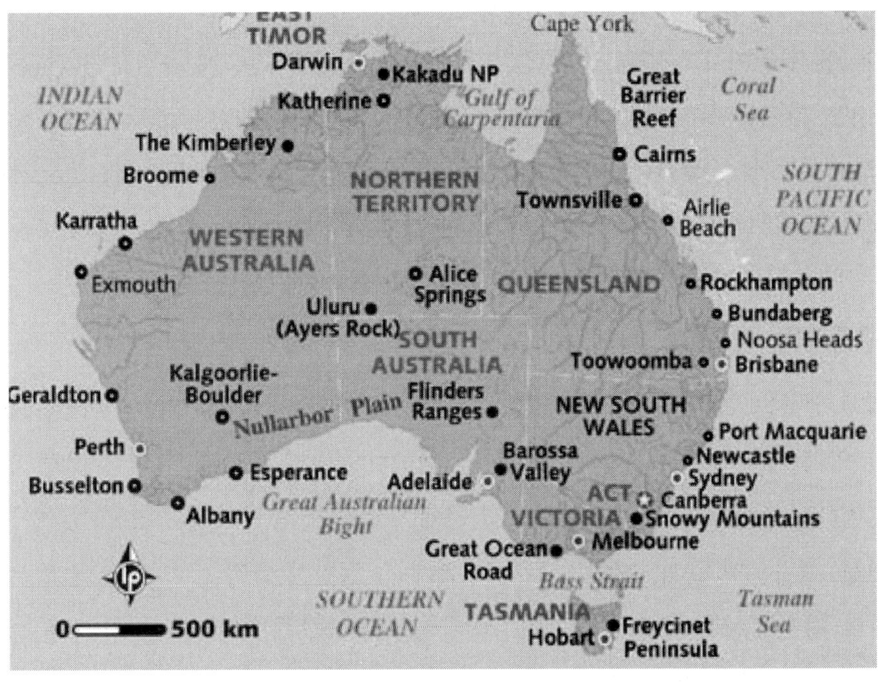

출처: Lonely Planet. Map of Australia

그림 3-1 ▌오스트레일리아의 주요 도시

인간집단은 자연환경을 바라보는 시각이 유사할 수도, 다를 수도 있으며, 인류의 환경인지에 대한 정도에 따라 인구분포의 지역적인 차이가 나타난다. 유럽의 알프스산맥은 스위스, 이탈리아, 오스트리아 등 여러 국경이 교차하는 곳에서 동서로 이어져 있으며, 이들 문화집단은 환경을 인지하여 가장 적합한 농업을 영위하며 정착하였다. 이탈리아권에서는 따뜻한 남사면을 이용해 난대성 작물을 재배해 생활하였으나, 독일어권 사용자들은 남사면보다 200m나 높은 서늘한 북사면에서 낙농업을 발달시켰다.

인류의 지식의 변화에 따라 인구분포가 바뀐 경우가 많다. 서부유럽에서 근대화 이전 석탄의 가치를 알지 못하였으나, 석탄의 자원가치가 인식되면서 탄광지역 주변으로 인구가 밀집되었다. 이런 경향은 유럽 뿐 아니라 북미나 오스트레일리아에서도 골드러시의 붐과 함께 두드러졌다.

미국인들이 전통적으로 선호하는 거주환경은 온화한 겨울, 다양한 자연식생과 습도가 낮은 덥지 않은 날씨, 호수와 하천이 있는 지형, 해안에 가까운 위치 등이었다. 인구의 집중과 도시화 그리고 노령화는 인구가 재분포하는데 영향을 주었다. 유럽 선진국이나 미국에서 일어나고 있는 지역 간 인구이동은 인간이 건강에 유익한 자연환경이나 인문환경을 추구하면서 발생하는 대가일 것이다, 미국 플로리다 주의 경제성장과 함께, 애리조나 주로 이주하는 사람들이 과거에 비해 현저하게 많아진 것은 무엇보다도 일 년 내내 따뜻한 날씨, 선 시티의 이미지의 효과이다.

2) 인구증가와 제 문제

전 세계 인구는 2010년 말 70억 명에 이른 후, 유엔인구국(UNPD)에 의하면, 2080년대 중반 약 104억 명에 도달하여 정점을 찍을 것으로 추정된다. 그러나 오랜 인류의 역사에 비하면 인구증가는 시대적으로 최근에 현저하게 증가하였다. 16~18세기 공중위생 개선, 식량분배 효과, 개인위생 및 의복개선, 정치적 안정 등 경제와 사회적 변화를 계기로 세계 인구는 꾸준히 늘었다. 세계 인구는 1804년에 최초 10억 명을 넘었고, 1927년 세계 인구가 20억 명을 넘어서 2배가 되는데 걸린 시간은 123년이 걸렸다. 그러나 1960년 30억 명(33년), 1974년 40억 명(14년), 1987년 50억 명(13년), 1999년 60억 명(12년), 2010년 70억 명(11년)과 같이 그 시기는 점점 단축되었다.

(1) 세계인구의 성장과 집중경향

세계인구의 급증에도 불구하고, 인구증가율은 감소하는 추세에 있다. 연간 인구증가율은 1962년부터 1964년 사이에 2.2%라는 최고치를 기록한 후, 현재 연간 1.1~1.2% 수준에 머물러 있다(UNPD, 2011). 그러나 인구성장의 양상은 선진국과 후진국에 큰 차이가 있다. 1950년 세계 인구의 2/3이상이 개발도상국에 분포하였으나, 2010년 그 비율이 4/5를 넘는 82%로 나타나 인구집중이 더욱 뚜렷해졌다, 더욱이 아시아 국가가 세계 인구에서 차지하는 비율은 60%를 넘고 있다. 이중 중국에 전 세계인구의 1/5에 해당하는 20%가 살고 있고, 인도에 18%가 거주하고 있다. 또한 아프리카가 차지하는 비율도 1950년대 9%에서 15%로 크게 늘어났다.

유럽은 1950년 22%에서 감소해 2010년 11%를 밑돌고, 북중미와 남미지역이 약 14%를 점하고 있는 것이 특색이다. 인구성장은 출생과 사망, 인구의 순이동의 조합에 의해 결정되므로, 제2차 대전으로 인해 일시적인 인구감소가 나타났으나, 과학발전에 따른 의료기술 향상과 식생활 개선이 선진국뿐 아니라 후진국에도 전파되면서 사망률이 낮아진 것을 반영한다.

(2) 빈곤과 불평등

빈곤(Poverty)은 최소한의 인간다운 삶을 영위하는 데 필요한 물적 자원이 부족한 상태이다. 빈곤은 다양한 모습으로 존재하지만, 전 세계적으로 볼 때, 많은 빈민이 거주하는 곳은 아프리카를 비롯하여 아시아, 중남미와 카리브 해 지역 등이다. 사하라 이남의 몇몇 아프리카 국가와 아이티에 거주하는 국민은 2/3이상이 빈민이며, 지구상의 어떤 국가도 빈민으로부터 자유롭지 않다. 미국, 일부, 유럽국가 및 오스트레일리아와 같은 국가에서도 대규모 빈민지역이 존재한다. 빈곤 발생은 도시보다 농촌에서 빈번하지만, 도시지역의 빈곤발생도 증가하는 추세이다.

오늘날 빈곤의 문제는 절대적 빈곤(Absolute Poverty)과 상대적 빈곤(Relative Poverty)으로 구분된다. '절대적 빈곤'이 한 사회에서 최소한의 생계를 유지하기 위해 필요한 재화와 서비스를 구입하는데 소득수준이 미치는 못하는 경우를 말한다면, '상대적 빈곤'은 그 사회의 평균소득수준과 대비하여 상대적으로 소득이 낮은 계층을 정의하는 것이다.

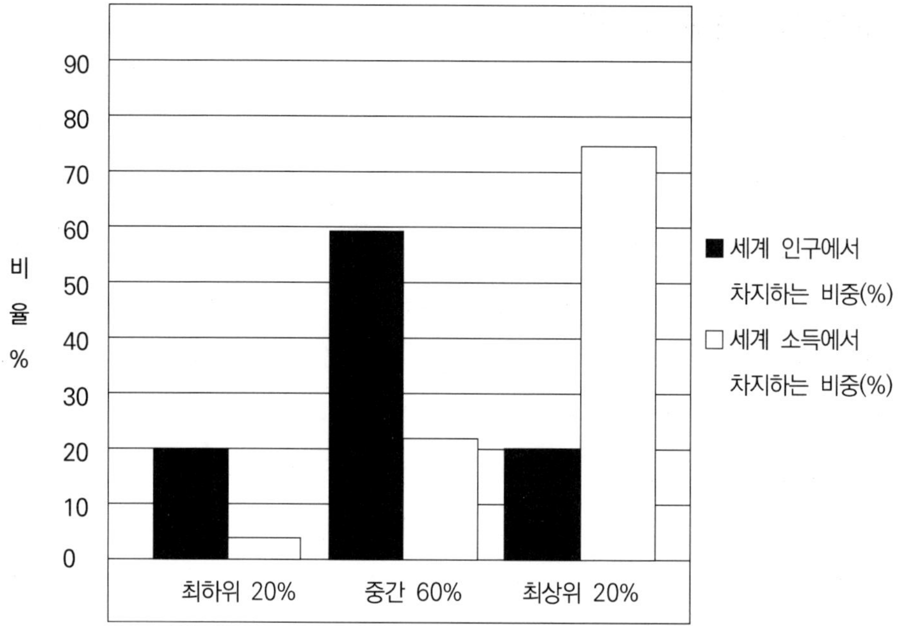

출처: M. T. Snarr & D. N. Snarr 저. 김계동·민병오·윤미경·차재권 역(2016). 세계화와 글로벌 이슈. 명인문화사

그림 3-2 ▌세계인구 소득분포 현황

사람들은 흔히 자신 주변 사람들과 비교하여 빈곤을 느끼며, 저소득층 사람들은 부유한 사람들 사이에서 살 때보다 자기와 비슷한 소득수준 사람들 사이에서 살 때 박탈감을 상대적으로 덜 느낀다, 빈곤은 보통 소득수준(1인당국민소득)이나 소비수준(구매력평가지수)에 측정된다. 예를 들어, 방글라데시의 1인당 국민소득은 5만 다카(미화 700달러)에 불과하지만, 방글라데시의 물가수준이 미국보다 크게 낮기 때문에 방글라데시에서의 5만 다카는 미국 안에서 700달러의 구매력보다 훨씬 크다.

전 세계적으로 절대빈곤 인구는 빠르게 감소해왔으나, 불평등 문제는 새로운 인류사회 갈등의 원인으로 부각되었다. 소득불평등을 측정하는 가장 간단한 지표는 각 인구의 최상위 1/5(20%)의 소득 혹은 소비를 최하위 1/5(20%)의 소득이나 소비와 비교하는 것이다. 세계에서 가장 부유한 1/5(약 14억 명)의 소비가 전 세계 소비의 3/4이상인 47조 달러를 점하지만, 하위 절반인 약 35억 명은 4조4,000억 달러를 소비하고, 최하위 1/5(약 14억 명)는 1조 달러 이상을 소비하고 있다.

(3) 여성과 아동의 불평등

① 여성문제

인류 초기 정착 전, 남성과 여성, 어린아이들은 서로 무리를 지어 떠돌아 다녔다. 작은 무리를 이루어 수렵과 채취활동을 중심으로 하는 사회에서는 출산으로 인해 여성의 이동이 제한되었고, 먹이를 사냥하는 과정에서 남성이 더 멀리 까지 이동하였으나, 남녀 간 기본 역할 차이는 크지 않았고 남녀 동반자관계를 유지했다. 인류가 초창기 경작을 위한 정착생활로부터 시작해 촌락, 도시, 고도의 문명사회로 전환되었고, 도시의 형성은 초기 남녀 간 동반자관계를 대체해 남성에 의한 지배, 가부장제를 출현시켰다.

도시와 문명의 등장이 가져온 것은 부와 권력집중이었고, 여성 활동공간은 가정을 중심으로 축소되었고, 사회와의 단절이 다양한 문화별로 관습화되었다. 중세이후 19세기에 이르러 유럽과 북미의 도시화와 산업화는 교육받은 여성을 새로운 사회계층으로 받아들여 여성의 사회진출이 본격화되었다. 그러나 남성가장이 부인과 혹은 여러 명의 부인과 자녀를 지배하고 통솔하는 가정에 기원을 두고 출발한 가부장제 모델은 전 세계에서 확인되고 있다.

여성문제는 사회구조로 인해 여성에 대한 억압, 차별, 소외 등이 발생하는 문제라고 할 수 있다. 구체적인 형태로 교육에 의한 차별과 억압, 직업노동에 의한 차별, 저임금과 건강파괴, 결혼이나 가족관계에 따른 차별과 억압 등 여러 가지 문제가 있고, 현대사회에서 법제적, 형식적으로 남녀평등권이 인정되고 있으나, 직업노동에 따른 남녀차별과 사회참여 등 여러 분야의 남녀차별이 존속되고 있다.

UN은 1975년을 '국제여성의 해(International Women's Year)'로 발표했고, 국제여성의 해는 'UN 국제여성 10년(UN International Decade for Women)'으로 발전되어 여성의 역할과 지위향상을 위한 시도가 이루어졌다. 뿐 만 아니라 1975년 UN에서 세계 여성의 지위향상을 위하여 매년 3월 8일 기념일로 지정하였으며, 1908년 열악한 작업장에서 화재로 불타 숨진 여성들을 기리며 미국 노동자들이 궐기한 날을 기념하는 날로서 1911년부터 세계 곳곳에서 여성의 날 기념행사가 펼쳐지고 있다.

② 아동

현대사회에서 어린이가 일하는 모습은 부국이나 빈민국이거나 전 세계 찾아볼 수 있다. 그러나 아동관련 가장 심각한 문제는 가난한 나라에서 발생하고 있다. 영양실조와 질병에 시달리고 있고, 폭력이 난무하는 노동현장에서 혹사당하고 있다.

출처: 연합뉴스. 일터로 향하는 방글라데시 아이들

▎일터로 향하는 방글라데시 아이들

아동노동과 아동매춘 및 영양실조는 이런 문제를 대표하고 있다. 아동노동(Child Work)은 '아동들이 학대와 착취 속에서 일하는 것'이며, 특히 국제노동기구(ILO)에 의하면, 가족이 선불을 받고 소년이나 소녀를 고용주에게 넘겨주는 담보노동(Bonded Labor)의 극단적인 사례가 만연하고 있다. 극빈국가 아이티에는 340만 명 이상의 레스타벡(Restavec)이 존재하고 있으며, 레스타벡은 부모가 아닌 다른 사람과 살고 있는 아동으로서 집안하인이나 노예 같은 존재로 부모들이 아이티의 극심한 가난으로 인해 자기 자녀를 먹이고 보호할 수 없기 때문에 팔아넘긴 것에서 기인됐다.

또한 아동매춘은 '아동이 자신이나 타인의 물질적 이익을 위해 규칙적으로 성행위에 종사하는 상황'이며, 이로 인해 질병, 마약중독, 영양실조, 사회적 배척 및 사망 등 치명적 영향이 뒤따른다. 아동은 총알이 날아다니는 상황이거나 무력분쟁에서 자행되는 폭력속의 대상이 되고 있다.

출처: 세계아동노동 반대 캠페인. 유엔 세계아동노동 반대의 날 카드뉴스

그림 3-3 ▌아동 문제

영양실조는 '몸에 필요한 에너지(칼로리)와 단백질, 비타민, 미네랄 같은 필수 영양소가 부족하거나, 반대로 과도하게 섭취되어 불균형을 이루어 발생하는 모든 건강 상태'를 말한다. 영양실조는 아동에게 발육지체를 수반하며, 저체중 문제가 개선되고 있으나 개발도상국 어린이 약 10%가 저체중에 있는 것으로 알려져 있다. 아동사망은 세계 총 인구사망의 1/3을 차지한다. 선진국(유럽과 미국)과 사하라사막이남 아프리카를 비롯한 후진국 아이사망률 차이는 매우 크다

이와 같은 아동문제를 극복하고 아동권리를 회복하기 위해 많은 노력이 이루어지고 있으며, 1924년 아동권리에 대한 제네바 선언(Geneva Declaration on the Rights of the Child)

을 모태로 1949년 UN의 아동권리선언(Declaration of the Rights of Child)이 만장일치로 채택되었다. 1999년 국제노동기구(ILO)는 '가장 나쁜 형태의 아동노동금지협약(Worst Forms of Child labor Convention)'을 채택해 2000년 발표하였고, 아동의 영향섭취권을 실현하기 위해 국제정부간기구로 유엔식량농업기구(FAO), 세계식량프로그램(WFP), 국제농업발전기금(IFAD), 세계보건기구(WHO), 유엔아동기금(UN Children's Fund) 등이 활동하고 있다.

(4) 보건과 질병

건강은 세계보건기구(WHO)에 의하면, "단순히 질병이 없거나 허약하지 않은 상태가 아니라 육체적, 정신적, 사회적으로 완전히 안녕한 상태로 정의" 되고 있다. 인류에게는 건강과 질병이 존재하며, 전 세계적으로 건강과 질병의 존재는 매우 상이하다.

질병은 건강악화를 일으키는 주요 원인은 감염성질환과 비감염성질환으로 구분한다. 감염성질환은 세균, 바이러스, 곰팡이, 기생충 등 병원체가 몸에 침투해 증식하며 발생하는 질병으로 다른 사람이나 동물에게 옮길 수 있는 전염성을 특징으로 한다. 바이러스성으로서 독감(인플루엔자), 홍역, 볼거리, 풍진, 코로나19, HIV(에이즈), 로타바이러스 장염, RS바이러스 감염증, 세균성으로서 폐렴, 결핵, 수두, 장티푸스, 식중독(살모넬라 등), 성병, 기생충성으로서 말라리아, 뎅기열, 지카바이러스 등을 포함한다. 비감염성질환은 옮겨지지 않는 병으로 인체에서 발생하거나 외부사고로 인해 발생하는 질병이 포함된다.

① 영양건강과 식량안보

영양(Nutrition)의 의미는 선진국과 그렇지 않은 국가 간 상이하다. 선진국은 저탄수화물 식품, 영양강화곡물, 트랜스지방이 함유되지 않은 음식과 같은 의미가 강하지만, 후진국은 영양실조에 걸린 아동의 팽창된 복부나 몸에 요오드가 부족한 여성이 걸리는 갑상선종양과 같은 빈곤과 질병 이미지를 떠올린다.

식량안보(Food Security)는 구성원이 생존하는데 필요한 식량을 확보하는 가족이나 가구의 능력을 나타내는 것이다. 국가의 식량안보 상황을 미국(구미 선진국), 중국과 인도(아시아의 개발도상국), 니카라과(중남미 후진국), 잠비아(아프리카 빈곤 및 질병만연국가)를 사례로 확인한 결과, 개발도상국은 토지의 상당부분을 농업에 이용하고 있음에도 불구하고 자국 국민을 충분히 먹여 살리지 못하고, 영양실조에 걸린 어린아이와 허약한 어른이 집중된다. 인도의 경우 전체 토지의 거의 49%가 경작지에 달하지만 총인구의 22%가 영양부족에 포함된다. 아프가니스탄, 이라크, 아이티, 소말리아, 수단과 같은 국가의 지속된 영양결핍은 국제분쟁과 내전, 자연재앙, 정부무능력 등의 복합 결과로 나타난다.

표 3-1 ▌세계인구 소득분포 현황

구분	총인구(명)	경작지비율(%)	총인구 대비 영양결핍인구비율(%)
중국	1,330,141,295	14.9	10.0
인도	1,173,108,018	48.8	22.0
미국	310,232,863	18.0	5.0
잠비아	13,460,305	7.0	45.0
니카라과	5,995,928	14.8	21.0

출처: M. T. Snarr & D. N. Snarr 저. 김계동·민병오·윤미경·차재권 역(2016). 세계화와 글로벌 이슈. 명인문화사

만성적 기아는 단순히 배고픈 상태가 아니라, 장기간에 걸쳐 충분하고 영양가 있는 음식을 섭취하지 못하여 발생하는 심각한 영양 부족 및 영양실조 상태를 의미하며, 신체 발달 저하, 면역력 약화, 학습 능력 저하 등을 유발하여 삶의 질을 떨어뜨리는 전 지구적 문제로, 빈곤, 분쟁, 기후변화, 경제 위기 등이 주요 원인이다. UN에 의하면, 22개 국가의 1억 6600만 명의 사람들이 만성적 기아에 시달리고 있다.

세계는 영양과잉(Overnutrition) 문제에도 직면해 있으며, '비만의 범세계적 유행'은 섬유질과 영양소의 함유가 낮은 고지방, 고칼로리음식에 대한 소비증가와 밀접하다. 좋지 못한 식생활습관, 신체활동감소, 도시화와 같은 요인은 비만을 확산시켰고, 포화지방, 당분, 가공식품이 중심이 된 식생활의 범세계적인 유행은 선진국을 넘어 개발도상국으로 확대됐다. 영양과잉은 제2형 당뇨(성인당뇨), 심장혈관질병, 심장마비, 암과 같이 비만관련 만성질환 발생을 가져왔다.

② 건강과 기대수명

기대수명(Life Expectancy at Birth)은 특정 시점에 태어난 사람이 앞으로 평균적으로 얼마나 더 살 수 있을지를 나타내는 수치이다. 기대수명은 연령별·성별 사망률이 현재 수준으로 유지된다고 가정했을 때, 0세 출생자가 향후 몇 년을 더 생존할 것인가를 통계적으로 추정한 기대치로 '0세에 대한 기대여명'을 뜻한다. 또한 '현재 특정 연령에 있는 사람이 향후 얼마나 더 생존할 것인가 기대되는 연수'를 의미하는 기대여명(life expectancy)과 다르다.

한국의 기대 수명(2024년 기준)은 전체 83.7세(역대 최고치)이며, 성별 구분은 여성 86.6세, 남성 80.8세이다. OECD 평균(약 81.1세)보다 높으며, 스위스 다음으로 상위권에 위치한다.

UN에 의하면 2019년 기준 전 세계 평균 기대수명은 1990년보다 8년 이상 증가한 72.6세로, 이 기간 동안 가장 크게 증가한 지역은 사하라 이남 아프리카 지역으로 1990년보다 12년 가까이 증가한 61.1세였다. 같은 기간 중앙아시아 및 남아시아 지역은 11년 이상 증가한 69.9세였다. 2050년까지 모든 지역에서 기대수명이 증가할 것으로 예상되고, 전 세계 평균은 77.1세에 도달할 것으로 내다봤다.

전 세계에서 사망률은 감소하고 기대 수명은 증가하는 등 큰 진전이 이루어졌지만, 국가 간 격차는 여전하다. 최빈국의 기대 수명은 전 세계 평균보다 7.4년 뒤쳐져 있고, 국가별로 제각각이지만, 주된 원인은 높은 영아 및 산모 사망률, 인종/부족 간 내전 및 전쟁과 같은 분쟁, HIV로 인한 사망 등이 꼽힌다. 전 세계에서 기대수명이 가장 긴 국가들과 가장 낮은 국가들 간 격차는 무려 30년에 달한다.

한국과 OECD 국가 간 기대수명의 1970년~2013년간 비교에 의하면, 세계 각국의 기대수명은 크게 증가하였음을 알 수 있다. 특히 우리나라의 기대수명은 40여 년 동안 가장 높은 성장세를 나타냈다.

2017년 영국의 연구기관에 따르면, 2030년 출생한 한국인 기대수명이 남녀 모두 세계 1위(남성 84.7세, 여성 90.82세)로 예상하였다(THE HUFFINGTON POST. 한국인 기대수명은 남녀 모두 세계 1위다. 2017.2.22.).

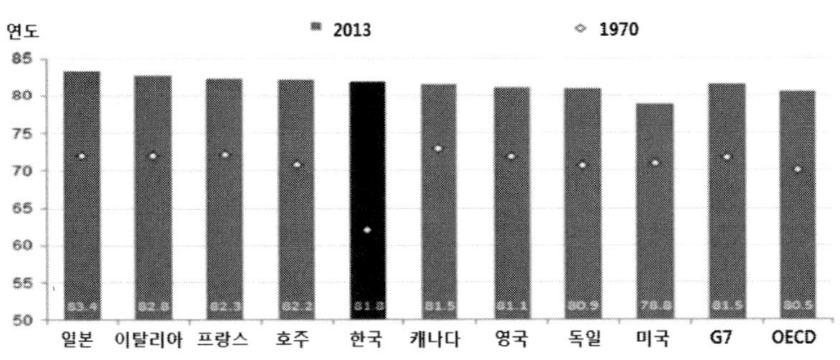

출처: 외교부. 눈에 보는 정부(한국과 OECD국가간 비교)

그림 3-4 ▌주요 국가와 G7/OECD의 기대수명 증가 비교

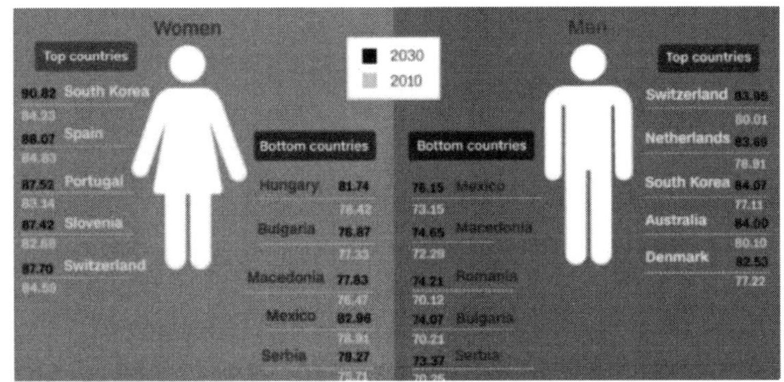

출처: THE HUFFINGTON POST. 한국인 기대수명은 남녀 모두 세계 1위다(2017.2.22.)

그림 3-5 ▌주요 국가의 기대수명 예상값(2010, 2030년 출생자)

02 도시와 지역의 이해

1) 도시의 개념과 발달

(1) 도시의 개념 정립

① 도시의 개념

도시(City)는 촌락과 더불어 인간의 2대 거주형태로서 사회·경제·정치적 활동의 중심이 되는 장소이다(NAVER 지식백과. 두산백과). 도시와 촌락은 상대적 의미가 강하며, 도시는 가옥, 상점, 공장 및 기타 인간에게 유용한 시설이 줄지어 있는 분주한 거리를 의미하는 반면, 촌락은 농가와 경지는 물론 삼림을 포함한 산지를 가지는 시골을 의미한다.

도시는 “사회, 경제, 정치 활동의 중심이 되는 곳으로서, 항상 수천만 혹은 수만 명 이상의 인구가 집단 거주하여 가옥이 밀집되어 있고 교통로가 집중되어 있는 지역”으로 정의되고 있다(NAVER 지식백과. 한국민족문화대백과사전). ‘지역’은 포괄적이고, ‘도시’는 사회·기능적 특성 및 법적 용도에 따라 다르게 정의되지만, 공통적으로 인구 집중과 경제 활동의 중심이라는 특징을 지닌다.

② 도시의 기준

도시가 갖추어야 할 요건은 많은 인구와 높은 인구밀도, 농업이 아닌 산업, 도시적 경관, 중심성을 들 수 있다. 인구 기준은 상대적인 것이므로 정보매체, 교통, 상공업, 행정 등 각 기능의 중심성이 보다 중요하다. 역사적 변천에 따라 인구는 도시로 흡수되므로 인구밀도는 과거부터 도시를 기준하는 주요 지표로 활용되었다. 도시를 촌락과 구별하는 기준은 전통적으로 인구수, 인구밀도, 산업별 인구구성 등 인구관련 지표이다.

도시는 생활양식이 다양하고 복잡하며, 기계화되어 있고 인공적 환경이 탁월하여 인구·사회 구성 등에서 이질적 요소가 많이 내재하고 있다. 또한 주민생활에서는 사회적 분화와 지역적 이동이 많고, 사회적 관계도 범위가 넓다. 사회 결합관계가 촌락에 비해 인격적, 일시적, 형식적인 것이 특징이다.

(2) 도시의 기원과 발달

① 도시의 기원

도시는 도(都)와 시(市)가 복합한 것이다. 도(都)는 원래 왕의 거주이며, 문무양관이 주재하는 곳이므로 정치적 중심지를 표현하고, 시(市)는 시장인데 상품이 흡인되는 장소를 나타낸다. 즉 도시는 정치상, 상업상 중심지를 가리킨다.

도시의 어원을 확인하면, 영어의 ‘City’, 불어의 ‘Cité’가 모두 고대 로마의 ‘도시’ 또는 ‘로마시민권’이라는 뜻을 가진 ‘Civitas’를 어원으로 하고 있다. 서구사회의 도시는 그리스시대의 도시국가 이후로 시민공동체 혹은 시민적 경제활동 중심지의 성격을 강하게 띠고 있는 것과 대조적이다. 서양의 도시는 외적에 대한 방어를 중요시하였고, 그 입지를 선정하거나 둘레에 성채를 쌓기 때문에, ~ford, ~furt, ~burg, ~pur 등 요새 뜻하는 어미가 붙는 경우가 많다.

▎옥스퍼드(Oxford)

▎프랑크푸르트(Frankfurt)

▎함부르크(Hamburg)

▎우다이푸르(Udaipur)

② 도시의 발달 역사

도시의 발달은 거친 자연제약 속에서 살던 인간이 유목민적 삶을 청산하고 지적 능력을 활용에 인위적 모둠살이를 하게 된 것을 의미한다. 모둠살이란 '함께 생활하는 생활 공동체'의 성격을 갖고 있으므로, 삶의 편익을 공동 증진하고 획득하기 위한 것 뿐 아니라 유지하고 발전시켜 가는 비물질적, 이념적, 제도적 틀을 구축해 간 것이다. 도시발달 과정을 살펴봤을 때, 인간이 모둠살이로 도시를 형성한 중요한 계기는 BC 5000~6000년 출현했던 농업혁명과 200여 년 전에 전개된 산업혁명이 있다.

고대의 도시

오래 전 도시가 발생한 지역은 첫째, 고대 오리엔트 제국, 즉 메소포타미아(유프라테스와 티그리스 강 유역)와 이집트(나일강 유역), 둘째로 고대 인디아(인더스강 유역) 지역, 셋째로 중국(황하 강 유역), 넷째로 중앙아메리카의 멕시코 고원과 페루 고원(잉카문명)을 들 수 있다.

서양에서의 고대 도시의 형태는 BC 5000년경부터로 추정되지만, 잘 알려진 것은 BC 3500년경의 메소포타미아의 우르(Ur)와 바빌론(Babylon), 이집트의 테베(Thebes)와 멤피스(Memphis) 등이다. 이런 도시의 취락은 초기에는 씨족단체로 시작하였으나, 그 후 많은 농민을 포함하는 도시국가를 형성하였고, 이런 도시국가가 통합되어 이집트나 바빌로니아와 같은 대제국이 생겨남으로써 도시지역은 대국가의 통치의 거점으로서, 국왕, 관료, 사제, 상인이 거주하게 되어 비농민이 집중 거주한 지역이 되었다.

그리스에서는 구릉이나 고지를 거점으로 다수 촌락이 통합되어 성립된 정치적 단위, 즉 '폴리스(polis)' 라고 하는 일종의 도시국가를 형성하였다. 폴리스는 성벽으로 둘러싸여 도시부와 전원부로 나누어졌고, 도시부는 정치, 경제, 사회, 문화의 중심에 있는 지배층이 거주하였고, 중앙에 아크로폴리스(Acropolis)를 만들고, 시가에는 아고라(Agora)라고 한 광장이 있어서 의회, 재판, 사교 등 시민의 생활무대가 되었다. 이들은 시민권을 보유하고 서로 평등한 자격으로 시정에 참여하는 민주정치를 실시하였고, 대표적인 폴리스가 아테네이다.

아크로폴리스와 아고라

로마는 그리스의 폴리스와 마찬가지로 BC 8세기경 도시국가에서 출발하였으나, 다수의 도시국가를 통합해 대제국을 형성하였고, 지방도시는 씨족적인 도시국가의 성격이 희박해지고 제국의 통제에 예속되었다. 로마는 대국가의 지배의 거점으로서 거대도시로 성장하였고 최고 번성기에 인구가 100만 명을 초월하였다고 전해진다. "모든 도로는 로마로 통한다."는 말이 생겨난 것과 같이, 훌륭한 도로를 건설하였다.

▌아테네 파르테논신전

▌로마 포로 로마노(Rome Forum)

◎ 중세의 도시

AD 400년부터 AD 1000년까지의 암흑시대에는 서양도시도 쇠퇴하였다. 특히 5세기 초 게르만 민족의 대이동으로 로마제국의 도시는 거의 붕괴되었고, 잔존한 기존도시가 명맥을 유지하였다. 그러나 9세기경부터 상업이 발달하여 자유도시가 형성되고, 10세기경부터는 화폐경제가 발달함으로써 도시가 번성해갔다. 11세기 이후부터는 국가 간 무역이 성해져서 중세도시가 성립되었다.

▌베니스(Venezia)

▌피렌체(Florence)

전성기는 13~15세기이며, 이 시기 도시는 이탈리아의 도시와 한자동맹을 결성한 도시이다. 각 도시는 서로 결속하여 상호혜택을 누렸으며 그 활동은 십자군(Crusade)에 의해 동서 교류의 범위가 확대되고 무역이 성해짐에 따라 한층 더 융성하였다. 이탈리아 북부의 베니스(Venezia), 피사(Pisa), 밀라노(Milano), 피렌체(Florence)가 활동의 중심지였고, 이탈리아에 가까운 독일 아우구스부르그(Augsburg)와 뉘른베르그(Nürnberg)와 같은 상업도시가 발달했다. 이외에도 도시의 기능 중 군사적 기능 역할이 강한 성벽도시(~burg)가 발달했다.

앤트워프(Antwerp)

또한 발트 해 연안에서 북해연안에 걸쳐 다수 한자동맹도시(Hanseatic Town)가 상업기능실권을 장악했다. 해외에 있는 독일 상인의 조합(Hansa)으로 초기 런던(London)을 비롯해 발트 해를 지배하는 도시로 함부르크(Hamburg)와 브레멘(Bremen), 플랜더스 지방의 중심지 벨기에의 앤트워프(Antwerp), 라인 강의 도시 마인츠(Mainz)와 프랑크푸르트(Frankfurt) 등 상업도시가 탄생하였다.

중세도시 특징은 고대도시와는 다르게 상공업, 시장과 무역을 기반으로 발달하였고, 아래와 같은 특징을 갖는다.

첫째, 입지적으로 바다와 인접한 항구나 강의 하구 등 교통의 요지를 차지하였고, 방어에도 유리한 지형을 근거로 발달하였다.

둘째, 외형적으로 도로망이 불규칙적이며 폭도 좁았으나, 나중에 건설된 도시는 계획적으로 건설되어 대부분 직교형을 이루었다.

셋째, 중세도시를 결합하는 3대 요소는 시장, 성벽 그리고 성당이었다. 즉, 도시 중심부에는 광장이 있어서 시장이 세워졌고, 부근에 시청과 성당건물이 우뚝 솟아 있었다.

넷째, 일반 민가는 대개 목조 건축으로 지어져 화재 시 소실되었으며, 뒤에 점차로 돌이나 벽돌 등 화재에 강한 재료로 건축하게 되었다.

다섯째, 도시에 따라 정도의 차이는 있었으나, 자치조직이 인정되었으며, 주위의 농촌과는 독립한 재판부와 법정을 가지고 국왕과 영주로부터 자치권을 허락받았다.

여섯째, 같은 경제활동에 종사하는 상공업자 조합, 길드(Guild)를 발달시켜 교회를 제외한 가장 보편적이고 대표적 공동생활체를 이루었다.

근대 이후의 도시

근대들어, 상공업과 무역의 발달로 자본이 축적되었고, 신항로와 신대륙 발견으로 강력한 통일국가가 탄생하였다. 절대 왕정의 발달로 국가의 통제가 강화되어 도시의 자치적 요소가 약해지긴 하였으나, 왕권강화를 위한 정치 중심지로서 수도발달이 부각되었고, 중상주의(重商主義) 정책에 따라 해외진출 기반이 되는 도시발전이 촉진되었다. 결국 중세의 중심도시로서 한자동맹도시는 쇠퇴하였고, 대서양에 면한 스페인 마드리드(Madrid), 포르투갈 리스본(Lisbon), 네덜란드 암스테르담(Amsterdam) 등의 해항도시가 해외식민지 개척과 경제와 금융 중심지로 번영하였다.

▎마드리드(Madrid) 콜럼버스 동상

▎리스본(Lisbon) 발견기념비

17세기 후반에는 영국과 프랑스로 중심이 옮겨져 런던(London)과 파리(Paris)가 세계의 정치와 경제의 중심이 되었다. 런던은 해운의 발달을 배경으로 급속히 발전하여 18세기에는 인구 100만 명에 달하는 대도시가 되었으며, 국가통일이 뒤늦은 독일은 베를린(Berlin)과 빈(Wien, 오늘날 오스트리아)이 발달하였다. 유럽의 도시화 현상과 영국에서 시작된 산업혁명은 농촌에 비해 도시의 인구가 급격히 증가되는 계기가 되었으며, 수많은 도시발전을 가져왔다. 역사상 전례 없는 도시발달의 시대를 이루었고, 인구 500만 명이 넘는 거대도시 탄생을 예견하였다.

현대 거대도시의 특징은 역사상으로 나타난 여러 요소를 포함하고 있으며, 정치, 경제, 문화, 교육, 관광, 군사 등 각종 기능을 종합적으로 구비하여 복합도시 형태를 나타내고, 국가적 또는 국제적인 배경을 가지고 많은 인구가 집중되어서 하나의 커다란 유기체를 형성하는 것을 의미한다.

세계의 도시발달을 문명사적으로 접근하였을 때, 도시는 초기에 신전(神殿)의 도시로 시작되어 왕권의 도시, 봉건 영주와 종교(성당)의 도시, 상공인들의 도시로 이어오다가, 산업혁명 이후 공업도시를 비롯한 산업도시와 다양한 기능도시로 변모하였음을 알 수 있다.

오늘날의 현대 도시는 규모가 크게 분화되었고, 인구 1천만 명이 넘는 초대도시가 있지만, 5천 명 내외 소도시도 존재한다. 또한 도시는 각각 다른 여건에 따라 상이한 양상으로 도시화 과정을 밟아왔으며, 21세기 현 시점에서, 전 세계는 선진국과 후진국 간 구분 없이, 급격한 도시화시대와 도시문명의 시대에 놓여 있다.

2) 주요 도시의 기능 유형

도시의 유형은 경제적 기능에서 생산도시(공업, 광업, 수산도시 등), 교역도시(상업과 교통도시), 소비도시(정치, 군사, 종교, 교육, 관광도시)로 구분된다.

(1) 생산도시

① 공업도시

공업도시(Industrial City)는 도시의 여러 생산 기능 중에서 공업기능이 가장 탁월하여, 그것이 도시 존립의 주된 기반이 되는 도시이다. 일반적으로 산업별 인구구성에서 제조업종사자가 60% 이상인 도시를 공업도시라고 정의한다. 과거부터 중소도시는 공업기능이 현저하게 탁월하여 공업도시로서 성격이 뚜렷한 예가 많았으며, 대도시는 공장지대가 교외로 이동하는 관계로 제한적이다. 과거 유명세를 탄 세계의 공업도시는 영국 중부 맨체스터(Manchester, 면직공업), 독일 라인공업지대의 도르트문트(Dort Mund, 제철·기계·섬유공업), 미국의 미시간 주의 최대도시 디트로이트(Detroit, 자동차)와 펜실베이니아 피츠버그(Pittsburgh, 제철) 등이 있으며, 우리나라의 대표적인 공업도시는 울산, 포항, 구미, 창원, 여수 등이 있다.

② 광업도시

광업도시(Mining Town)는 광산자원의 개발에 의해 발달한 도시이다. 광업도시는 일반 도시와는 전혀 다른 특이한 성격을 지닌다. 첫째, 광업은 한정된 지하자원을 대상으로 하는 산업이므로, 아무리 큰 광산이라 할지라도 채광이 끝나면 종말을 맞게 되고, 그 때 광업에 대체될 수 있는 산업이 없으면 도시는 소멸해 버린다. 둘째, 지하자원은 편재하는 경우가 많기 때문에 사막이나 한랭지와 같은 불리한 환경이라 할지라도 그곳에서 자원이 발견되면 광업도시가 형성된다.

미국 콜로라도 주 덴버(Denver)의 경우, 골드러시(Gold Rush) 때인 1858년 플레이서캠프와 세인트찰스에 취락이 건설되어 금광 채굴을 위한 광업도시가 되었고, 이외에도 캐나다 북서부 유콘 주에 위치한 도슨(Dawson), 남아프리카공화국의 요하네스버그(Johannesburg), 오스트레일리아의 빅토리아 사막 중에 발달한 캘구를리(Kalgoorlie)는 사막에 입지한 대표적인 광업도시이다. 우리나라는 과거 장성·도계·황지·사북·상동 등이 대표적인 광업도시를 형성한 바 있다.

③ 수산도시

수산도시(Fishery City)는 도시의 생산 기능 중에서 수산업을 중심으로 이루어진 도시이다. 일반적으로 수산업은 농업과 임업 같이 원시 생산에 속한다는 점에서 도시적 산업으로 보기 어렵지만, 어업 근거지에 취락이 집중되고 항만시설과 어획물을 판매할 시장과 보관시설이 갖추어짐에 따라 수산도시가 형성된다. 수산도시는 근본적인 수산업에 가공과 유통관련 기능이 덧붙여져 항만도시의 서비스 기능이 발생하고, 어업 생산의 거점이 된다. 세계적으로 유명한 수산도시는 영국 스코틀랜드 북해 연안에 있는 애버딘(Aberdeen)과 잉글랜드 북동부의 헐(Hull), 캐나다 노바스코샤주의 핼리팩스(Halifax)와 뉴펀들랜드주의 세인트존스(Saint John's)와 우리나라의 강원도 속초시, 강릉 주문진, 통영 충무항을 예로 들 수 있다.

(2) 교역도시

① 상업도시

상업도시(Commerical Town)는 상업활동이 활발해 상대적으로 상업 관련 종사자의 비율이 높은 도시이다. 이런 도시는 상업 관련 시설이 많고, 유통과 서비스 활동이 활발한 도시를 포함하고 있다. 현대 사회에서 도시는 어느 곳이나 상업기능을 갖게 되므로, 순수한 의미의 상업도시는 중세도시 이후 사라졌다고 보고 있다.

❙ 상하이(Shanghai)

세계의 상업도시는 독일 중서부 헤센주 상업 중심도시 프랑크푸르트 암 마인(Frankfurt am Main)과 북부 한자동맹관련 도시 함부르크(Hamburg), 프랑스 프로방스 코트다쥐르의 마르세유(Marseille), 중국 상하이(上海), 인디아의 콜카타(Kolkata, 구 캘커타, Calcutta), 아르헨티나 부에노스아이레스(Buenos Aires) 등이다. 국내의 상업도시에 대하여 해외무역이나 중계무역이 성행한 도시를 '무역도시' 라고 한다.

우리나라는 예전 벽란도(碧瀾渡)와 부산포(釜山浦) 등과 같은 고려와 조선시대의 무역항이자 도진취락(渡津聚落)이 있었으나, 도시 발달이 미약해 순수하게 상업기능이 활발한 도시는 찾아보기 어렵다.

② 교통도시

교통도시(Transport City)는 교통로의 요지에 입지하여 교통운수업에 관련되어 발달한 도시이다. 예전부터 도로, 철도, 항로, 항공로 등 교통로의 집중지점이나 결절점에 이런 도시가 발달하였다. 도로교통이 주가 되었던 옛 시대에는 간선도로의 중계지, 고개 밑 및 하천의 도하지점에 도시가 발달하였다. 철도 개통에 따른 철도교통도시, 해운의 발달과 더불어 항만도시가 발달하였다. 세계를 대표하는 교통도시는 미국 뉴욕(New York), 영국 런던(London), 독일의 프랑크푸르트 암 마인(Frankfurt am Main), 일본 요코하마(橫濱), 싱가포르(Singapore), 알래스카 앵커리지(Anchorage) 등을 예로 들 수 있다.

▌런던(London) 2층 버스

▌요코하마(Yokohama)

(3) 소비도시

① 정치도시

▌미국 국회의사당(워싱턴 DC)

정치도시(Political City)는 정치기능이 발달한 도시로 주로 수도와 지방행정중심도시가 해당된다. 일반적으로 국가 혹은 지방 정치활동의 중심이 되는 도시면서, 사회, 경제, 문화 등 여러 면에서 중추 역할을 한다. 정치도시는 두 가지 유형으로 구분할 수 있다.

먼저 순수한 정치기능이 지배적인 도시로서 미국 메릴랜드 주와 버지니아 주 사이에 위치한 워싱턴 DC(Washington DC), 캐나다 오타와(Ottawa), 오스트레일리아 캔버라(Canberra), 브라질 브라질리아(Brasilia) 등을 들 수 있다. 이런 도시는 연방국가의 수도로 연방 간의 세력균형을 위하여 수도를 그 국가의 최대도시에서 분리해 새롭게 정치도시를 건설한 사례이다.

다른 하나는 오랜 역사를 가진 국가의 수도나 지방행정도시이면서 경제적인 기능을 비롯한 여러 가지 기능을 겸하고 있어 종합도시로서의 성격이 강하다. 이런 도시들은 도시성장과 변천에 따라 정치기능보다 상업기능면이 더 탁월하다.

▎오타와(Ottawa)

▎브라질리아(Brasilia)

남아프리카 공화국은 행정, 입법, 사법 수도가 각각 다른 프리토리아(행정), 케이프타운(입법), 블룸폰테인(사법)으로, 세 곳의 수도를 가지고 있다. 그러나 가장 큰 도시이자 경제 중심지는 요하네스버그이며, 수도로 오인되고 있다.

② **군사도시**(Fortress City)

군사도시는 군항(軍港), 병영 및 기타의 군사적 기관이나 시설을 중심으로 발전한 도시이다. 군사도시의 특징은 군대의 주둔, 군사기지의 존재, 작전상 중심지로서의 기능 등이다. 일반적으로 군사적 공업시설이 있다는 사실 하나 만으로 '군사도시' 라고 보기는 어렵다.

견해에 따라 역사적인 성곽도시를 군사도시의 한 예로 구분하는 경우가 있다. 옛날의 도시는 대부분 성곽도시를 이루고, 주요 목적이 외적의 침입으로부터 도시를 방어하는데 있었고, 병영이나 군영과 밀접히 관련되어 있다. 서양의 도시에서 ~burg(독일), ~baurg(프랑스), ~burgh(영국)와 같은 어미를 지닌 도시는 모두 포함된다. 또한 오랜 역사와 전통을 지닌 로마(Rome), 이스탄불(Istanbul), 테헤란(Teheran), 베이징(北京) 등이 모두 성곽도시이며, 우리나라의 서울과 수원이 해당된다.

▎이스탄불(Istanbul)

제2차 세계대전까지는 '군사도시' 이름이 붙은 도시가 많았다. 미국 캘리포니아의 샌디에고(San Diego)는 쾌적한 날씨와 아름다운 해변으로 유명한 관광 및 휴양 도시이기도 하지만, 그 이면에는 강력한 군사적 기능이 공존하며 도시의 정체성을 이룬다. 영국 잉글랜드의 포츠머스(Portsmouth), 프랑스 프로방스 알프코트 다쥐르(Provence-Alpes-Côte d'Azur) 주 바르 데파르트망(Department)의 수도 툴롱(Toulon), 지중해의 지브롤터(Gibraltar)와 몰타(Malta), 일본 히로시마의 구레(吳)와 나가사키 사세보(佐世保)가 있다. 우리나라는 창원시에 통합된 진해가 '군항도시'로 알려져 있다.

③ 종교도시

종교도시(Religious Town)는 유서 있는 사찰, 교회, 성지와 순례지 등이 있는 종교상의 중심에 인위적, 자연적으로 발생하여 발달한 도시이다. 대표적인 사례는 전 세계 로마 가톨릭을 총괄하는 교황청이 소재한 바티칸시티(Stato della Citta del Vaticano)와 로마, 유대교와 크리스트교, 이슬람교과 모두 관련된 예루살렘(Jerusalem), 스페인의 산티아고(Santiago de Compostela), 사우디아라비아의 이슬람교 성지 메카(Mecca)와 메디나(Medina), 인도의 힌두교 성지 갠지스강 유역의 바라나시(Vārānasī), 네팔의 수도 카트만두와 부처님의 탄생지 룸비니(Lumbini) 등을 들 수 있다.

▍바티칸시티(Vatican City)

▍스페인 산티아고 (Santiago de Compostela)

④ 교육도시

교육도시(Education City, University Town)는 '학원도시' 혹은 '대학도시' 로도 불린다. 영국의 런던, 옥스퍼드(Oxford)와 케임브리지(Cambridge), 독일 작센 주 남서부의 라이프치히와 바덴뷔르템베르크 주 하이델베르크(Heidelberg), 포르투갈 코인브라(Coinbra), 스웨덴 웁살라(Uppsala)가 오래된 교육도시이다. 미국의 교육도시는 명문 대학이 밀집된 매사추세츠의 보스턴(Boston), 뉴저지 프린스턴(Princeton)과 캘리포니아 버클리(Berkeley), 스탠퍼드 대학이 있는 실리콘밸리(Silicon Valley) 등이 꼽힌다.

▎케임브리지(Cambridge)

▎하이델베르크(Heidelberg)

⑤ 관광도시

관광도시(Tourist Town)는 명승지, 사적, 사찰, 온천 등 관광자원을 바탕으로 한다. 관광도시는 온천지, 피서지, 피한지 등을 중심으로 한 보양과 관광을 겸해 '휴양도시'를 형성하는 경우가 많다. 상업과 서비스업이 주가 되어 소비도시 색채가 강하고, 자연에 의존하는 유형과 역사문화를 중심으로 발달하는 유형으로 나눌 수 있다.

미국 뉴욕 주 북서단과 캐나다 온타리오 주 남동단에 위치한 동명의 도시 나이아가라 폴스(Niagara Falls)와 미국 네바다 주의 라스베가스(Las Vegas)는 관광도시를 대표한다.

▎나이아가라 폴스(Niagara Falls)

▎라스베가스(Las Vegas)

이탈리아의 주요 관광도시는 로마(Rome, 고대 유적), 피렌체(Florence, 르네상스 예술), 베니스(Venezia, 운하와 카니발), 밀라노(Milan, 패션과 경제)가 대표적이며, 프랑스 파리, 독일의 베를린, 체코의 프라하, 오스트리아의 비엔나와 잘츠부르크, 스페인의 바르셀로나, 포르투갈의 리스본, 스위스 인터라켄(Interlaken), 브라질의 리우데자네이루 등 문화, 예술, 건축, 역사, 자연을 아우르는 다양한 도시들이 인기가 많다.

특히 사적도시는 보존 가치가 있는 고고학적, 건축학적 유적지를 많이 포함하고 있는 도시로서 이러한 도시는 과거의 문화, 문명, 역사적 사건에 대한 중요한 증거를 제공하기 때문에 관광도시로서 특징을 지닌다. 이외에도 그리스 아테네(Athens), 이집트의 카이로, 페루의 쿠스코와 마추픽추, 멕시코의 멕시코시티와 테오티우아칸, 요르단의 페트라, 인도의 델리와 아그라, 태국의 방콕, 중국 베이징(北京)과 시안(西安), 일본 교토(京都)와 나라(奈良), 우리나라의 경주와 공주·부여는 좋은 예이다.

▌브라질 리우데자네이루

▌페루 마추픽추

▌멕시코 멕시코시티

▌멕시코 테오티우아칸

요르단 페트라

인도 아그라 타지마할

중국 시안 병마용갱

일본 나라 동대사

벳부(Beppu) 온천

휴양도시(Resort Town)는 비교적 장기간 머물며 놀이나 스포츠를 즐기며 휴양할 수 있도록 하기 위해 건설된 도시로서 자연경관이 뚜렷하거나 온천 혹은 해수욕장 등 입지 조건이 좋은 곳에 개발된다. 이외에 온천도시로서 영국 잉글랜드 남서부 서머싯 주 바스(Bath), 독일 남서부 바덴뷔르템베르크 주 바덴바덴(Baden-Baden), 헝가리 부다페스트, 일본 규슈 오이타현의 벳부(別府)가 있으며, 은퇴자도시로 프랑스 프로방스 코트다쥐르 주 알프마리팀 데파르트망)의 수도 니스(Nice), 미국 애리조나 주 선시티(Sun City) 등이 있다.

▌부다페스트(Budapest) 세체니 온천

▌니스(Nice)

3) 도시의 패러다임

도시의 발달 측면에서 도시의 패러다임은 '특정 시대의 도시계획이나 개발이 추구해야 할 인식, 이론, 관습, 관념 등이 결합된 총체적인 틀 혹은 개념의 집합체' 라고 할 수 있다. 현대 도시는 과거와 다른 새로운 도시 개발 패러다임이 제안되고 있다.

(1) 도시개발과 지속가능한 도시개발

도시개발은 '도시변화의 수요에 대응하여 도시 발전을 도모하기 위한 일련의 의도적 행위'이다. 협의적 의미에서 도시개발은 물리적 측면에서의 신개발, 재개발과 같은 도시공간개발을 뜻하지만, 광의적 의미에서 도시개발은 도시성장을 관리하고 도시발전을 도모하기 위한 경제, 사회 등 모든 개발행위를 포함한다.

도시문제에 대한 사회적 인식이 높아짐에 따라 이에 대처하고 도시성장을 보다 합리적이고 계획적으로 관리하기 위한 다양한 정책이 출현했으며, 기존의 도시개발 패러다임이 쇠퇴하고 지속가능한 도시개발이 도시개발 패러다임이 되었다. 도시의 지속가능한 개발(Sustainable Development)은 '현 세대들이 미래 세대들의 생활에 필요한 기본욕구를 충족시킬 수 있는 능력을 희생시키지 않으면서 자신의 기본욕구를 충족시키는 개발'로 정의되고 있다. 재생 가능 에너지 활용, 친환경 교통 시스템, 녹지 공간 확보 등이 포함된다.

선진국의 경우 도시화의 안정단계에 접어들기 시작한 1960년대 도심지역에 관해

성장한계와 환경문제에 대한 논의가 시작되어 도시재생에 관심을 갖기 시작하였고, 1990년대부터 지속 가능한 도시개발의 관점에서 도심을 재생해 도시의 부흥(Urban Renaissance)을 도모하기 위한 정책적 전환이 이루어짐과 동시에 도시성장 관리의 측면에서 도심지역을 재활성화하기 위한 정책이 추진되었다. 도시재생은 대도시지역의 외부확산을 억제하고, 도심지역 쇠퇴현상을 방지함으로써 도심지역에서의 인구와 산업의 회귀를 촉진하고 재활성화를 모색하기 위해 등장한 것이다. 도심재생은 공간적으로 도심지역에 한정해 활성화를 목적으로 하지만, 도시재생은 도시 전체 관리 차원에서 도심지역의 활성화를 도모한다. 다시 말해 쇠퇴지역의 문제를 종합적인 시각에서 해결하려는 접근이면서 해당지역의 경제적, 사회적, 환경적 상태를 지속적으로 개선함으로써 기존 시가지의 재활성화를 실현하고자 한다.

(2) 근대, 현재 그리고 미래의 도시개발 패러다임의 변화

도시개발 패러다임은 시대적 요구와 기술 발전에 따라 변화하였고, 근대에는 양적 성장과 기능 중심의 대규모 개발이 주를 이루었고, 현대에는 삶의 질, 환경 문제를 고려한 지속가능성이 강조되었고, 미래에는 첨단 기술을 접목한 스마트하고 회복력 있는 도시를 지향하고 있다.

근대의 전통적인 공급위주의 도시 관리(19세기 후반~20세기 중반)에 이어 현대의 디지털 도시 관리와 미래의 인간중심적이면서 스마트하고 회복력 있는 도시 관리로 요약된다. 특히 미래의 도시개발은 4차 산업혁명 기술을 활용하여 현재의 복합적인 도시문제를 해결하고, 급변하는 환경에 능동적으로 대처하는 것을 목표로 한다.

첫째, 스마트 도시(Smart City)로서 인공지능(AI), 사물인터넷(IoT), 빅데이터, 디지털 트윈 등 첨단 기술을 도시 운영에 접목하여 도시 효율성을 높이고 시민 삶의 질을 개선한다.

둘째, 회복력 있는 도시 (Resilient City)로서 기후 변화로 인한 자연재해나 팬데믹 같은 위기 상황에서도 도시 기능이 유지될 수 있도록 유연하고 탄력적인 도시 구조를 구축한다.

셋째, 초연결 및 네트워크 도시로서 물리적 공간뿐만 아니라 정보 네트워크를 통해 도시 간, 그리고 도시 내부 구성원 간의 연결성을 강화하여 새로운 가치를 창출한다.

넷째, 감각 도시(Sensing City)로서 예측, 적응, 자동 최적화 기능을 갖춘 AI 기반 인프라를 통해 도시 운영 패러다임을 선제적 예측과 조정으로 전환한다.

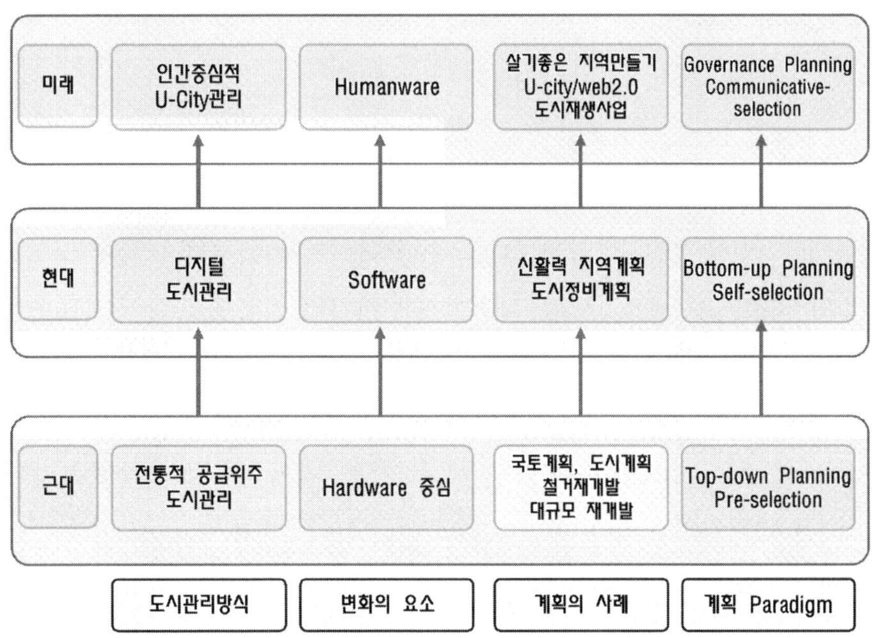

출처: 한국도시지리학회(2008). 「살고싶은도시」 정책관련 선진국의 법령 및 제도 조사·분석 연구 21

그림 3-6 ▌근대, 현재 그리고 미래의 도시개발 패러다임의 변화

4) 세계도시

도시와 관련된 가장 큰 변화의 물결은 세계화와 밀접하게 관련되어 있다. '세계도시'란 용어는 우리나라에서 1990년대에 들어 본격적으로 사용되기 시작되었으나, 이 용어는 독일의 문호 괴테가 만든 벨트쉬타트(Weltstadt)에서 유래되었다. 괴테는 1787년 이탈리아 로마에서 이 단어를 처음 사용하였고, 로마나 파리 두 도시의 웅장함과 높은 문화수준을 토대로 세계도시란 명칭을 부여했다.

도시와 관련된 가장 큰 변화의 물결은 세계화와 밀접하게 관련되어 있다. '세계도시'란 용어는 우리나라에서 1990년대에 들어 본격적으로 사용되기 시작되었으나, 이 용어는 독일의 문호 괴테가 만든 벨트쉬타트(Weltstadt)에서 유래되었다. 괴테는 1787년 이탈리아 로마에서 이 단어를 처음 사용하였고, 로마나 파리 두 도시의 웅장함과 높은 문화수준을 토대로 세계도시란 명칭을 부여했다.

(1) 세계도시의 개념

Hall(1966)은 세계도시를 단순히 대규모 도시를 지칭하는 것이 아니라 정치권력, 국가 및 국제정부의 의석수, 관련전문기관의 집중, 무역연합, 피고용인, 기업재단 등 기능이 결집된 지역을 의미한다고 하였고, 런던, 파리, 모스크바, 뉴욕, 도쿄 등을 주요 도시로서 제시하였다. 도시의 규모보다는 수행하는 기능과 역할을 함께 강조하였다. 피긴과 스미스(Feagin & Smith, 1978)는 '세계도시를 다국적 기업에 의한 신국제분업의 상황에서 다국적기업의 세계적 네트워크가 물리적으로 자리 잡고 있는 장소이자 자본주의 세계경제를 하나로 묶는 구심점 역할을 하고 있는 도시'로 보았다.

사스키아 사센(Saskia Sassen)은 1991년 세계도시를 '세계 각국에 산재된 도시들 가운데 정치적, 경제적, 문화적 중추 기능이 집적되어 있어 세계화 네트워크에서 여러 현안에 직접적이고 가시적인 영향을 미치는 도시'로 정의하였다.

세계도시는 단순히 인구가 많은 대도시를 넘어, 세계 경제 네트워크의 핵심 교차점으로서 금융, 무역, 정보, 문화 등 여러 분야에서 전 세계에 막대한 영향력을 행사한다. 세계도시의 개념은 국경을 초월한 다국적기업에 의한 활동과 밀접히 관련이 있으며, 다국적기업이 활동하는데 필요한 제반 기능과 공간적 입지성이 중요하게 작용하고 있다. 세계도시의 특징은 다음과 같다.

첫째, 자본의 초국가적 이동을 통해, 자본집중이 이루어지는 특정지역이며, 금융의 세계화, 기업의 초국적화, 다국적기업 집적 등 특징을 갖는다.

둘째, 과학과 정보기술 발달로 정보와 서비스 중심의 도시로 재구성 된다.

셋째, 상품생산에 있어서 기술 집약과 지식집약화에 따라 전문화된 생산자서비스, 기업의 본사, 금융서비스, 회계, 광고, R&D, 법률 등 기능을 수행하면서 주변에 대한 통제 및 영향력을 갖는다.

넷째, 초국적기업 및 고급생산자 서비스 활동에 종사하는 엘리트 계층의 등장과 이들을 위한 고비용 고품질의 서비스를 제공하는 비공식적 직업 등장에 의해 사회의 양극화 현상이 두드러진다.

다섯째, 다수의 이민 노동자 유입되어 비공식적 직업군이 확대되고 다양한 민족, 계층, 문화 특성이 융합되고 있다.

여섯째, 각종 기업의 고급생산서비스 활동이 이루어지고, 신산업인구 및 첨단산업이 입지함에 따라 이런 활동을 지원하기 위한 건축과 관련 인프라 시설이 집적되어 있다.

(2) 세계도시의 재정립

세계도시는 첫째, 금융, 경제, 생산주체, 자본 등과 같은 생산자서비스 관련 자원을 중요하게 고려하며, 둘째, 과학과 기술의 발달로 인하여 고차산업 및 집약화가 가속되고, 이런 과정에서 글로벌 인재 육성 및 이에 대한 가치를 중요하게 다루고 있고, 셋째, 세계 경제활동을 수행하는 주체, 다국적기업, 글로벌 은행, 증권거래소 등 입지 및 경제적 영향력을 중요하게 고려하고 있다.

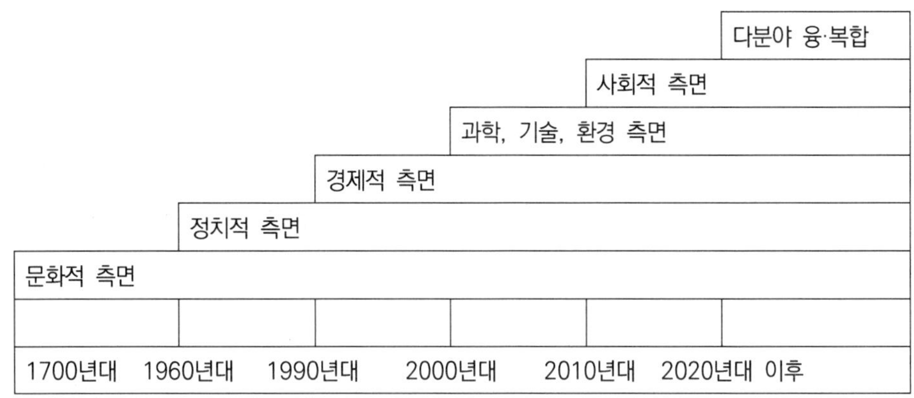

출처: 최조순 외(2014). 세계 도시의 이해. 한국학술정보. 83

그림 3-7 ▌세계도시 개념에 따른 주요 영역 패러다임 변화

세계도시는 지금까지 경제적 측면을 고려하여 선정한 것이 강하였다. 과연 현재에 세계도시라고 불리는 도시들이 과연 경제적 측면만이 강조되고 있는 도시들인가? 이에 대한 반응은 비판적 시각이 적지 않다.

세계도시 개념을 경제적 지표 혹은 정치적 중요성 영역에 국한되어 판단을 하는 것에서 탈피하여, 도시의 창조(Creativity), 문화(Culture), 환경(Environment), 정의(Justice), 국제성(Internationality), 안전(Safety) 등 사회의 주요 가치를 포괄하는 매력을 고르게 갖추고 있고, 다국적기업과 글로벌 인재, 노동자들이 선호하는 가치들이 풍부해 세계의 긍정적인 변화를 선호하여 가는 도시로 규정하였다.

(3) 세계도시의 신 유형

○ 창조도시

창조도시(Creative City)는 농경도시, 산업도시, 후기산업도시, 지식정보도시를 잇는 도시 패러다임으로 1990년대 후반 영국 및 UN을 중심으로 활발히 논의되었다. 최근 들어, 창조경제, 창조계층, 창조산업 등 용어가 부각되면서 '창조도시'라는 용어도 도시의 패러다임 전략으로 자리매김하였다.

'창조도시'라는 용어의 최초 사용은 미국의 여성 도시경제학자 제인 제이콥스(Jane Jacobs)로 알려져 있으며, 탈 대량생산 시대에 유연하고 혁신적인 도시경제 시스템을 갖춘 도시를 창조도시라고 하였다. 창조도시는 '인간이 자유롭게 창조적 활동을 함으로써 문화와 산업의 창조성이 풍부하여 동시에 탈대량적인 생산의 혁신적이고 유연한 도시경제시스템을 갖춘 도시'라고 할 수 있다. 도시계획가 찰스 렌드리(Charles Landry)는 1994년 국제문화경제학회에서 '창조도시'를 제안하였고, 21세기 인류가 직면한 전 지구적인 환경문제와 부분적인 지역사회의 과제에 대해 창조적으로 문제를 해결할 수 있는 '창조의 장'이 풍부한 도시라고 할 수 있다.

유네스코는 2004년 창조도시 네트워크(UNESCO Creative Cities Network)를 만들었고, '창의성'에 주목해 각 도시의 문화적 자산과 창의력에 기초한 문화산업 육성과 도시 간 비경쟁적 협력과 발전 경험 공유를 통해 회원국 도시들의 경제적, 사회적, 문화적 발전 장려 등을 목적으로 하는 '유네스코 창조도시'를 선정했다. 분야는 문학, 영화, 음악, 공예와 민속예술, 디자인, 미디어 아트, 음식, 건축이다. 우리나라는 경기도 이천(2010, 공예와 민속예술), 서울(2010, 디자인), 전북 전주(2012, 음식), 광주(2014, 미디어아트), 부산(2014, 영화), 통영(2015, 음악), 부천(2017, 문학), 대구(2017, 음악), 원주(2019, 음악), 진주(2019, 공예와 민속예술), 강릉(2023, 음식), 청주(2025, 공예와 민속예술) 등이 지정되어 있다.

문화도시

▌아테네(1985 지정)

문화도시는 '문화적 자산이 풍부하고, 도시구성원들이 문화를 풍요롭게 향유하고, 궁극적으로는 문화 인프라를 토대로 하여 도시경쟁력이 향상된 도시'를 의미한다. 문화도시란 용어가 최초 사용된 계기는 1985년 6월 유럽연합(EU)의 회의에서 그리스 문화부 장관 멜리나 메리쿠리(Melina Mericuri)가 유럽 내 각 도시의 문화유산을 보호하고 발전시켜 유럽인의 문화적 가치에 대한 통합적 관심을 유도하는 것을 목적으로 '문화도시'를 제창한 것이다. 그녀는 "유럽인을 좀 더 친숙하게 가깝게 하자"는 취지로 유럽의 문화도시(European City of Culture)를 제안하였고, 그리스의 아테네(1985)를 처음 문화도시로 선정한 이래, 암스테르담(1987), 서베를린(1988), 파리(1989) 등이 선정되었다. 1990년부터 기존 문화 중심적인 도시가 아닌 영국의 글래스고(Glasgow)를 선정하여 쇠퇴한 도시를 부흥시키고자 하는 도시재생적인 시각과 도시마케팅 개념을 최초로 적용한 문화도시 사례가 되었다. 현재에도 유럽연합가맹국 도시 중 유럽문화수도(European Capital of Culture)를 매년 선정하여 1년 동안 집중적으로 각종 문화행사를 전개하고 있다.

▌리투아니아 빌뉴스(2009 지정)

▌에스토니아 탈린(2011 지정)

환경도시

환경도시(Environment City)는 1992년 브라질 리우데자네이루에서 지구환경보전 문제를 협의하기 위해 개최된 리우회의 이후, 전 세계적으로 개발과 환경보전을 조화시키기 위해 환경적으로 건전하고 지속가능한 개발이라는 전제하에, 도시의 환경문제를 해결하고 환경보전과 개발을 조화시키기 위한 방안으로서 도시개발이나 계획에서 새롭게 도입된 개념이다. 환경도시는 아스팔트보다 흙이 많은 도시, 자전거와 도보 중심 도시, 나무와 숲이 풍부한 도시, 에너지와 자원소비가 적어 신진대사가 원활해 오염이 없는 도시로 이미지화 되고, 지속가능한 개발을 추구하며 환경오염 통제(Pollution Control), 자연과 공생(Nature Conservation), 쾌적성 개선(Amenity Improvement), 주민참여(Citizen Participation)를 목표로 한다.

환경도시는 생태도시, 지속가능한 도시, 환경공생도시 등으로 혼용되고 있으나, 모두 청정한 환경을 유지하면서 지속적으로 발전할 수 있어서 쇠퇴하지 않는 도시이다. 또한 새로운 건축기법이나 신재생에너지 기술을 적용한 저탄소도시(Low Carbon City) 혹은 탄소제로도시(Carbon Zero City)와 같은 미래지향적 도시의 개념도 등장했다. 녹색을 의미하는 그린(Green)과 도시계획을 의미하는 어버니즘(Urbanism)을 합성한 단어인 그린어버니즘(Green Urbanism)의 개념도 도입되었으며, 에너지 효율적인 도시개발을 통해 기존 도시를 재생하고 이를 통해 도시가 사회·환경적으로 지속가능할 수 있도록 하는 전략적 개념을 담고 있는 녹색도시계획이다.

정의도시

마이클 샌델(Michael Sandel)의 「정의란 무엇인가(Justice)」를 통해 알게 된 정의에 대한 개념은 '정의도시' 라고 개념을 익숙하게 하기 충분하다. 정의와 권리에 대한 관심이 높아진 것은 우리나라의 현상만은 아니며, 선진국과 후진국을 막론하고 전 세계적으로 같은 상황이다. 정의와 권리가 세계적인 관심사가 된 배경은 복잡하지만, 경제성장과 경쟁만을 강조하는 신자유주의적 이념과 정책이 세계적으로 득세하는 것에 대한 불신의 표현이라고 할 수 있다.

정의도시의 등장 배경은 1990년대부터 우리나라에서도 민주화 진전과 지방자치단체 실시 및 이에 따른 거버넌스(Governance) 변화로 국가 전체적인 경제성장 못지않게 개인의 자유, 평등, 권리 및 '삶의 질'을 중요한 가치로 인식한 것에서 출발한다. 정의(Justice)의 어원은 고대 로마신화에 등장하는 정의의 여신 '유스타치아(Justitia)'로부터 시작되었고, 정의의 어원을 이루고 있는 'just' 단어는 '올바른(정의)'이라는 의미 이외에 '공정한(형평성)'의 의미를 지니고 있다. 결국 정의란 '무엇이 옳고, 무엇이 옳지 않은지를 결정하고, 옳은 것을 바로 세우다'는 의미를 지닌다.

정의도시는 여러 개념들이 혼재된 채 사용되고 있어 향후 정확한 개념 정의와 이를 통한 이해가 필요하다. 정의도시라는 개념은 명확하게 정의할 수 없지만, 인권, 평화, 여성친화, 국제도시 등 개념을 포괄하고 있다.

◎ 인권도시

인권도시는 '전 세계적으로 인권침해에 맞선 지역적 인권 실천 단위로서 지역 인권 당사자들의 참여를 통해 그 도시에 고유한 인권 가치와 규범을 창출하며, 글로벌시대의 도시문제로 인해 발생하는 권리침해에 특별하게 대응하는 도시' 이다. 세계적으로 인권문제에 앞장서고 있는 도시는 스페인 바르셀로나와 캐나다 몬트리올 등이다.

◎ 평화도시

평화도시는 평화 개념을 최고 목표로 설정하고 도시방향을 추진하는 도시이다. 여기에서 평화는 '전쟁이나 갈등이 없는 상태'를 의미하는 협의의 개념이 아니라, 인권, 평등, 민주적 참여, 관용 및 연대, 열린 소통, 국제안보 등을 기반으로 하는 물질적 복지까지 포함한 광의의 개념이다.

◎ 여성친화도시

여성친화도시는 사회참여에 따른 여성 활동이 도시공간에서 제약받고 있다는 것과 도시의 경쟁력 향상을 위해 여성의 역할과 사회활동을 지원해줄 수 있는 도시 조성이 필요하다는 것에서 출발한다. 여성친화도시는 '지역정책과 발전과정에서 남성과 여성이 동등하게 참여하고, 그 혜택이 모든 주민에게 고르게 돌아가면서 여성의 성장과 안전이 구현되는 도시'라고 할 수 있다. 여성친화도시에 대한 이슈는 여성의 '삶의 질'을 향상시키기 위한 국제사회의 노력에서 시작되었고, 최근 여성 뿐 아니라 사회적 구성원으로서 소외 계층, 다문화 가족이나 이민노동자들이 한 지역에서 어울려 거주함으로써 도시가 더 균형을 찾고 평등하게 살 수 있는 공간으로 발전해야 한다는 것이다.

◯ 국제도시

1990년을 전후해 냉전이 막을 내리고, 새롭게 국제정세가 개편됨에 따라 전 세계가 하나의 지구촌으로 연결되었거나 국가 간 장벽도 점차 낮아지고 있다. 21세기에 국가를 초월한 도시 간 경쟁이 두드러질 것이라고 예상되고 있다. 국제도시는 국제화된 도시를 뜻하므로, 궁극적으로 '글로벌 기업을 유치하고 주민의 '삶의 질'을 높이기 위해 제반 경제활동에 있어서 규제를 최소화하여 인적, 물적 그리고 자본이동 자유와 기업활동에 대한 최대한의 편의를 보장하는 공간'이다. 국제도시는 특성에 따라 국제자유도시, 국제회의도시, 국제산업물류도시 로 구분할 수 있다.

◯ 국제자유도시

국제자유도시는 사람, 상품, 자본의 이동이 자유로운 이른 바 '국경 없는 도시' 혹은 사람은 물론 상품과 자본이 자유롭게 드나들 수 있는 특정 지역으로 기업 활동에 최대한 편의를 보장하는 기능을 보유한 도시이다. 싱가포르, 홍콩, 두바이가 대표적이며, 중국 상하이 푸둥과 하이난, 일본 오키나와 등이 국제자유도시를 지향하고 있다.

▍싱가포르(Singapore)

▍홍콩(Hong Kong)

국제회의도시

국제회의도시는 국제회의 유치를 기본 개념으로 하고 있기 때문에, 컨벤션도시(Convention City) 라는 표현이 포괄적으로 사용되고 있고, 세계 각국에서는 MICE 산업에 대한 중요성을 인식하고 국제회의와 전시산업을 국가전략산업으로 집중 육성하고 있다. MICE는 1990년대 중반 산업적 용어로 만들어져 기업회의(Meetings), 기업주관 포상여행(Incentives), 국제회의(Conventions), 전시회(Exhibitions) 등 분야를 아우르며, 영국이나 일부 선진국에서는 포괄적인 개념으로 비즈니스 이벤트(Business Event) 라는 용어를 사용한다. 카지노와 오락을 대표하였던 미국 라스베이거스는 컨벤션과 전시회를 끌어들여 세계적인 컨벤션도시로 자리매김하였다.

국제산업물류도시

세계 경제의 블록화와 글로벌화로 인해 지역 간 화물이 대량유통이 유발되면서 물류산업은 지속적으로 성장하였다. 지역 간 화물의 증대는 물류중심(허브) 도시의 성장을 가져왔다. 로테르담은 세계 최고의 물류거점으로 인식되었고, 싱가포르와 홍콩, 상하이 등의 물류거점은 공항과 항만의 유기적 결합이 잘 구축되어 있는 사례이다.

안전도시

안전(Safety)은 '위험이 생기거나 사고가 날 염려가 없음, 혹은 그런 상태'를 의미하는 포괄한다. 안전증진(Safety Promotion)의 개념은 지역사회와 지역사회 내 각 개인이 안전의 개념을 이해하고 어떤 수단이 안전을 위해 필요한지 인식하는 것이다.

세계보건기구는 안전도시(Safe Community)를 '지역사회가 이미 안전하다는 의미가 아니라, 시민의 안전의식 제고를 위해 항상 노력을 취하는 도시' 라고 정의하였다. 안전도시 구현을 위한 노력은 1989년 9월 스웨덴 스톡홀름에서 세계보건기구(WHO) 주최로 열린 '제1차 사고와 손상예방 세계학술대회(World Conference on Accident and Injury Prevention)'에서 공식으로 제기되었다.

세계보건기구는 스웨덴 스톡홀름 카롤린스카 인스티튜트(Karolinska Institute)에 속한 공중보건대학(Department of

Public Health Sciences)의 사회의학과(Division of Social Medicine)를 세계보건기구 안전도시 협력센터(WHO Safe Community Collaborating Center)로 공식 지정하였고, 안전도시 사업에 대한 지원을 위한 공인센터를 운영하고 있다.

WHO 국제안전도시 공인조건

- 지역공동체에서 안전증진에 책임이 있는 각계각층의 상호협력기반 마련
- 남녀 및 모든 연령·환경·상황에 대한 장기적으로 지속적인 프로그램 운영
- 고위험 연령·환경·계층의 안전증진을 목적으로 하는 프로그램 운영
- 손상의 빈도와 원인을 파악할 수 있는 프로그램(손상감시시스템 구축) 운영
- 손상예방 및 안전증진을 위한 프로그램의 효과평가 척도 마련
- 국내외 안전도시 네트워크에 지속적인 참여

1989년 이후 2025년까지 미국 댈러스, 네덜란드 로테르담, 오스트레일리아 멜버른 등 40개국 439개 이상의 도시(지역)가 세계보건기구(WHO)로부터 국제안전도시로 공인받았다. 국내 공인도시는 제주특별자치도, 서울 송파구, 서울 강북구, 과천시, 부산광역시, 광주광역시, 경북 구미시, 충남 아산시, 세종특별자치시, 전남 순천시, 경남 창원시, 강원 삼척시, 충남 천안시, 강원 원주시, 경기 수원시, 울산 남구, 경기 광주시, 전북 전주시, 경기 평택시, 충남 공주시, 경남 김해시, 대구 수성구, 강원 동해시, 경기 안산시, 충남 당진시, 경기 시흥시, 충남 예산군, 서울 강서구, 경기 광명시, 경남 양산시, 경기 화성시, 전남 나주시, 인천광역시 중구와 연수구) 등 지속적으로 늘어나고 있다.

참고문헌

- 김용웅(2008). "도시재생정책의 패러다임 변화와 대응과제". 국토연구원. 315, 142~154.
- 김인(1984). 도시지리학: 이론과 실제. 법문사.
- 김춘식·남치호(2012). 세계 축제경영. 김영사.
- 양재섭(2006). 도시재생정책의 국제비교 연구. 서울시정개발연구원.
- 엄상근(2012). 제주도의 유네스코 창조도시 추진 전략. 제주발전연구원.
- 유승호(2014). 문화도시지역발전의 창조적 패러다임 문화도시. 가쎄.
- 이장훈(2001). 유럽의 문화도시들. 자연사랑.
- 이종용(2007). "새로운 도시개발 패러다임이 도시개발정책에 주는 시사점". 지리학연구. 41(3). 265~274.
- 테리 조든 외 저·류제헌 역(2002). 세계문화지리. 살림출판사.
- 최조순 외(2014). 세계 도시의 이해. 한국학술정보.
- 한국도시지리학회(2008). 「살고 싶은 도시」 정책관련 선진국의 법령 및 제도 조사·분석 연구.
- M. T. Snarr & D. N. Snarr 저. 김계동·민병오·윤미경·차재권 역(2016). 세계화와 글로벌 이슈. 명인문화사.
- 겨울호랑이(국가통계). http://lackysis.blog.me/220714639247
- 세계아동노동 반대 캠페인. 유엔 세계아동노동 반대의 날 카드뉴스.
  https://blog.naver.com/wfuna/220732669918
- 연합뉴스. 일터로 향하는 방글라데시 아이들.
  http://news.naver.com/main/read.nhn?mode=LSD&mid=sec&sid1=103&oid=001&aid=0004942136
- 외교부. 눈에 보는 정부(한국과 OECD국가간 비교). http://mcms.mofa.go.kr
- 유네스코 한국위원회. 창의도시네트워크. https://unesco.or.kr/creative
- Lonely Planet. Map of Australia. https://www.lonelyplanet.com/maps/pacific/australia
- NAVER 지식백과. 두산백과(도시).
  http://terms.naver.com/entry.nhn?docId=1083091&cid=40942&categoryId=33136
- NAVER 지식백과. 두산백과(인구노령화).
  http://terms.naver.com/entry.nhn?docId=1136051&cid=40942&categoryId=31614
- NAVER 지식백과. 두산백과(인구밀도).
  http://terms.naver.com/entry.nhn?docId=1136053&cid=40942&categoryId=31609
- NAVER 지식백과. 두산백과(인구피라미드).
  http://terms.naver.com/entry.nhn?docId=1136063&cid=40942&categoryId=31609
- NAVER 지식백과. 시사상식사전(기대수명).
  http://terms.naver.com/entry.nhn?docId=931316&cid=43667&categoryId=43667
- NAVER 지식백과. 시사상식사전(세계 여성의 날).
  http://terms.naver.com/entry.nhn?docId=931422&cid=50352&categoryId=50352

- NAVER 지식백과. 한국민족문화대백과사전(도시).
  http://terms.naver.com/entry.nhn?docId=794588&cid=46636&categoryId=46636
- NAVER 지식백과. Basic 고교생을 위한 지리 용어사전(인구센서스).
  http://terms.naver.com/entry.nhn?docId=944761&cid=47334&categoryId=47334
- THE HUFFINGTON POST. 한국인 기대수명은 남녀 모두 세계 1위다(2017.2.22.).
  http://m.huffpost.com/kr/entry/14924176?m=true#cb

CHAPTER 04

지역과 국제관계의 이해

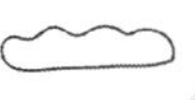

01 세계와 국제기구

1) 국제기구의 이해

세계화 시대에 들어, 세계의 교류가 지속적으로 성장하기 위해서는 국제사회의 협력과 정책협조가 필요하다. 국제기구는 국간의 협력과 정책협조를 도모하기 위해 만들어진 국제적인 기구이다. 세계화가 확대되는 가운데 국가 간 교류가 증대되면서 국가 간 이해를 조율하고, 세계질서를 이끌어갈 국제기구 중요성이 부각되었다.

(1) 국제기구의 개념과 성립배경

① 국제기구의 개념

국제기구는 국세사회가 조직화함에 따라 발전하여 체계화되어 왔으며, 국제기구는 '둘 이상의 주권국이 회원이 되어 공동이익을 추구하기 위해 서로 간 협정으로 설립된 공식적이고 지속적인 조직체'로 정의된다. 국제기구는 최소한의 회원(Member), 목표(Plan), 조직(Organization)을 갖추고 있으며, 본질적인 특성에 따라 생성과 소멸 및 변화를 반복하였다.

국제기구는 기본조약을 근거로 하여 일정 목적을 추구하는 기능적 존재이지만, 국가와 같은 권력을 지닌 존재가 아니므로, 연방이나 국가연합과 상이하다. 국제기구는 국제법상 독립적인 의사주체로서 이를 구성하는 기관과는 다르며, 예를 들어 UN은 국제기구로서 총회, 안전보장이사회, 경제사회이사회 등은 보조기관이다.

② 국제기구의 성립배경

국제기구는 유럽사회의 종교전쟁 이후 체결된 1648년 웨스트팔리아조약(Treaty of Westphalia)으로부터 비롯되었다. 웨스트팔리아조약은 베스트팔렌조약(Peace of Westfalen)이라고도 하며, 근대 외교조약의 효시로 독일 오스나브뤼크Osnabrück, 1648년 5월 15일)와 뮌스터(Münster, 10월 24일)에서 체결되었다. 조약 결과, 독일의 30년 전쟁과 스페인과 네덜란드 간 80년 전쟁이 종결되었고, 조약을 통해 가톨릭, 루터파, 칼뱅파에게 모두 신앙의 자유가 허용되었고, 네덜란드와 스위스는 독립을 인정받았고, 프랑스가 영토를 확장하였다(NAVER 지식백과. 시사상식사전). 30년 전쟁은 유럽 국가 간 이루어진 구교 대 신교의 종교적 및 정치적 세력전쟁으로 전쟁의 결과 독일을 지배하던 합스부르크가의 패권적 지위가 붕괴하고 스웨덴 국왕 구스타프 아돌프를 중심으로 하는 신교의 승리로 끝났다. 스웨덴과 프랑스가 유럽 제국체제에 지위를 차지했고 브란덴부르크 프로이센이 부각되었다. 조약의 내용은 유럽 영토 구성, 신교 관계, 독일제국체제의 새로운 발전을 담고 있다(NAVER 지식백과. 21세기 정치학대사전).

국제기구는 19세기 들어 국제하천위원회와 같은 특수 분야를 시작으로 19세기 후반 사회생활의 제 분야에서 국제관계가 긴밀해짐에 따라 국제행정연합 형태로 등장하였다. 이와 같은 형태는 비정치적, 전문적·행정적·기술적인 국제협력을 목적으로 하는 기관으로서 만국우편연합·만국전신연합·국제저작권 보호동맹·국제공업소유권 보호동맹과 같은 형태였다. 그러나 위 기구는 국제사무국을 중심으로 하였고, 기본조약에 입각해서 조약상의 국제협력을 정기적으로 검토하는 조약 당사국의 전권대표회의 같은 기관 구성은 고려되지 못하였다(NAVER 지식백과. 두산백과).

20세기 들어, 정치적인 평화의 유지나 전쟁의 방지를 주목적으로 하는 국제기구가 탄생하고, 국제협력을 임무로 삼는 조직도 만들어졌다. 국제연맹(The League of nations)은 제1차 대전 이후 창설된 평화적 국제기구의 첫 사례이다, 국제연맹은 1차적으로 국제평화유지에 관한 제 활동을 수행하고, 2차적으로 비정치적 분야에서 국제협력을 촉진하고자 한 범세계적인 일반국제기구를 지향했으나 제2차 대전에 대한 영향력이 상실되자 보다 강화한 전 세계적인 집단안전보장을 추구하는 UN이 1945년 탄생했다. 국제기구는 20세기 후반 들어, 경제, 교통, 환경 등 국세사회 전반에서 국가 상호의존이 증가함에 따라 다양화, 전문화 및 블록화 하였고, 인권이나 빈곤, 불평등을 다루는 비정부간 기구도 활성화되고 있다.

(2) 국제기구의 분류

국제기구를 회원자격, UN과의 관련성, 정치적 목적 여부, 회원자격의 범위 등 기준(황윤섭·오윤조·김철. 2015. 지역연구개론)에 의해 살펴보면 아래와 같다.

① 회원자격

국제기구는 회원자격 기준에 따라, 정부 간 기구, 비정부간 기구, 혼합적 성격의 기구로 구분된다.

첫째, 정부 간 기구(Inter-Governmental Organization, IGO)는 주권을 지닌 국가의 정부가 회원이 되어 구성된 형태이다. 국제기구의 정부 간 기구와 관련된 각종 협약, 협정 및 활동은 각 회원국에 영향을 미치고 있으며, 현재 3,700여개에 달하는 기구가 세계에 분포하여 있다. 가장 대표적인 기구는 UN과 관련기구를 들 수 있다.

둘째, 비정부간 기구(Non-Governmental Organization, NGO)는 정부가 아닌 전문가집단 혹은 시민단체로 구성된 국제기구를 말한다.

셋째, 혼합적 성격 기구는 정부 뿐 아니라 비정부단체도 동시에 회원이 될 수 있는 형태이며, 국제노동기구(International Labor Organization, ILO)를 들 수 있다.

② UN과의 관련성

UN관련 기구와 비 UN 기구로 나뉜다. 전자는 UN 직속 기구(UN의 6개 주요 기관(총회, 안보리, 경사리, 신탁통치이사회, 국제사법재판소, 사무국) 과 여러 전문기구를, 후자는 UN 관련기구가 아닌 국제기구로 경제협력개발기구(OECD), 아시아개발은행(ADB), 유럽연합(EU), 아시아태평양경제협력체(APEC)를 들 수 있다.

③ 정치적 목적 여부

국제기구는 정치적 목적과 비정치적 목적으로 구분할 수 있다. 전자는 정치적 목적에 따른 특성이 매우 강하며 UN이 대표적이며, 후자는 기능적이고 전문적인 영역을 다루는 UN교육과학문화기구(UNESCO), UN식량농업기구(FAO), 세계보건기구(WHO), 국제노동기구(ILO)를 들 수 있다.

④ 회원자격의 범위

국제기구는 회원자격 범위가 범세계적인 기구와 특정지역이나 특정이념(사상)을 지닌 국가에 한정되는 지역적기구로 나눌 수 있다. 전자는 회원이 범세계적이며 활동도 세계 전체를 대상으로 하며, UN, 16개 UN전문기구, 세계무역기구(WTO), 국제원자력기구(IAEA) 등을 들 수 있다. 후자는 특정 지역 이익을 추구하는 기구로 회원과 활동 그 지역에 국한된 형태로 유럽연합(EU), 미주국가기구(OAS), 동남아시아국가연합(ASEAN), 아시아태평양경제협력체(APEC), 석유수출국기구(OPEC)를 들 수 있다.

(3) 국제기구의 역할과 제 기능

국제기구와 국가의 관계는 국제기구가 주권국가에 의해 설립되고, 권한과 자금이 국가로부터 나오며, 국제기구활동이 국가에 의해 감시되어지므로, 국가에 종속된다고 보는 시각이 강하다. 그러나 유럽통합과 같이 세계의 여러 지역에서 교통, 과학기술 및 정보의 발달로 국경의미가 퇴색함에 따라 국가의 절대적 주권의 개념에 변화가 생김으로 인해 국제기구를 독립된 행위자로서 간주하려는 움직임도 있다(황윤섭·오윤조·김철. 2015. 지역연구개론).

① 국제지구의 역할

국제기구는 국세사회의 수단, 포럼(토론장), 독립적 행위자로서의 역할을 수행한다.

첫째, 국제기구는 국세사회 공동의 문제해결을 위한 수단인 동시에, 외교적 수단의 역할을 한다. 국제기구는 세계의 역학 관계가 변화함에 불구하고 전 세계의 질서를 유지시키는 장치로서 역할을 하며, UN은 대표적인 사례이다.

둘째, 국제기구는 회원국들이 관심사나 공동문제를 다루기 위하여 토론이나 교류할 수 있는 장소와 시간을 제공한다. 특히 각지에서 발생하고 있는 갈등, 분쟁, 주요 관심을 의제로 삼아 당사국이 모여 힘을 합해 대응방안을 모색함으로써 세계질서 유지에 기여한다.

셋째, 국제기구는 회원국의 의사 반영 뿐 아니라, 시안에 따라 어느 정도까지 국제기구 자체의 독립적 지위와 역할을 수행한다.

② 국제기구의 기능

국제기구는 규범제정, 재정, 기술과 인적지원, 투명성 확보, 갈등의 조정과 해소, 의제설정, 정당성 제공, 정보교류와 전문지식제공의 기능(황윤섭·오윤조·김철. 2015. 지역연구개론)을 갖는다.

첫째, 규범제정의 기능은 규범(Rule, Norm)을 제정하고 있고, 규범은 국제사회를 유지하기 위해 명시적, 묵시적 합의를 통해 만들어진 원칙)을 의미한다. 핵확산금지조약(Nuclear Nonproliferation Treaty) 화학무기금지조약(Chemical Weapons Convention), 생물무기금지협약(Biological Weapons Convention) 등 대량살상무기 규제에 대한 원칙, 지구온난화, 생물다양성 등과 같은 환경관련규범, 세계인권선언과 같은 인권관련 조약이 대표적이다.

둘째, 회원국에게 필요한 재정과 기술지원 기능을 한다. 유엔개발계획(UNDP)과 국제부흥개발은행(IBRD) 같은 국제기구는 개발도상국에게 개발 경험, 지식과 기술지원을 제공한다.

셋째, 회원국이 당면한 관심사를 다루기 위한 논의와 회의 및 정책협의에 있어서 회원국 신뢰에 기반을 두어 투명성 확보하는 기능을 한다.

넷째, 국제사회의 갈등을 조정하고 협력을 유도함으로써 회원국이 포함된 국제사회 질서를 유지하는 기능을 한다.

다섯째, 회원국의 주요 관심사에 대한 국세사회의 관심을 끌어내며, 전 세계의 의제로 다루어지도록 논의하는 기능을 한다.

여섯째, 국제기구에서의 각종 논의, 협상 및 결의에 대한 회원국의 인식, 태도, 정책 변화에 대한 정당성(Legitimacy)을 제공하는 기능을 한다.

일곱째, 회원국에게 필요한 정보와 전문지식을 제공하거나 물질적 인적자원을 제공하는 기능을 한다. 특히 환경관련기구는 회원국에게 환경을 중심으로 한 과학적 전문지식을 제공하고 있다.

2) 주요 국제기구와 국제조약

전 세계에 큰 영향력을 미치고 있는 대표적인 국제기구와 조약을 각 유형(정치와 안보, 경제, 사회, 환경, 문화 및 인권) 분야로 구분하였다.

(1) 정치와 안보분야

① **UN**(United Nations)

UN은 제2차 세계대전 후에 항구적인 국제평화와 안전보장을 목적으로 결성된 세계

거의 모든 나라를 아우르는 국제기구이다. 1945년 10월 24일 출범했으며, 설립목적은 국제법, 국제적 안보 공조, 경제개발 협력 증진, 인권 개선으로 세계 평화를 유지하는 데 있다. UN은 각국의 전쟁을 막고 대화 교섭을 찾자는 명분으로 국제연맹의 역할을 사실상 대체하게 되었으며, 기존과 달리 군사력을 동원할 수 있는 등 세계적으로 행사할 수 있는 힘을 갖게 되었다.

UN의 영문명 United Nations는 프랭클린 D. 루즈벨트와 윈스턴 처칠이 전쟁국가에 대항해 계속 싸울 것을 결의하고자 발표한 연합국 선언(1943년)에서 처음으로 사용됐다. 1945년 샌프란시스코에서 열린 연합국 회의에 참석한 50개국 대표의 초안을 바탕으로 헌장이 작성되었으며, 6월 26일 조인했다. 같은 해 10월 24일 헌장이 미국, 영국, 프랑스, 소비에트 연방, 중화민국과 46개의 다른 국가 동의로 발효하면서 정식 출범했다. 10월 24일(UN의 날)은 각국에서 기념일로 지정되고 있다.

최초의 UN 정기총회는 당시 51개 회원국이 모두 참석하였고, 1946년 1월 런던에서 열렸다. 현재 주권국으로 인정되는 거의 대부분의 국가가 UN 회원국이다. 본부는 미국 뉴욕에 있으며, 매년 총회를 열어 주요 안건을 상정, 논의한다. 네덜란드 헤이그에 국제사법재판소를 두고 있다. 사무국은 케냐 나이로비(UN 나이로비 사무국), 오스트리아 빈(UN 빈 사무국), 스위스 제네바(UN 제네바 사무국)에 위치하고 있다(위키백과).

각 나라가 모이는 UN총회나 정부 간 회담에서는 6개국 언어가 사용되지만, 실제 UN사무국에서는 일반적으로 영어와 프랑스어를 사용한다. 아랍어를 뺀 다섯 개의 언어는 설립 당시부터 공식 언어로 지정됐으며 1973년 아랍어가 현재 지위를 얻었다. UN 내 영어는 공식적으로 영국식영어사용법에 준하며, 중국어는 간체자로 정하였다. 번체자 중국어가 누린 공식어 지위는 1971년 총회 결의 제2758호에 의거해 중화민국의 대표자격 정지에 따라, 중화인민공화국이 대표로 자격을 얻었다.

UN은 6개의 주요 기관과 그 산하에 많은 보조기관 및 전문기구를 두고 있다(NAVER 지식백과, 한국민족문화대백과).

총회(United Nations General Assembly)

UN의 최고의결기관으로서 각국의 주권평등의 원칙하에 표결 시는 1국1표 주의를 채택하고 있다.

○ 안전보장이사회(United Nations Security Council, UNSC)

국제평화와 안전의 유지를 위한 일차적 책임을 지고 있는 기관이다. 미국, 영국, 프랑스, 러시아, 중국의 5대 상임이사국과 임기 2년으로 총회에서 선출되는 10개 비상임이사국 등 15개 이사국으로 구성된다. 상임이사국은 거부권을 행사할 수 있고, 전 상임이사국이 동의해야만 회원국을 구속하는 결정을 내릴 수 있다. 상임이사국 거부권행사로 기능이 자주 마비되고 있다.

○ 경제사회이사회(The Economic and Social Council, ECOSOC)

국제사회의 경제, 사회, 문화, 교육, 식량, 통신 등 비정치적 문제를 다루는 기관이다. 총회에서 선출되는 임기 3년의 54개 이사국으로 구성되고 매년 18개국 씩 개선되며, 재선도 가능하다. UN의 전문기구들이 이 이사회와의 협정을 통해 산하에 들어가 있다.

○ 신탁통치이사회(United Nations Trusteeship Council)

총회 산하에서 신탁통치에 관한 문제를 다루는 기관이다. 그러나 UN 발족 당시의 신탁통치지역이 거의 독립하였고, 1990년 12월 20일 안보리 결의 제683호에 따라 태평양의 4개 섬이 모두 독립하였고 마지막 신탁통치 지역이었던 팔라우(Palau)도 1994년 10월 1일 자로 독립해 공식 활동을 중지하였다.

○ 국제사법재판소(The International Court of Justice, ICJ)

UN의 사법기관이며, 국제연맹에 속하였던 상설국제사법재판소와 그 기능이 유사하다. UN헌장과 별도의 국제사법재판소규정을 가지고 있으며, 네덜란드 헤이그에 본부를 두고 있다.

◎ 사무국(United Nations Secretariat)

UN의 사무를 관장하는 상설기관이다. 사무총장 1명과 30여명의 사무차장 등 1만 5000여 명의 직원이 있다. 사무총장은 상임이사국을 포함한 안전보장이사회의 권고로 총회에서 임명된다. 초대 사무총장은 노르웨이 리(Lie, T.)이며, 2대 스웨덴 하마슐드(Hammarskjold, D.), 3대 미얀마의 우 탄트(U Thant), 4대 오스트리아 발트하임(Waldheim, K.), 5대 페루 케야르(Cuellar,T.P.), 6대 이집트 부트로스 갈리(Boutros Ghali), 7대 가나 코피 아난(Cofi Annan), 8대 대한민국 반기문(潘基文) 총장에 이어 9대 포르투갈의 안토니우 마누엘 드 올리베이라 구테흐스(António Manuel de Oliveira Guterres) 총장이다.

◎ 전문기구

UN 헌장은 UN 주요 조직이 전문기구(Specialized Agency)를 그들의 의무를 다하기 위해 설립할 수 있다고 규정하였다. 세계은행(World Bank), 국제통화기금(IMF), 세계보건기구(WHO), 유네스코(UNESCO), 국제노동기구(ILO), 식량농업기구(FAO), 국제농업개발기금(IFAD), 국제해사기구(IMO), 세계기상기구(WMO), 세계지식재산권기구(WIPO), 국제 민간항공기구(ICAO), 국제전기통신연합(ITU), UN산업개발기구(UNIDO), 만국우편연합(UPU), 세계관광기구(UNWTO)는 잘 알려진 전문기구이다. UN은 이런 기구를 통해 대부분의 인도주의적인 작업을 수행하고 있고, 세계보건기구의 백신 프로그램, 유네스코 세계유산 지정과 보호, 세계식량계획 기근과 영양실조 방지를 들 수 있다.

또한 관련기구로서 국제원자력기구(IAEA), 세계무역기구(WTO), 포괄적 핵실험 금지 조약 기구(CTBTO), 화학무기금지기구(OPCW), 국제형사재판소(ICC) 등이 있다.

② 안보관련 국제기구

◎ 제네바군축회의(CD)

제네바군축회의(Conference on Disarmament, CD)는 국제사회에서 유일한 다자군축협상기구이며, 본부는 스위스 제네바에 두고 있다. 제네바군축회의는 1978년 제1차 UN 군축 특별총회의 결정에 의해 군축위원회(Committee on Disarmament)라는 명칭으로 1979년 설립되었고, 1960년 설립된 10개국 군축위원회(Ten Nations Disarmament Commission, TNDC)를 발전적으로 계승하였다(NAVER 지식백과. 외교통상용어사전).

제네바군축회의는 핵무기, 대량살상무기, 재래식무기, 군사예산감축 등을 대상으로 기구 주도로 1968년 핵확산금지조약(NPT), 1939년 화학무기금지조약(CWC), 1996년 포괄적 핵실험금지조약(CTBT)을 체결하였다. 현재 회의는 65개 공식 회원으로 구성되어 있고, 남북한은 1996년 6월 동시에 회원국으로 가입했다.

○ 국제원자력기구(IAEA)

국제원자력기구(International Atomic Energy Agency, IAEA)는 원자력의 평화적 이용촉진을 통한 전 세계 평화, 보건 및 번영을 증진하고 원자력의 군사적 전용 억제를 목적으로 설립되었다. 이 기구는 총회에 연례 보고를 하고, 안전조치 위반 사실을 안전보장이사회에 보고하는 등 UN과 밀접한 연관이 있으나 UN 산하의 전문기구가 아닌 독립기구(Independent Organization)이다(NAVER 지식백과. 유엔 개황).

본부는 오스트리아 빈에 있으며, 뉴욕의 UN본부와 제네바에 연락사무소를 운영하고 있고, 토론토와 도쿄에 핵사찰을 효율적으로 지원하고 수행하기 위한 지역사무소를 운영하고 있다. 우리나라는 1956년 9월 20일 개최된 '국제원자력기구 헌장회의'에 회원국 자격으로 참석했고, 1956년 10월 26일 국제원자력기구 헌장에 서명하고, 1957년 6월 17일 비준을 받아 1957년 8월 8일 헌장 비준서를 기탁함으로써 창설 회원국이 됐다. 핵확산금지조약(NPT)이 비준된 이후 모든 비핵 보유국은 핵 프로그램 감시와 핵시설사찰 권한을 부여받은 IAEA와 안전조치 협정을 협상해야 한다.

○ 포괄적 핵실험금지조약기구(CTBTO)

포괄적 핵실험금지조약기구(Comprehensive Nuclear-Test-Ban Treaty Organization, CTBTO)는 포괄적 핵실험금지조약(Comprehensive Test Ban Treaty)의 효과적 이행을 위해 설립되었다. 이 기구는 1996년 조약체결국 65개국에 의하여 설립되었고, 조약이행을 위한 준비 위원회를 거쳐 1997년 3월 오스트리아 빈에서 개소하였다.

이 기구는 지진파, 초음파탐지 등 방법을 이용한 국제탐지체계(International Monitoring System)를 이용해 핵실험 여부를 찾아내며 현장시찰을 실시한다. 183개국이 서명, 157개국이 비준한 상태이다. 조약은 원자로시설을 보유한 것으로 알려진 44개국 서명과 비준이 있어야 정식 발효되며, 그 중 35개국만 서명·비준하였다(NAVER 지식백과. 두산백과).

◎ 핵확산금지조약(NPT)

Nuclear Non-Proliferation Treaty

핵확산금지조약(Nuclear Nonproliferation Treaty, NPT)은 비핵보유국이 새로 핵무기를 보유하는 것과 보유국이 비보유국에 대하여 핵무기를 양여하는 것을 동시에 금지하는 조약이다(NAVER 지식백과. 두산백과).

이 조약은 1970년 3월 5일부터 발효되었으며, 조약 내용은 핵무기 보유국은 핵무기나 기폭장치 혹은 그에 대한 관리를 제3국에 양도하지 않을 것을 약속하고, 비보유국은 핵무기나 기폭장치를 제조하거나 획득하지 않을 것을 약속하며, 비보유국은 원자력을 핵무기나 기폭장치로 전용하는 것을 방지하기 위하여 국제원자력기구(IAEA)의 사찰을 비롯한 안전 조치를 받아들이는 것을 골자로 한다.

가맹국은 미국, 러시아, 중국, 영국, 프랑스 등 핵보유국을 비롯한 189개국이다. 원자력 선진국 인도, 파키스탄, 이스라엘, 쿠바 등은 미가입국으로 남아 있다. 우리나라는 1975년 4월 23일 정식 비준국이 되었고, 북한은 1985년 12월 12일 가입했으나 1993년 3월 12일 탈퇴를 선언했으나, 탈퇴요건을 충족시키기 못해 보류되었고 2003년 재 탈퇴하였다.

◎ 화학무기금지기구(OPCW)

화학무기금지기구(Organization for the Prohibition of Chemical Weapons, OPCW)는 1997년 4월 29일 발효된 화학무기금지협약(CWC)의 협약이행을 담당하기 위해 설립되었다. 화학무기금지협약은 화학무기의 개발, 생산, 저장 등에 관한 규제를 포괄하여 제네바 의정서의 미비점을 보완한 것으로서 1997년 4월 발효되었다. 이

협약은 기존 다자군축협약과 달리, 협약 이행여부에 관한 강제사찰이 가능하며, 협약 미가입국에 대한 특정 화학물질 관련 교역규제가 규정됨으로써 협약이행 검증가능성과 협약 미가입에 대한 실질적 제재 가능성의 획기적 개선, 다자군축협약의 이정표로 주목받고 있다(NAVER 지식백과. 외교통상용어사전)

OPCW는 UN의 전문기구는 아니지만, 관련 조직으로서 정책 및 실무 문제 모두에서 협력한다. UN 회원국 대부분이 가입하고 있으나, 북한, 소말리아, 이라크, 앙골라 등은 가맹하고 있지 않다. 이 기구는 2013년 10월 11일 노벨 평화상 수상자로 선정되었다(위키백과).

◎ 생물무기금지협약(BWC)

생물무기금지협약(Biological Weapons Convention)은 생물 및 독소무기의 개발·생산·비축을 금지할 목적으로 1975년 발효한 다자간 군축·비확산조약이다. 이 협약은 1972년 4월 런던, 모스크바, 워싱턴에서 각각 서명한 후 1975년 3월 26일부터 효력을 발휘하기 시작한 최초의 특정 대량살상무기 금지조약이며, 각 협상 당사국이 보유하고 있는 생물무기의 완전 폐기를 목표로 한다.

생물무기 개발 및 사용 등에 대한 의혹이 제기될 경우 협약 위반 여부를 확인할 수 있는 효율적인 검증장치가 없어 엄격히 규제할 수 있는 검증체제 수립을 위해 1995년 제네바에서 생물무기금지협약(BWC) 검증의정서 제정협상을 위한 특별그룹(Ad Hoc Group) 회의가 열리고 있다. 화학무기금지협약(CWC), 핵확산금지조약(NPT), 포괄적 핵실험금지조약(CTBT) 등과 함께 국제 대량파괴무기금지 군축협약으로 자리 잡고 있다.

우리나라는 1987년 협약 비준서를 기탁하고 1992년부터 신뢰구축체제(CBM)에 참여해 생물학연구개발 프로그램 및 백신시설을 매년 공개하고, 특별그룹 회의에 참여하고 있다. 북한은 1987년 가입하였으나 신뢰구축체제와 특별그룹 회의에 참가하지 않고 있다(NAVER 지식백과. 두산백과).

◎ 국제형사재판소(ICC)

국제형사재판소(International Criminal Court, ICC)는 2002년 7월 1일 설립된 국제범죄를

범한 개인을 심리·처벌하는 국제재판소이다. 국제조약과 관습법에서 집단살해죄, 전쟁범죄 및 인도에 반한 죄를 금지하는 규칙, 법률, 규범을 만들어왔으나, 규범위반에 대한 처벌이 불가능하다는 한계가 있어 왔다. 1937년 테러리스트를 처벌하기 위한 국제형사재판소 설치에 관한 조약(프랑스와 소련 등 13개국 서명, 미발효) 등 움직임이 있었으나, 설립이 구체화된 것은 제2차 세계대전 후이다.

국제형사재판소는 UN 총회 옵서버이지만 UN 산하 기관은 아니다. 1948년 12월 제노사이드(집단살해죄) 방지 및 처벌에 관한 조약을 채택했고, UN총회에서 국제법위원회(International Law Commission, ILC)에서 재판소에 관한 예비 검토를 지시하였으나, 냉전 당사국과 세계 여러 강국의 반대로 결실을 이루지 못하였다. 1998년 6월 이탈리아 로마에서 열린 UNCP에 세계 160여 개국이 참가해 재판소 설립에 관한 로마 선언을 채택하였다. 재판소는 네덜란드 헤이그에 소재하고 있고, 소장단(Presidency), 전심부(Pre-Trial Division), 1심재판부(Trial Division), 상소재판부(Appeals Division), 소추부(Office of the Prosecutor) 및 사무국(Registry)으로 구성되어 있다(NAVER 지식백과. 외교통상사전).

(2) 경제분야

① 관세 및 무역에 관한 일반협정(GATT)과 세계무역기구(WTO)

◎ 관세 및 무역에 관한 일반협정(GATT)

관세 및 무역에 관한 일반협정(General Agreement on Tariffs and Trade, GATT)은 '제네바관세협정'이라고 한다. 관세 및 무역에 관한 일반협정은 제2차 세계대전 종결 후 세계경제의 재편성의 움직임이 1930년대의 아픈 경험이 반복되지 않도록 세계무역 규준을 제정하고 이를 실시하기 위한 국제적인 무역기구를 설치하자는 논의를 계기로 하여, 관세 및 수입 제한, 기타 무역상의 여러 장해를 경감, 철폐하는 것을 목적으로 발족된 국제기구이다. 세계경제 개편의 기본적인 골격을 자유무역체제에 바탕을 두었으며, 그 핵심으로서 관세인하와 무역제한 철폐, 이를 추진하기 위해 관세와 무역에 관한 일반협정(GATT)체제가 출범했다.

가트체제는 1994년 12월 6일 막을 내리고 우루과이라운드 협상결과의 준수여부를 감시할 세계무역기구(WTO)가 1995년 1월 1일 출범했다(NAVER 지식백과. 매일경제용어사전).

◎ 세계무역기구(WTO)

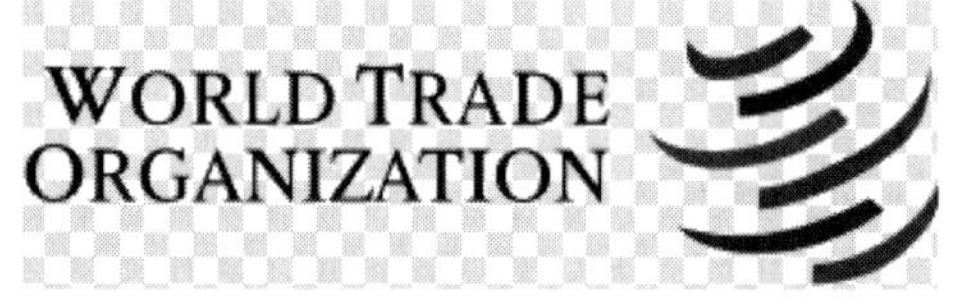

세계무역기구(World Trade Organization, WTO)는 관세 및 무역에 관한 일반협정(General Agreement on Tariffs and Trade, GATT)을 대신해 세계무역질서를 세우고 우루과이라운드(Uruguay Round of Multinational Trade Negotiation, UR) 협정 이행을 감시하는 국제기구이다.

1986년에 시작된 우루과이라운드 협상은 1947년 설립되어 세계무역질서를 이끌어 온 GATT 문제점을 해결하고, 이를 다자간 무역기구로 발전시키는 시도였다. 우루과이라운드 협정 결과, 서비스, 지적재산권, 국제투자 등을 포괄하는 국제규범이 제정되어 자유무역 범위가 더욱 확장되었고, 개도국의 관심인 반덤핑, 긴급수입제한조치, 섬유분야 등에서 규범이 강화되었다. 개도국 뿐 아니라 선진국 관세수준과 비관세장벽이 완화되었다.

7년 반에 걸친 논의 끝에 1994년 4월 모로코의 마라케시에서 개최한 우루과이라운드 각료회의에서 마라케시선언을 채택했고 우루과이라운드 최종의정서, 세계무역기구(WTO) 설립 협정에 서명하였고, 다음해 1995년 1월 1일 WTO가 공식 출범하였다. 조직은 총회, 각료회의, 무역위원회, 사무국 등이 있고, 그밖에 분쟁해결기구와 무역정책검토기구가 있다.

WTO는 GATT에 제외되었던 농산물, 서비스, 지적재산권, 섬유분야, 무역관련 투자 등을 포함시킴으로써 협정분야의 다양성, 보다 신속한 의사결정, 분쟁해결 및 조정능력 제고, 중요 무역정책의 주기적 검토, 낙후된 회원국의 협정이행 어려움을 고려해 경제발전단계에 따른 협정시행 유예기간 부여를 특징으로 하고 있다. WTO의 기본원칙은 아래와 같다.

첫째, 최혜국대우 원칙(Most Favored Nation Treatment, MFN)이다. 세계무역기구(WTO) 협정의 제 분야의 핵심원칙으로 특정국가에 대해 다른 국가보다 불리한 교역조건을 부여해서는 안 된다는 것이다. 한 교역상대국에 대해 특정상품에 3% 낮은 관세율이 적용된다면, 이 관세율이 자동적으로 세계무역기구의 제 회원국에게 적용되어야 한다는 것을 의미한다.

둘째, 내국민대우원칙(National Treatment, NT)이다. 국내에서 내국상품과 외국상품을 취급함에 있어서 차별하지 않고 동일하게 대우해야 한다는 것이다. 외국을 원산지로 하는 상품이 국내에 유통될 때 국산품과 동등한 수준의 세금, 부과금, 규제가 적용되어야 한다는 것을 의미한다.

셋째, 시장접근보장의 원칙(Market Access, MA)이다. 시장개방 확대의 실현을 목표로 관세나 조세 이외의 모든 제한을 철폐해야 한다는 것이다.

넷째, 투명성(Transparency) 원칙이다. 해당 국가의 행정이나 기관의 법령 적용, 합리적인 제도 운영이 유지되어야 하며, 결정의 기초가 되는 모든 법령과 자료가 공개되어야 한다는 것이다.

◎ WTO체제의 현재와 한계

WTO 설립은 협정에 의해 세계경제가 하나의 규범과 하나의 기구로 통합되어 한 지붕 경제권이 형성됨을 의미한다. 산업·무역의 세계화와 함께 국경 없는 무한경쟁시대로 돌입하는 새로운 국제무역환경 기반을 조성하였다. GATT체제에서 제외된 서비스교역, 지적재산권분야, 섬유 및 농업분야를 포함한 거의 대부분 분야를 다루었고, 저개발국가의 협약 시행의 어려움을 고려해 개발도상국에 대해 협약시행 유예기간을 부여하여 국가의 참여를 이끌어 낸다.

우리나라 입장에서는 유럽연합(EU), 북미자유무역협정(USMCA) 등 지역주의가 극심해지는 데 따르는 불이익이나 미국과 유럽연합 등 선진국의 일방적인 무역보복조치의 피해를 줄일 수 있다는 장점도 있다. 회원국은 164개국, 본부는 스위스 제네바에 있다(NAVER 지식백과. 두산백과).

WTO는 자유무역 확대를 목표로 하지만, 그 과정에서 발생하는 불평등과 환경, 노동문제로 인해 반세계화 운동의 주요 표적이 되었다. 반세계화 운동은 WTO가 주도하는 자유무역 질서가 거대 기업과 선진국에만 이익을 주고 개발도상국과 노동자를 소외

시킨다는 비판에서 출발하여, 보호무역주의 강화와 경제 블록화, 미·중 무역 분쟁 등으로 WTO 체제의 한계와 위기를 부각시켰다.

자유무역과 보호무역 정책 변화

미국과 중국의 무역 갈등 심화, 주요 국가들의 보호무역주의 강화로 WTO의 중재 기능이 약화되고 체제 자체가 위기를 맞고 있다. 미국은 WTO 체제의 한계를 지적하며, WTO 중심의 자유무역 질서를 벗어나 '미국 우선주의'와 보호무역을 바탕으로 한 새로운 무역 질서를 만들고자 하여, 전 세계 무역 질서에 큰 변화의 움직임을 가져오고 있다.

미국은 20세기 중반 이후 자유무역을 주도해왔으나, 최근 제조업 일자리 감소, 무역적자 확대 등으로 인해 보호무역 요구를 높이고 있다. 이것은 미국 내 산업 보호와 무역적자의 해소, 공급망의 재편 등 복합적 요인에 기인하고 있고, 국제무역질서의 다변화를 일으키고 있다.

트럼프 대통령 재임 이후 중국산 제품에 고율 관세, 자동차·배터리 등 첨단산업에 대한 추가 관세, 공급망 재편 등 보호무역 조치를 강화하였다. 또한 바이든 정부에서도 중국산 전기차에 대한 관세를 대폭 인상하는 등 보호무역 기조를 유지한 바 있다.

미국의 보호무역 강화는 한미 FTA 등 기존 자유무역협정에도 영향을 미치고 있고, 세계 각국은 이에 대응해 자국 산업 보호정책을 강화하는 추세이다.

② **경제개발협력기구**(OECD)

경제협력개발기구(Organization for Economic Cooperation and Development, OECD)는 경제발전과 세계무역 촉진을 위하여 발족한 국제기구로서 제2차 세계대전 이후 서유럽의 경제발전을 위해 1948년 미국 마샬플랜의 지원을 받은 유럽경제협력기구(Organization for European Economy Cooperation, OEEC)에서 시작해 1961년 가맹국 18개국과 함께 미국과 캐나다가 합쳐 구성되었다(NAVER 지식백과. 두산백과).

이 기구는 국제규범을 직접 제정하거나 협상을 위한 국제기구가 아니라 회원국 경제성장 촉진, 경제운용의 효율성을 제고하기 위해 필요한 경제정책의 기본방향을 채택하여 국가정부차원 토의 및 협정을 위한 클럽형태의 협의기구이다. 기구의 목적은 경제성장, 개발도상국 원조, 무역의 확대 등이고, 활동은 경제정책 조정, 무역문제이나 산업정책 검토, 환경문제, 개발도상국의 원조문제 등의 일을 한다. 35개국이 회원국이며, 우리나라는 1996년 12월 12일 회원국으로 가입하였다. 본부는 프랑스 파리에 있다.

③ **국제통화기금**(IMF)

국제통화기금(International Monetary Fund, IMF)은 세계무역 안정을 목적으로 설립한 국제금융기구로 1944년 체결된 브레턴우즈협정에 따라 1945년 설립되어, 1947년 3월부터 국제부흥개발은행(International Bank for Reconstruction and Development, IBRD)과 함께 업무를 개시하였다.

두 기구를 총칭하여 브레턴우즈기구라고 하며, 가입국은 189개국, 본부는 미국 워싱턴 DC에 있다(NAVER 지식백과. 두산백과). 이 기구는 세계무역의 안정된 확대를 통하여 가맹국들의 고용증대, 소득증가, 생산자원개발에 기여하는 것을 목적으로 하고, 외환시세 안정, 외환제한 철폐, 자금 공여 활동을 하고 있다. 기금은 각국의 국제무역 규모, 국민소득액, 국제준비금보유량 등에 따라 회원국 정부의 출자로 이루어지고, 회원국은 일시적인 국제수지 불균형이 있을 경우 필요한 외환을 국제통화기금으로부터 자국통화로 구입할 수 있다. 가입국 수가 증가해 국제사회 영향력이 증대되었고, 국제통화기금 가입국 수는 설립에 관련된 44개국의 4배 이상이다.

④ **세계은행그룹**(World Bank Group)

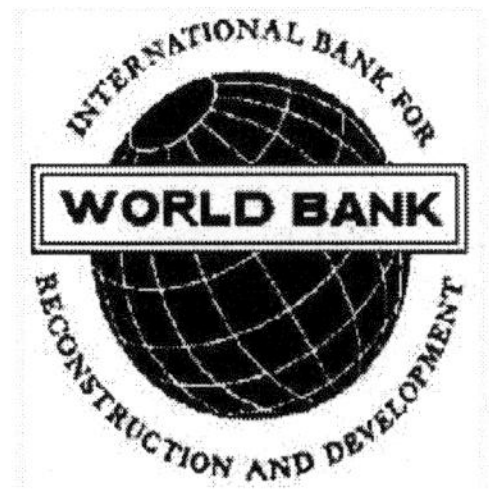

개발도상국의 빈곤 감소와 경제 성장을 지원하기 위해 설립된 5개 국제기구의 집합체로, 국제부흥개발은행(IBRD)과 국제개발협회(IDA), 국제금융공사(IFC), 다자간투자보증기구(MIGA), 국제투자분쟁해결센터(ICSID)를 포함하는 자금 지원과 함께 기술적 지원 및 정책 자문을 제공하는 세계 최대의 개발 금융기관이다.

국제부흥개발은행(IBRD)

국제부흥개발은행(International Bank for Reconstruction and Development, IBRD)은 세계은행(World Bank)이라고 하며, 1944년 브레턴우즈협정(Bretton Woods Agreement)에 따라 UN 전문기관으로 제2차 세계대전 후 각국 전쟁피해 복구와 개발을 위해 1946년 설립되었다. 주요 목적은 첫째, 가맹국 정부 혹은 기업에 융자하여 경제와 사회발전에 기여하고, 둘째, 국제무역의 확대와 국제수지의 균형을 도모하며, 셋째, 저개발국에 대한 기술 원조를 제공하는 것이다. 자금은 가맹국에의 주식할당에 의한 자기자본, 특별준비금, 차입금(세계은행채 발행 조달), 투자이윤 등으로 이루어진다(NAVER 지식백과. 두산백과).

회원국은 189개국(IMF 회원국 자동가입)이며, 우리나라는 1955년 가입했고, 1970년 대표이사국으로 선임되었다. 제40차 총회가 IMF 총회와 합동으로 1985년 10월 서울에서 개최되었다. 본부는 미국 워싱턴DC에 있다. 12대 총재는 김용(Jim Yong Kim) 다트머스대학 전총장이며, 2012년 4월 16일 선출 이래, 2012년 7월 1일부터 공식적으로 총재 업무를 시작하여 2017년 연임에 성공하였으나 2022년까지 남은 임기를 3년 이상 남겨둔 채 2019년 2월 1일 사임했다.

국제개발협회(IDA)

국제개발협회(International Development Association, IDA)는 개발도상국의 경제개발을 돕기 위해 설립된 국제금융기관이다. 이 기구는 국제부흥개발은행(IBRD)의 자매기구로 저소득 국가에 대한 경제개발과 생산성 향상을 돕기 위해 1960년 9월 설립되었다. 세계은행보다 좀 더 좋은 조건으로 융자해주기 위한 것이며, 회원국이 되려면 먼저 세계은행에 가입하고, 임원진도 세계은행 임원이 겸임하고 있다. 기구의 재원은 부유한 회원국들의 기부금과 세계은행의 수익금을 전환해 충당하고 있다(NAVER 지식백과. 두산백과).

융자대상국은 1인당 GNP 940달러 이하 개도국으로 인도, 방글라데시, 파키스탄,

이집트, 인도네시아 등이 수혜한 바 있다. 상환기간은 50년으로 10년 거치 후, 다음 10년간은 매년 원금의 1%, 나머지 30년간은 3%씩 갚고, 무이자에 매년 0.75%의 수수료를 지불한다. 차입국가 국제수지에 미치는 영향을 고려해 차입국가 통화로 상환할 수 있다. 우리나라는 1961년 가입하였고, 173개국이 가입하고 있다. 본부는 미국 워싱턴DC에 있다.

⑤ **유엔무역개발회의**(UNCTAD)

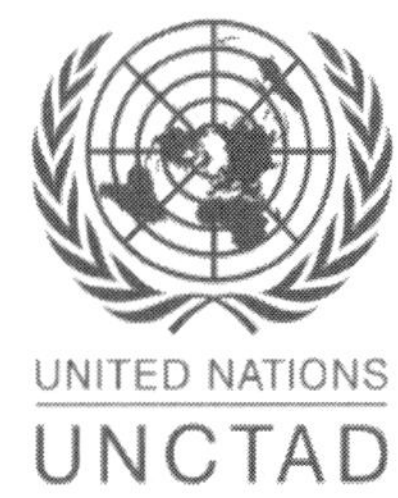

유엔무역개발회의(United Nations Conference on Trade and Development, UNCTAD)는 개발도상국의 산업화와 국제무역 참여를 지원하기 위해 설치된 UN총회의 상설기관이다. 이 기구는 1964년 개발도상국의 산업화와 국제무역을 지원하고 심화된 남북문제 해결을 목적으로 설치되었다. 설립 배경은 제2차 대전 이후, 아시아와 아프리카의 많은 나라가 독립했으나, 급속한 인구 증가와 취약한 경제구조로 인한 이들 저개발국가의 빈약한 경제는 전후 세계경제의 큰 문제로 부상했다. 당시 세계무역을 지배하고 있던 관세 및 무역에 관한 일반협정(General Agreement on Tarriffs and Trade) 등 선진국 위주의 경제기구에 대한 반발이 높아지면서 남북문제의 근본적 개선이 요구되었다.

주요 기능은 첫째, 선진국과 개발도상국 간, 혹은 개발도상국 상호간 무역 증진, 둘째, 국제무역과 관련 경제개발문제에 관한 원칙과 정책 결정, 셋째, 국제무역과 관련 분야에 있어서 UN 조직 내 타기관이 행하는 여러 활동 조정 혹은 검토, 넷째, 각국 정부 및 EEC(유럽경제공동체) 등의 지역경제 집단의 무역정책 및 개발정책 조화 등이다. 또한 UN개발계획(UNDP)의 실행기관으로 기술협력과 정보교환 등 업무도 맡고 있다(NAVER 지식백과. 두산백과). 가입국은 194개국이며, 우리나라는 1965년 가입했다. 본부는 스위스 제네바(주네브)에 두고 있다.

⑥ **세계지적재산기구**(WIPO)

세계지적재산권기구(World Intellectual Property Organization, WIPO)는 지적소유권의 국제적 보호와 협력을 위하여 설립된 기구이다. 1974년 UN의 전문기구가 되었고 정책결정기관 총회를 3년마다 개최하고 회의를 연다. 지적재산권은 발명, 상표, 의장 등에 관한 공업소유권과 문학, 음악, 미술 작품 등에 관한 저작권의 총칭한다. 이 기구는 지적재산권의 국제적 보호 촉진, 국제협력을 목적으로 하며, 이를 위해 조약체결이나 각국 법제의 조화를 도모하고, 개발도상국에 대해서는 지적소유권에 관한 법률 제정이나 기술 등에 대해 원조한다. 음반과 비디오 등 음악과 시청각 자료의 해적판 범람을 규제하기 위하여 각국에 입법 조치를 강구하는 등 결의를 채택하였다(NAVER 지식백과. 두산백과).

본부는 스위스 제네바(주네브)에 있으며, 회원국은 185개국이다. 우리나라는 1979년 가입하였다.

⑦ 주요 경제협력체

◎ G20(Group of 20)

G20(Group of 20)은 세계 경제를 이끄는 G7에 12개의 신흥국, 주요경제국 및 유럽연합(EU), 아프리카연합(AU)을 더한 국가 및 지역 모임이다. 이 회의는 1999년 9월 개최된 국제통화기금(IMF) 총회에서 G7과 신흥시장이 참여하는 기구를 만드는 데 합의해 동년 12월 창설되었다. 'G'는 영어 '그룹(group)'의 머리글자이고, 뒤의 숫자는 참가국 수를 가리킨다. 1999년 12월 독일에서 첫 회의가 열린 이래 매년 정기적으로 회원국의 재무장관과 중앙은행 총재가 회담하다가 세계적 금융위기 발생을 계기로 2008년부터 정상급 회의로 격상되었다. 주요 내용은 국제금융의 현안이나 특정 지역의 경제위기 재발 방지책, 선진국과 신흥시장간 협력체제구축이며, 국제통화기금(IMF), 세계은행(IBRD), 유럽중앙은행(ECB), 국제통화금융위원회(IMFC)가 옵서버 자격으로 참가한다.

G20의 19개 회원국은 전 세계 총생산의 약 85%, 국제무역의 75%, 전 세계인구의 56%, 전 세계 육지면적의 60%를 차지한다. EU와 AU를 포함하면 G20은 전 세계 인구의 78.9%와 화석에너지로 인한 전 세계 CO2 배출량의 83.9%를 차지한다(위키백과).

G7이 대개 1년에 한 차례 정상회의를 열어 세계의 경제 문제를 논의하였으나, 1997년 아시아의 외환위기를 맞아 선진 7개국의 협력만으로 위기를 해결하기 어렵다는 한계에 부딪쳤고, 중국과 인도 등 신흥국이 포함되지 않아 대표성이 결여된다는 문제점이 제기되었다. 이에 따라 IMF 회원국 중 가장 영향력 있는 20개국을 모은 것이

G20이다. (NAVER 지식백과. 두산백과).

G20의 구성원은 기존의 G7 참가국과 각 대륙의 신흥국 및 주요국 12개국, 유럽연합 의장국, 아프리카연합을 포함해 총 21개국이다. 해당 해의 유럽연합 의장국이 기존의 구성원일 경우 20개국으로 회담이 이루어진다. 정상회의에는 19개국, 아프리카연합, 유럽연합의 정상이 참석하며, 장관급 회의에는 19개국, 아프리카연합, 유럽연합의 재무장관 및 중앙은행 총재가 참석한다.

G20은 5개 그룹으로 구분하며, 1그룹(미국, 캐나다, 사우디아라비아, 오스트레일리아), 2그룹(러시아, 인도, 터키, 남아프리카공화국), 3그룹(브라질, 아르헨티나, 멕시코), 4그룹(영국, 프랑스, 독일, 이탈리아), 5그룹(한국을 포함한 일본, 중국, 인도네시아)이다. 별도의 사무국은 없고, 의장국이 1년간 사무국 역할을 한다. 제5차 정상회의가 2010년 11월 서울에서 개최되었다.

◎ 아시아태평양경제협력체(APEC)

아시아태평양경제협력체(Asia-Pacific Economic Cooperation, APEC)는 환태평양 연안 국가의 경제적 결합을 돈독하게 하고자 만든 국제기구이며 싱가포르에 사무국을 두고 총 20개 국가와 1개의 특별행정구(한국, 미국, 중국, 일본, 러시아, 호주, 캐나다, 칠레, 인도네시아, 말레이시아, 멕시코, 뉴질랜드, 파푸아뉴기니, 페루, 필리핀, 싱가포르, 태국, 브루나이, 베트남, 대만, 홍콩)가 참여하고 있다. 가입국은 환태평양 국가라는 공통점을 제외하고는 역사, 문화, 경제발전 단계 등이 모두 상이한 것이 특징이다.

이 기구는 아시아태평양 공동체의 달성을 비전으로 하여 경제성장과 번영을 목표로 한다. APEC의 특징은 다음과 같다.

첫째, 비공식 협의체로 WTO와 달리 구속력 있는 조약보다는 회원국 간의 합의와 이행을 강조하는 비공식적인 성격이 강하다.

둘째, 명목상 국가가 아닌 '경제권'을 대표하며, 회원국 명칭 뒤에 국기를 사용하지 않는 것이 관례이다.

셋째, 거대한 경제블록으로서 전 세계인구의 약 40%, 교역량의 약 50%를 차지하는 거대한 경제협력체이다.

APEC은 1989년 11월 캔버라에서 한국, 미국, 일본, 오스트레일리아, 캐나다, 뉴질랜드와 ASEAN 6개국 등 총 12개국이 참여한 가운데 제1차 회의가 개최되었다. 1991년 제3차 서울회의에서 중국, 대만, 홍콩이, 1993년 시애틀회의에서 멕시코와 파푸아뉴기니가 가입하였고, 이때부터 정상회의(Summit)로 격상되었다(NAVER 지식백과. 두산백과).

우리나라는 총 3차례 회의를 개최하였다. 1991년 11월 12일부터 14일까지 서울특별시에서 각료들이 참여하는 제3회 APEC 회의가 개최되었고, 2005년 11월 18일부터 19일까지 부산광역시의 제13회 APEC 회의, 2025년 10월 31일부터 11월 1일 까지 경주에서 제33회 회의가 개최되었다.

(3) 사회분야

① 국제노동기구(ILO)

국제노동기구(International Labour Organization, ILO)는 노동자의 노동조건의 개선 및 지위 향상을 위해 설치된 UN전문기구이다. 1919년 베르사유조약 제13편(노동편)을 근거로 창설되어 1948년부터 제29차 총회에서 채택된 국제노동헌장에 입각하여 운영된다. 설립 당시 회원국이 대부분 선진 유럽국가였으나, 제3세계 국가가 많이 늘어나 정책 방향이 바뀌고 있다

다른 국제기구는 대부분 정부가 회원국의 대표로 있지만 사용자, 노동자, 정부 대표가 이사회에 속해 있다. 상설기관은 총회, 이사회, 사무국이 있으며, 보조기관으로 각 지역별 회의와 여러 노조위원회가 있다. 매년 1회 개최되는 총회에 각 가맹국 정부대표 2인과 노사대표 각 1인이 참석하며, 국제노동조약과 권고가 결정된다.

주요활동은 각국의 노동입법 수준을 발전시켜 노동조건을 개선하고 사회정책과 행정, 인력 자원을 훈련시키며 기술을 지원한다. 그리고 협동조합과 농촌에 공장을 세우는 것도 지원한다. 이러한 활동을 하기 위하여 국제 노동통계를 수집하고 불완전고용, 노사관계, 경제발전 등에 관해 연구한다. 연구 결과와 수집된 자료를 이용하여 〈국제노동평론〉과 〈노동통계연감〉을 발간한다(NAVER 지식백과. 두산백과).

이 기구는 유엔식량농업기구(FAO)와 UNESCO와 협정을 체결했고, 국제노동헌장에 따라 세계노동조합연맹(Word Federation of Trade Unions, WFTU)과 국제자유노동조합연맹(International Confederation of Free Trade Unions, ICFTU)과 협력하고 있다.

회원국은 183개국이며, 우리나라는 1991년 12월 152번째로 가입하였다. 본부는 스위스 제네바(주네브)에 있다. 1969년 그 동안의 폭넓은 활동이 인정되어 노벨평화상을 받았다.

② 유엔식량농업기구

유엔식량농업기구(Food and Agriculture Organization of the United Nations, FAO)는 개발도상국 기근과 빈곤을 제거하기 위해 설립된 국제기구이다. 1943년 5월 미국 프랭클린 D. 루스벨트(Franklin D. Roosevelt) 대통령의 제창에 의해 개최된 식량농업회의를 모태로 1945년 10월 캐나다 퀘벡에서 소집된 제1회 총회에서 34개국 헌장서명으로 발족했다. 이 기구는 모든 사람의 영양기준 및 생활향상, 식량과 농산물의 생산 및 분배 능률증진, 개발도상국 농민의 생활상태 개선을 통한 세계 경제발전 기여를 목적으로 한다.

주요 활동은 세계농업발전 전망에 관한 연구와 각종 기술원조 계획을 이행하고, 식량농업, 임산물, 어업에 관한 통계연감 발행하며, 식량의 부족과 잉여에 관해 세계적 규모로서 조정한다. 이를 위해 UN과 더불어 식량이 풍부한 지역의 과잉식량을 모아서 기아와 빈곤에 시달리는 지역에 분배하는 세계식량계획(World Food Program, WFP)을 수행한다.

이 기구는 최고집행기관인 총회 아래 이사회와 사무국이 있으며 계획, 재정, 헌장 및 법률문제, 상품문제, 수산, 임업, 농업, 세계식량안보 등 8개 위원회가 있다. 모든 회원국으로 구성되는 총회는 2년마다 소집되며, 식량과 농업상태와 유엔식량농업기구(FAO)의 업무를 점검하고 계획과 예산을 승인하며, 3년 임기로 순환되는 49개 회원국으로 구성되는 이사회와 사무총장을 선출한다(NAVER 지식백과. 두산백과).

회원국은 194개국이며, 우리나라는 1949년 가입했다. 1953년 '유엔식량농업기구

(FAO)와 대한민국 간의 기술원조에 관한 기본협정'을 체결했고, 동시에 '유엔식량농업기구(FAO) 국제식물보호협정'에 가입했다. 본부는 이탈리아 로마에 두고 있다.

③ 세계보건기구(WHO)

세계보건기구(World Health Organization, WHO)는 보건과 위생 분야의 국제적인 협력을 위하여 설립한 UN의 전문기구이다. 1946년 61개국의 세계보건기구헌장 서명 후 1948년 26개 회원국의 비준을 거쳐 정식으로 발족했다. 1923년 설립한 국제연맹(League of Nations) 산하 보건기구와 1909년 파리에서 개설한 국제공중보건사무소에서 약물을 표준화하고, 전염병을 통제하며 격리 조치하는 업무를 수행하였다.

세계보건기구(WHO)는 이 업무를 이어받아 세계 인류가 신체적, 정신적으로 최고의 건강 수준에 도달하는 것을 목적으로 활동한다. 이를 위해 중앙검역소 업무와 연구자료 제공, 유행성 질병 및 전염병 대책 후원, 회원국의 공중보건 관련 행정 강화와 확장 지원 등의 일을 맡고 있다. 헌장에서 건강을 '육체적, 정신적, 사회적으로 완전히 행복한 상태를 말하며, 단순히 질병에 관한 것만을 지칭하는 것이 아니다'라고 정의한다.

주요기관은 총회, 이사회, 사무국이 있다. 총회는 주요정책의 결정 기관으로 매년 회의를 개최하고, 이사회는 30여 명의 보건전문가로 구성되며 3년마다 새로 선출한다. 사무국은 전 세계에 설치된 지역사무소와 각 분야별로 행정요원들이 활동한다. 그밖에 전문가자문부회, 전문가위원회 및 세계 각 지역에 지역위원회, 지역사무국으로 구성된 지역기구가 있다. 재정은 회원국 정부의 기부금으로 충당한다(NAVER 지식백과. 두산백과).

가맹국은 194개국이며 한국은 1949년 제2차 로마 총회에서, 북한은 1973년 가입하였다. 본부는 스위스 제네바(주네브)에 두고 있다.

④ 유엔아동기금(UNICEF)

유엔아동기금(United Nations Children's Fund, UNICEF)은 전쟁피해 아동의 구호와 저개발국 아동의 복지향상을 위해 설치된 UN특별기구이다. 1946년 12월 UN총회의 결의에 따

라 전쟁 피해 아동과 청소년들의 구호를 위해 설립되었으며, 처음 명칭은 UN국제아동구호기금(United Nations International Children's Emergency Fund)이었으나, 1953년 현재 명칭으로 바뀌었으나, UNICEF라는 약칭은 그대로 사용한다. 이 단체는 어린이의 생활개선에 기여한 공로가 인정되어 1965년 노벨평화상을 받았다(NAVER 지식백과. 두산백과).

지원 분야는 긴급구호, 영양, 보건, 예방접종, 식수 및 환경개선, 기초교육, 모유수유 권장에 이르기까지 다양하다. 가입국은 182개국이며, 활동기구는 개발도상국형 기구 대표사무소와 선진국형 기구 국가위원회로 나누어진다. 전 세계 144개 개발도상국에 설치된 대표사무소는 자국아동 구호를 위한 각종 지원사업을, 36개 선진국에 설치된 국가위원회는 아동구호를 위한 지원마련과 자국민에게 세계아동문제를 홍보하는 역할을 한다.

유엔아동기금은 본부, 선진국형 조직 국가위원회(National Committee), 국가사무소(Field Office), 지역사무소(Regional Office)로 구분된다. 본부는 뉴욕과 제네바에 나뉘어 있고, 뉴욕은 중추적인 역할, 제네바는 커뮤니케이션 역할을 한다. 우리나라는 1950년부터 1993년까지 유엔아동기금으로부터 다양한 지원을 받았고, 1988년 집행이사국이 되었다. 1994년 1월 유니세프한국대표부가 유니세프한국위원회로 바뀌면서 지원 받는 국가에서 지원하는 국가가 되었다. 북한의 기아사태, 내전중인 르완다·소말리아 등에 긴급자금을 지원했고, 기금을 마련을 위한 사업을 펼치고 있다.

⑤ **국제해사기구**(IMO)

국제해사기구(International Maritime Organization, IMO)는 항로, 교통 규칙, 항만시설의 국제적 통일을 위한 기구이다. 1948년 2월 19일 스위스 제네바에서 UN해사위원회가 열렸고 1948년 3월 6일 미국, 영국을 비롯한 12개국이 국제해사기구조약을 채택하였다. 이 조약은 1958년 3월 17일부터 발효되어 1959년 1월 6일 UN전문기구로 정부 간 해사자문기구로 활동을 시작했다.

SOLAS(International Convention for the Safety of Life at Sea)를 위한 국제협약 개정안을 채택하고, 1973년과 1978년 MARPOL 조약을 채택하였다. 이 조약은 사고에 의한 기름 오염뿐 아니라 화학약품, 수화물, 오물, 쓰레기로 오염되는 경우도 다루고 있다(NAVER 지식백과. 두산백과).

국제해사기구는 1982년 5월 22일 현재의 명칭으로 개칭하였다. 1983년 각국 요원 교육과 훈련을 지원하고 기술을 개발하기 위해 스웨덴 말뫼에 세계해사대학을 설립하였고 그밖에 국제해사법연구소, 국제해사아카데미 등이 소속되어 있다. 활동 목적은 해상안전, 해수오염방지, 선박적재화물 계량단위 규격화, 각국 해운 회사의 불공정한 제한조치 규제 등이다. 해운문제 심의, 정보 교환, 조약 작성이나 권고가 주요 임무이다. 170개 회원국이 있으며 국제정부기구(IGO)와 국제비정부기구(NGO)와 협력하고 있다. 우리나라는 1961년, 북한은 1986년 가입하였다. 본부는 영국 런던에 있다.

⑥ 국제민간항공기구(ICAO)

국제민간항공기구(International Civil Aviation Organization, ICAO)는 민간항공의 건전한 발전을 도모하기 위하여 1947년 발족한 국제기구이다.

이 기구는 1944년 시카고에서 52개국 대표가 모여 설립을 결정한 국제민간항공조약(시카고조약)에 의거해 설립되었고, 1947년 UN 경제사회이사회 산하 전문기구가 되었다. 국제민간항공 운송의 발전과 안전의 확보, 능률적이고 경제적인 운송의 실현, 항공기 설계, 운항기술 발전 등을 주요 목표로 삼고 있다. 주요 업무는 항공기, 승무원, 통신, 공항시설, 항법 등 기술면에서의 표준화와 통일을 위해 연구하며 그 결과를 회원국에 제공한다(NAVER 지식백과. 두산백과).

우리나라는 1952년 가입하였고, 2001년 10월 상임이사국이 되었다. 가입국은 191개국이며, 본부는 캐나다 몬트리올에 있다.

(4) 환경분야

① **유엔환경계획**(UNEP)

유엔환경계획(United Nations Environment Programme, UNEP)은 환경 분야의 국제협력을 촉진하기 위해 UN총회 산하에 설치된 환경 관련 종합조정기관이다. 이 기구는 1972년 UN인간환경회의(United Nations Conference on Human Envioronment, UNCHE)의 '인간환경 선언' 결의에 따라, 제27차 UN총회에서 환경문제에 대한 국제 협력 추진기구로 설립되었다. 환경 분야에 있어서 국제협력촉진, 국제지식증진, 지구환경상태 점검을 목적으로 하며, 프로그램은 환경보전, 생태계, 환경과 개발, 자연재해, 에너지, 지구관찰, 환경관리 등 분야를 포함하며 주로 환경감시, 환경평가, 환경과 관련한 기술·과학적 업무에 치중한다(NAVER 지식백과. 두산백과).

인구증가, 도시화, 환경과 자원에 관한 영향분석 및 환경생태 연례보고서를 작성하고, 중요한 환경문제에 대한 각국 정부의 주의를 환기시켜 5년마다 지구 전체의 환경추세에 대한 종합보고서를 발간한다. 1987년 9월 오존층을 파괴하는 물질에 대한 '몬트리올 의정서'를 채택하고 오존층 보호를 위한 국제협력 촉구, 지구환경감시시스템(Global Environmental Monitoring System)을 설치하고 환경 및 자원에 관한 정보를 제공한다. 우리나라는 1972년 가입했고, 본부는 케냐의 나이로비에 두고 있다.

② **유엔기후변화협약**(UNFCCC)

유엔기후변화협약(United Nations Framework Convention on Climate Change, UNFCCC)은 지구온난화를 규제와 방지하기 위한 국제협약이다. 정식명칭은 '기후변화에 관한 유엔 기본협약', '리우환경협약'이라고 한다.

1979년 G. 우델과 G. 맥도날드 등 과학자가 지구온난화를 경고한 후 1987년 제네바에서 열린 제1차 세계기상회의에서 정부 간 기후변화패널(Inter-Governmental Panel on Climate Change, IPCC)을 결성했다. 1988년 6월 캐나다 토론토에서 지구온난화 국제협약

체결을 공식으로 제의했고, 1990년 제네바에서 제2차 세계기후회의에서 기본협약을 체결하고, 1992년 6월 정식으로 기후변화협약을 체결했다(NAVER 지식백과, 두산백과). 온실가스 감축을 위한 국가들의 공동 노력을 목표로 하며, 파리협정 등 구체적인 이행을 위한 후속 의정서를 포함하는 환경 협약이다.

협약 목적은 이산화탄소를 비롯한 온실가스의 방출을 제한해 지구온난화를 막는 것이다. 규제대상 물질로 탄산, 메탄가스, 프레온가스 등이 있다. 가입국은 192개국이다.

◯ 교토의정서(Kyoto Protocol)

기후변화협약의 구체적 이행 방안이 1997년 12월 일본 교토에서 개최된 기후변화협약 제3차 당사국 총회에서 채택되었다. 선진국의 온실가스 감축 목표 수치와 실천사항이 포함되어 있어 협약이 실제로 추진될 수 있는 중요한 계기를 만들었다. 의무 이행 대상국은 오스트레일리아, 캐나다, 미국, 일본, 유럽연합 등 총 37 개국이고, 각국은 2008~2012년까지 온실가스 총배출량을 1990년 수준보다 평균 5.2% 감축하기로 약속했다. 개발도상국의 경제발전 과정에서 온실가스 배출량이 증가하였고, 감축의무가 있는 선진국이 협약을 이행하지 않아 성과를 거두지 못하였다.

◯ 파리기후협정

2020년 시효가 만료되는 '교토의정서'의 뒤를 잇기 위한 기후변화 협정으로 2015년 12월 프랑스 파리에서 196개국 만장일치로 채택되었다. 핵심 내용은 지구의 평균기온 상승을 2℃ 이내보다 낮은 수준, 실제 1.5℃ 이내로 제한하기 위한 노력을 추구한다는 것이다. 사실상 전 세계 거의 모든 국가가 이 협약에 서명했을 뿐 아니라 '이행 강제성'을 담고 있어 교토의정서보다 한걸음 더 나아갔다고 할 수 있다.

◯ 온실가스 배출국, 미국의 협약 탈퇴

유엔기후변화협약(UNFCCC)과 미국은 역사적으로 중요한 관계를 맺어왔는데, 미국은 1992년 협약 체결 당시 가입하여 비준했으나, 트럼프 행정부시기에 파리협정 탈퇴에 이어 유엔기후변화협약과 관련 주요 국제기구 66곳에서 탈퇴를 선언하여 기후변화 대응에 대한 국제사회의 우려가 현실화되었다. 1992년 부시 행정부 시절 가입 후 30년

넘게 유지해온 협약에서 탈퇴한 것으로서 지구온난화 방지를 위한 국제적 노력에 큰 영향을 미칠 수 있다.

③ 지구환경기금(GEF)

지구환경기금(Global Environment Facility)은 환경보전을 목적으로 설립된 국제기금으로 개발도상국의 환경분야 투자와 관련 기술개발을 지원하기 위해 1990년 10월 설립되었다. UN개발계획(UNDP), UN환경계획(UNEP), 세계은행이 공동으로 관장하고 있다.

우리나라는 1994년 5월 11일 가입하였고, 회원국은 183개국이며 이 중 33개국에서 20억 원의 기금출연을 약정하였다. 기금은 생물 다양성 보존협약, 기후변화협약 등 국제 환경협약상의 수혜국 및 세계은행, 국제개발협회, UN개발계획 등 국제기구의 수혜대상국에 지원된다. 한국은 지구환경기금 자금수혜를 위해 1994년 7월부터 중국과 공동으로 '서해 광역 생태계 조사사업'을 추진했고. 이 사업은 서해 생태계에 대한 종합적 감시 및 평가기술 개발을 내용으로 한다(NAVER 지식백과. 두산백과).

지구환경기금은 현재 생물 다양성 보존협약, 기후변화협약의 임시 재정기구의 역할을 하고 있고, 각종 환경협약의 통합기금 역할을 수행해 지구환경보전사업과 관련된 핵심기구로 자리 잡았다.

④ 세계기상기구(WMO)

세계기상기구(World Meteorological Organization, WMO)는 기상관측이나 기타 지구물리학적 관측을 위한 범세계적 협력관계 도모를 목적으로 설립된 국제기구이다. 이 기구는 1879년 창립된 국제기상기구(International Meteorological Organization, IMO)가 전신이며, 1947년 IMO 이사회에서 새 기구와 협약을 채택했고, 1951년부터 44개 회원국으로 기상관련 기구 활동을 시작하였다.

185개국이 가입되어 있고, 우리나라는 1956년 3월 회원으로 등록하였다. 본부는 스위스 제네바에 있다. 이 기구는 관측네트워크 확립을 위한 세계 협력, 기상정보의 신속한 교환조직 확립, 기상관측 표준화와 관측 및 통계의 통일성 있는 간행 확보, 항공·항해·농업 및 인류활동에 대한 기상학 응용, 기상학 연구 및 교육의 장려와 국제적인 조정 등을 목적으로 한다(NAVER 지식백과. 두산백과).

(5) 문화 및 인권분야

① UN교육과학문화기구(UNESCO)

UN교육과학문화기구(United Nations Educational, Scientific and Cultural Organization, UNESCO)는 교육, 과학, 문화의 보급 및 교류를 통하여 국가 간 협력증진을 목적으로 설립된 UN전문기구로, 인류가 보존 보호해야할 세계유산을 지정, 보호한다.

1945년 11월 영국과 프랑스 공동주체로 런던에서 열린 유네스코창설준비위원회에서 44개국 정부대표에 의해 헌장이 채택되었고, 1946년 11월 20개 서명국이 헌장비준서를 영국정부에 기탁함으로써 최초의 UN전문기구로 발족했다. 주요 활동은 다음과 같다(NAVER 지식백과. 두산백과).

첫째, 교육분야로 문맹퇴치, 초등의무교육 보급, 난민교육을 다룬다.

둘째, 과학분야로 생물학, 해양학, 환경문제에 대한 국제적인 연구, 정보교환 등 사회과학 분야에서는 인권문제에 관한 연구와 분석, 개발도상국 통신설비, 정보시설 지원, 언론인을 육성 지원 등을 포함한다.

셋째, 문화분야로 세계유산지정, 가치 있는 문화유적 보존 및 보수 지원, 세계 각국의 독자성 있는 전통문화 보존지원, 세계 각국의 문학과 사상에 관한 문헌의 번역소개 등을 포함한다.

이밖에 라디오, TV, 영화의 개발 보급, 출판기술 향상, 우주통신 개발과 평화적 이용, 매스미디어를 이용한 교육 보급에 기여하고 있다.

기구는 총회, 집행위원회 및 사무국이 있다. 총회는 회원국 전체의 대표로 구성되는 최고의사결정기관이며, 2년에 1회씩 약 1개월에 걸쳐 개최된다. 회원국은 195개국이며, 우리나라는 1950년 가입했고, 1987년 제24회 총회에서 집행위원국에 선출된 바 있다. 본부는 프랑스 파리에 있다.

② 세계인권선언과 국제인권규약

세계인권선언(Universal Declaration of Human Rights)은 1948년 12월 제3차 UN총회에서 채택된 선언이다. 제2차 대전의 인권무시, 인권존중과 평화 확보 사이의 깊은 관계를 고려하여 기본적 인권 존중을 중요한 원칙으로 하는 UN헌장 취지에 따라 보호해야 할 인권을 구체적으로 규정할 것을 목적으로 한다(NAVER 지식백과. 두산백과).

세계인권선언은 총회에서 당시 가입국 58개국 중 50개국이 찬성해 채택된 인권에 관한 세계선언문이며, 총회결의 217A(III)로 알려져 있다. 413개 언어로 번역되어 가장 많이 번역된 UN총회 문건이다. 1946년 인권장전 초안과 1948년 세계인권선언 및 1966년 국제인권규약을 합쳐 국제인권장전이라고 부른다. 이 선언은 법적 구속력은 없으나 오늘날 대부분의 국가 헌법 혹은 기본법에 내용이 각인되고 반영되어 실효성이 크다.

전문(前文)과 본문 30개조로 되어 있고, 그 중 제21조까지 시민적, 정치적 성질의 자유, 즉 자유권적 기본권에 관한 규정이다. 경제적, 사회적, 문화적 성질의 자유, 즉 생존권적 기본권에 관해서도 상당한 배려가 되어 있으며, 사회보장에 대한 권리(22조), 노동권과 공정한 보수를 받을 권리 및 노동자의 단결권(23조) 등 상세규정이 마련되어 있다.

국제인권규약(International Covenants on Civil and Political Rights)은 1966년 12월 16일 제21차 UN총회에서 인권의 국제적 보장을 위하여 채택된 조약이다. '경제적, 사회적, 문화적 권리에 관한 규약(A규약)'과 '시민적, 정치적 권리에 관한 규약(B규약)' 그리고 A규약과 B규약 각각의 부속 선택의정서로 이루어져 있다(NAVER 지식백과. 두산백과). 세계인권선언이 개인과 국가가 달성해야 할 공통의 기준으로서 채택되어 도의적인 구속력은 지녔으나 법적 구속력이 없었던 것에 반해, 국제인권규약은 조약으로서 체약국을 법적으로 구속하는 것이 특징이다.

③ 유엔난민고등판무관(UNHCR)

유엔난민고등판무관(Office of the United Nations High Commissioner for Refugees, UNHCR)은 세계 난민문제의 항구적 해결을 위하여 설립된 UN보조기관이다. 1951년 국제난민기구(International Refugee Organization, IRO)가 폐지된 후, 난민보호와 구제를 위해 UN경제사회

이사회(Economic and Social Council, ECOSOC) 아래 설치되었다.

UNHCR의 활동과 관련한 주요 협약은 1951년의 '난민의 지위에 관한 UN협약' 이외에, 1954년 무국적자 축소에 관한 협약(Convention on the Reduction of Statelesseness), 1957년 표류난민에 관한 협정(Agreement and Protocol relating to Refugee Seamen), 1967년 영토적 비호(territorial asylum)에 관한 UN선언 등이 있다.

이 기구는 1951년 1월 발족하고, 7월 '난민의 지위에 관한 조약'을 채택했다. 주요 조직은 사무총장 지명으로 총회가 임명하는 임기 5년의 고등판무관과 난민문제에 관심을 갖고 그 해결에 기여하는 국가들로 구성된 집행위원회가 있다. 원래 한시적 성격을 가진 기관이었으나, UN총회에서 존속을 연장해 왔다. 총회와 ECOSOC가 정하는 바에 따라 난민에 대해 인도적, 사회적 입장에서 국제보호를 요청하고, 이들의 귀국과 정착을 위한 원조를 목적으로 한다. 인도주의에 입각한 난민의 국제적 보호, 즉 난민이 자신의 의사에 반해 박해받을 위험이 있는 나라로 송환되는 것을 막고, 난민 귀환, 재정착, 가족재결합사업을 지원하고, 난민구제를 위한 자금조달, 난민캠프 설치, 운영, 관리 등 활동을 한다(NAVER 지식백과. 두산백과).

1970년대 베트남전쟁 이후 발생한 대규모 난민(보트피플)의 난민캠프를 지원하고 재정착을 도왔고, 1980년대와 1990년대 아프리카 여러 국가에서 발생한 내전(르완다 학살, 수단 내전 등)으로 인한 대규모 난민 사태 때, UNHCR은 인접국에 임시거주지, 식량, 의료서비스 등 생명구호 지원을 제공하였다. 2000년대 초반부터 파키스탄과 이란 등 인접국으로 탈출한 아프가니스탄 난민을 위한 교육, 보건활동을 지원하였고, 2011년 이후 계속된 시리아 분쟁으로 발생한 500만 명 이상의 난민을 위해 레바논, 요르단, 튀르키예 등 주변국에서 학교복구, 보건환경개선, 생계지원 등 광범위한 지원활동을 전개하였다. 2020년대에도 우크라이나전쟁과 수단내전 등으로 인해 전 세계 강제이주민 수가 사상 최대치를 기록함에 따라, 해당 지역과 인접 국가에서 긴급구호활동을 진행 중이다.

우리나라는 1975년 가입해 난민보호를 위한 원조를 시작하였다. 본부는 스위스 제네바에 있고, 117개국에 지역사무소를 두고 있다. 1954년과 1981년 난민보호를 위해 노력한 공로가 인정되어 노벨평화상을 받았다.

02 세계지역 협력체제와 국제관계

1) 지역경제의 협력체제

(1) 지역별 경제통합체제

세계경제체제의 뚜렷한 특징은 세계화와 지역화의 확산이다. 경제통합은 1947년 베네룩스 관세동맹에서 출발해 대륙으로 확대되어 1958년 유럽경공동체(EEC) 출범, 1967년 유럽공동체(EC) 탄생으로 발전되었다. 1960년 유럽자유무역연합(EFTA)이 발족하였고, 1960년 남미자유무역협정(LAFTA), 1961년 중미공동시장(CACM), 1964년 아랍공동시장(ACM) 그리고 1965년 오스트레일리아와 뉴질랜드 간 FTA 체결로 이어졌다. 1967년 아세안(ASEAN), 1981년 걸프협력회의(GCC)가 출범했다. 1988년 미국과 캐나다 간 FTA 체결, 1994년 미국과 캐나다 및 멕시코가 첫 북미자유무역협정(NAFTA)을 체결했다.

경제통합은 초기에는 선진국 간, 주변 국가 간 체결되었으나, 그 후 개발도상국 간 혹은 선진국과 개도국 간 체결이 이루어졌고, 공통의 경제목적을 달성하기 위해서 지리적인 접근성을 가리지 않고 있다.

(2) 지역통합과 FTA

세계의 주요 국가들은 유럽연합(EU), 북미자유무역협정(NAFTA, USMCA), 동남아시아국가연합(ASEAN) 등 통합체를 결성해 FTA를 통해 경제통합을 추진해왔다. 유럽은 유럽연합(EU)을 형성하였고, 북미자유무역협정은 미국, 캐나다, 멕시코 간 FTA를 완성했다. FTA를 결성해 국가 간 관세가 철폐되면 국가 상호간 상품자유이동이 촉진됨으로 경제적 상호의존성이 증대해 경제의 국제화가 촉진되고, 범세계적인 세계화로 이어졌다. 그러나 완전한 자유무역체제를 확립하지 못한 세계경제 속에서 문제점도 나타났다. 유럽연합(EU)의 경우, 역내 무역은 빠른 증가 추세를 보여 역내무역 의존도는 60%를 넘어섰으며, 협정 회원국들은 자유무역을 추진하고 비회원국은 무역장벽이 유지되므로, 세계적인 차원의 다자간 자유무역질서 구축에는 방해가 될 수 있다.

또한 WTO 출범이후 세계경제는 몇 개의 지역블록으로 재편되었다. 유럽연합(EU)의 중, 동유럽권 확대를 경험하였고, 동남아시아국가연합(ASEAN)도 확대되었다.

2) 지역경제통합의 형태와 효과

지역경제통합은 세계경제의 자유화 추세와 함께 자리 잡고 있는 블록화 현상이다. 세계경제의 블록화는 '지리적으로 인접하고 상호보완적인 산업구조를 가진 국가를 중심으로 국가 간 경제적 유대관계를 형성해 규모경제와 범위의 경제를 실현하고자 하는 집합체'라고 할 수 있다. 지역경제 통합은 역내국가 간 자유무역주의에 입각해 무역이 증가하고 규모경제실현에 의해 기업의 국제경쟁력이 강화되며, 경제성장이 촉진되는 반면, 역외 국가는 차별적인 대우를 받게 되므로, WTO체제에서 세계경제에서 추구하는 자유무역주의에 역행하는 측면을 갖고 있다.

(1) 경제통합의 형태

경제통합은 국가 간 경제장벽의 제거수준과 내부결속정도에 따라 몇 가지 형태로 구분된다. 지역경제통합은 자유무역지대(FTA) → 관세동맹 → 공동시장 → 경제동맹/완전경제통합 순으로 발전하며, 단계가 높아질수록 효과는 커지고 통합 범위가 넓어진다. 경제통합은 회원국 간 경제적 상호의존성을 높여 경제 성장을 유도하지만, 외부효과(무역전환)를 고려하여야 할 양면성이 있다.

첫째, 자유무역지대(Free Trade Area, FTA)이다. 자유무역지대는 '정치적, 경제적으로 밀접한 관계에 있는 국가 간 무역의 수량제한을 철폐해 자유무역을 지향하고 같은 지역 외의 국가들에 대해서는 관세 및 무역정책에서 각국의 자주적인 규제를 존속시키는 것'이다. 이것은 자유무역협정(Free Trade Agreement, FTA)에 의해 이루어지며, 주로 인접국이나 일정한 지역을 중심으로 펼쳐졌기 때문에 지역무역협정(Regional Trade Agreement, RTA)라고도 한다.

중요한 특징은 회원국 간 상품 교역에 대한 관세 및 무역장벽을 철폐하지만, 비회원국에 대한 공동의 외부 관세는 적용하지 않는 것에 있다. 사례는 과거의 북미자유무역협정(NAFTA)과 유럽자유무역연합(EFTA)이다. EFTA는 유럽경제공동체(EEC)에 가입되어 있지 않던 유럽의 7개의 나라(영국, 오스트리아, 스웨덴, 스위스, 덴마크, 노르웨이, 포르투갈)가 EEC에 대항하기 위해서 영국이 중심이 되어 1960년에 최초 설립한 자유무역연합으로 현재는 4개국(아이슬란드, 노르웨이, 스위스, 리히텐슈타인)이 가입되어 있다.

FTA는 양자주의와 지역중심의 특혜무역체제로서 회원국에만 무관세 혹은 낮은 관세를 적용함으로써 시장이 크게 확대되어 비교우위에 있는 상품은 수출과 투자가 촉진되어 무역창출 효과를 가져 온다. 반면 협정대상국에 비해 경쟁력이 낮은 산업은 문을 닫아야 하는 상황이 초래될 수 있다.

둘째, 관세동맹(Customs Union)이다. 관세동맹은 자유무역지역(FTA)보다 좀 더 강화된 경제결속형태로서 가맹국 상호간에 상품의 자유이동이 보장될 뿐 아니라 역외국가로부터의 수입에 대해 공통의 수입관세를 부과한다. 자유무역지대의 특징에 더해 비회원국에 대해 동일한 외부관세(공동대외무역정책)를 적용하는 것이다. 관세동맹은 1834년 프로이센 주도하에 결성된 독일관세동맹(Zollverein), 1944년 벨기에, 네덜란드, 룩셈부르크 3국이 결성하여 훗날 유럽경제공동체(EEC)의 모체가 된 베네룩스관세동맹(Benerux Customs Union)과 같이 역사가 오래되어 경제통합의 전형으로 인식되어 왔다.

셋째, 공동시장(Common market)이다. 공동시장은 관세동맹이 보다 발전되어 가맹국 상호간에 상품 뿐 아니라 노동력과 자본 같은 생산요소의 이동이 자유롭게 보장되며 역외국가에 대해서 공통 수입관세를 부과하는 경제통합이다. 즉 관세동맹에 더해 생산요소(상품, 서비스, 자본, 노동력)의 역내 이동까지 자유화되는 것을 특징으로 한다. 유럽공동시장(European Community, EC)과 카리브공동시장(Caribbean Community and Common Market, CARICOM) 등이 있다.

넷째, 경제동맹(Economic Union)이다. 경제동맹은 가맹국 상호간에 상품과 자본, 노동의 생산요소의 이동을 자유롭게 하며, 비가맹국에 대해서는 공동의 무역정책을 취해 가맹국 상호간 경제정책을 조정, 추진하는 것이다. 즉 공동시장에 이어 경제정책(재정,

통화, 노동 등)의 조화와 통일적인 추진을 특징으로 한다. 벨기에와 룩셈부르크의 경제동맹(1958)과 프랑스와 이탈리아가 참여한 경제금융동맹 프리탈룩스(Fritalux), 영연방이 스칸디나비아 각국과 맺은 경제동맹 유니스칸(Uniscan)과 유럽연합(EU)의 초기 출범을 포함시킬 수 있다.

다섯째, 완전 경제통합(Complete Economic Union)이다. 이것은 가맹국 상호간 초국가적인 기구를 설치해 그 기구를 통해 각 가맹국의 모든 사회, 경제정책을 조정, 통합, 관리하는 형태이다. 가장 완벽한 형태의 통합을 지향하여 각국은 사실상 하나의 단일경제로 통합되는 것을 전제로 한다. 유럽연합(EU)이 최종 목표로 하는 경제통합이지만, 재정정책의 통합과 정치적 주권의 완전한 이양 부분에서 개별 회원국의 권한이 남아 있기 때문에, 완전경제통합의 최종단계로 보기 어렵다. 현실세계에서는 50개 주로 구성된 미국의 경제통합을 예로 들 수 있다.

(2) 지역경제통합의 효과

지역경제통합은 역내국 간 자유무역을 통해 자원의 효율적 배분을 가져오는 긍정적 효과가 발생하는 한편, 역외 국가에 대해서는 보호무역을 가져옴으로써 자원의 효율적 배분을 막는 부정적인 영향을 발생한다.

① 정태적 효과

지역경제통합의 효과는 무역창출과 무역전환으로 확인된다.

'무역창출효과'는 역내 국가 간 무역장벽(관세 등) 철폐로 인해 이전에 발생하지 않던 새로운 무역이 역내에서 증가하여, 효율적인 생산국으로부터 수입이 늘어나고 소비자는 더 저렴한 가격으로 다양한 상품을 구매하며 소비자들의 후생이 증대되는 긍정적인 효과가 나타나는 것이다.

'무역전환효과'는 FTA 등으로 역내 관세가 철폐되면서 원래 가장 저렴한 비회원국(효율적 공급원)에서 수입하던 것을 관세 때문에 더 비싸진 역내 회원국(비효율적 공급원)으로부터 수입하게 되어 세계 전체의 효율성이 감소하고 후생이 줄어드는 현상이며, 경제통합의 부정적인 측면이다.

② **동태적 효과**

동태적인 효과는 규모경제의 실현, 경쟁심화, 투자증대를 들 수 있다.

첫째, 규모경제의 실현은 '지역경제통합으로 인해 가맹국 간에 시장이 서로 개방됨에 따라 역내 시장규모가 확대되고, 기업들의 생산규모가 확대되어 제품의 단위당 평균생산비용이 낮아지는 것'을 의미한다.

둘째, 지역경제통합을 통해 국내시장이 개방되면 그 간 보호를 받던 국내기업들이 역내의 다른 기업과 치열한 경쟁을 하게 됨으로, 국내 기업은 이 과정에서 생존하기 위해 기술개발과 기술혁신을 추진함으로써 생산효율을 증대시키고 제품의 질을 개선하는데 주력하게 된다.

셋째, 지역경제통합은 역내국 간 외국인 직접투자를 증가시키고 활성화하는데, 이것은 역내국 기업이 역외국 시장에 수출 시 겪는 관세장벽을 우회하기 위해 역내국으로 투자하여 관세 부담을 없애려는 '관세우회(Tariff Jumping)' 현상으로 설명된다. 경제통합으로 시장이 넓어지고 관세가 사라지면서 기업들은 생산기지를 역내국으로 옮겨 역내시장에 더 저렴하게 접근하려는 유인이 커진다.

③ **복합효과**

지역경제통합은 비경제적인 효과로서 가맹국 간 정치적 결속을 강화할 수 있고, 이를 통해 국가의 국제적 위상이나 교섭력이 제고될 수 있다.

3) 경제통합의 실제

경제통합은 1950년대 유럽을 중심으로 하여 시작하여 1990년대 들어 전 세계적으로 확산되었다. 1997년 아시아 국가들의 외환위기를 계기로 아시아에서도 국가들 간 FTA를 모색하게 되었다.

(1) 유럽연합(EU)

① **개요**

유럽연합(European Union, EU)은 유럽의 정치·경제통합을 실현하기 위하여 1993년 11

월 1일 발효된 마스트리히트조약에 따라 유럽 국가들이 참가하여 출범한 연합기구이다. 독일, 프랑스, 아일랜드, 벨기에, 네덜란드, 룩셈부르크, 덴마크, 스웨덴, 핀란드, 오스트리아, 이탈리아, 스페인, 포르투갈, 그리스, 체코, 헝가리, 폴란드, 슬로바키아, 리투아니아, 라트비아, 에스토니아, 슬로베니아, 키프로스, 몰타, 불가리아, 루마니아, 크로아티아 등 27개국을 회원국으로 하며, 영국은 2016년 국민투표를 거친 후 2020년 탈퇴하였다. 총면적은 4,224,441㎢이며 2025년 기준 추정인구는 약 4억 5천만 명이다. EU 회원국들은 2024년에 약 17조 438억 달러의 국내총생산(GDP)을 창출하여 전 세계 경제생산량의 1/6을 점한다.

주요 기구는 유럽연합의 입법·정책 결정기관으로서 유럽연합이사회(Council of the European Union) 혹은 EU 각료회의, 유럽연합의 입법기관으로서 유럽의회(European Parliament), 유럽 사법재판소(CJEU, Court of Justice of the European Union), 유럽중앙은행(ECB)이 있다. 유럽 연합의 본부는 벨기에의 브뤼셀에 있다.

출처: WIKIPEDIA(Member state of the European Union)

그림 4-1 ▌유럽연합 회원국

표 4-1 ▌유럽연합(EU) 회원국의 경제지표

나라	가입 연도	인구	면적(㎢)	국내총생산 GDP (백만달러)	1인당 GDP (PPP)(달러)	통화
오스트리아	1995	8,926,000	83,855	535,804	73,050	유로
벨기에	최초	11,566,041	30,528	662,183	73,221	유로
불가리아	2007	6,916,548	110,994	66,250	39,185	유로
크로아티아	2013	4,036,355	56,594	89,665	48,811	유로
키프로스	2004	896,000	9,251	23,380	59,858	유로
체코	2004	10,574,153	78,866	246,953	56,686	코루나
덴마크	1973	5,833,883	43,075	347,176	83,454	크로네
에스토니아	2004	1,330,068	45,227	43,044	48,008	유로
핀란드	1995	5,527,493	338,424	306,083	64,657	유로
프랑스	최초	67,439,614	632,786	2,707,074	65,940	유로
독일	최초	83,120,520	357,386	4,710,032	70,930	유로
그리스	1981	10,380,000	131,990	304,084	46,800	유로
헝가리	2004	9,730,772	93,030	170,407	46,807	포린트
아일랜드	1973	5,006,324	70,273	384,940	127,750	유로
이탈리아	최초	58,968,501	301,338	1,988,636	60,993	유로
라트비아	2004	1,862,700	64,589	35,045	43,527	유로
리투아니아	2004	2,795,680	65,200	53,641	53,624	유로
룩셈부르크	최초	633,347	2,586	69,453	151,146	유로
몰타	2004	516,100	316	14,859	72,942	유로
네덜란드	최초	17,614,840	41,543	902,355	81,495	유로
폴란드	2004	37,840,001	312,685	565,854	51,629	즈워티
포르투갈	1986	10,298,252	92,212	236,408	49,237	유로
루마니아	2007	19,186,201	238,391	243,698	47,204	류
슬로바키아	2004	5,422,194	49,035	106,552	45,632	유로
슬로베니아	2004	2,108,977	20,273	54,154	55,684	유로
스페인	1986	48,946,035	504,030	1,647,114	55,089	유로
스웨덴	1995	10,370,000	449,964	528,929	71,731	크로나
총계	-	447,846,599	4,224,441	17,043,773	-	-

출처: WIKIPEDIA(Member state of the European Union)

② 배경

1946년 영국의 윈스턴 처칠(Winston Churchill)의 스위스 취리히 연설에서 시작되었고, 처칠은 유럽에 UN과 같은 기구가 필요함을 역설했다. 기원은 1951년 파리조약으로 창설된 유럽석탄철강공동체(European Coal and Steel Community, ECSC)와 1957년 로마조약으로 창설된 유럽경제공동체(European Economic Community, EEC)와 유럽원자력공동체(European Atomic Energy Community, EURATOM)를 부르는 유럽의 공동체(European Community, EC)이다. 1967년에 발효된 합병조약에 따라 유럽석탄철강공동체, 유럽경제공동체, 유럽원자력공동체는 단일 기구로 운영되었고, 1993년에 발효된 마스트리히트 조약에 따라 유럽 연합(EU)이 출범하였다. 마스트리히트 조약은 1992년 네덜란드 마스트리히트에서 유럽공동체 12개국이 서명하여 유럽연합을 창설하고 유럽통합을 심화한 조약으로, 유로화 도입 기반, 공동 외교안보 정책, 시민권 도입 등 정치·경제적 통합의 핵심 내용을 담았고, 1993년 발효되어 EU 시대를 열었다.

1957년 창립 회원국은 네덜란드, 서독(현재의 독일), 룩셈부르크, 벨기에, 이탈리아, 프랑스 총 6개 국가이다. 2000년대 들어, 유럽의 정치변화와 함께 동유럽 국가들이 다수 가입했다. 2012년 노벨 평화상을 수상하였다.

③ 목적

창립 목적은 무엇보다 먼저 유럽 내 단일시장을 구축하고 단일통화를 실현하여 유럽의 경제·사회발전을 촉진하는 것이다. 아울러 공동방위정책을 포함하는 공동외교안보 정책을 수립하고 이행해 국제무대에서 유럽의 이해를 제고하기 위함이다. 유럽연합(EU)은 또 유럽시민권제도를 도입해 회원국 국민의 권리와 이익보호를 강화하는 한편 '자유·안전·정의'를 공동영역으로 확대 발전시키고자 한다.

유럽연합은 회원국 전체에 적용되는 표준화된 법을 통해 유럽단일시장을 발전시키고 있다. 유럽연합은 쉥겐 지역의 출입국관리를 통합하여 집행하고 있다. 1999년 유로존이 설립되어 2002년 발효되었고, 유로를 통화로 사용하는 유럽연합의 회원국은 지속적으로 늘어나 20개 국가를 넘어섰다.

④ **회원국이 아닌 유럽 국가**

스위스는 유럽에서 가장 부유한 국가로 손꼽혀 최상의 조건을 갖추고 있으나, 스위스 정부는 지금까지 오랜 세월 동안 중립정책을 고수하고 있다. 중립정책을 확고하게 지키기 위해 유럽 한가운데 있는 국가임에도 불구하고 아직까지 유럽연합에 가입하지 않고 있다.

노르웨이가 EU에 가입하지 않은 주된 이유는 1972년과 1994년 두 차례의 국민투표에서 가입 안이 부결되었기 때문이며, 이것은 석유·어업·농업 등 주요 산업에 대한 통제권 유지, 높은 삶의 질, 그리고 자국민의 반대 여론이 작용한 결과이다. 노르웨이는 과거 같은 어업대국이었던 포르투갈과 스페인이 EU에 가입하면서 어업 관련 수익 상당량이 다른 회원국에 스며드는 것을 직접 목격했으므로, 노르웨이 정부가 스스로 입장을 바꾸지 않는 이상 가입 가능성은 희박하다.

유럽소국도 EU에 미 가입되었는데, 안도라, 리히텐슈타인, 모나코, 산마리노도 비회원국이다. 바티칸시국은 교황이 통치하는 종교적 성향이 강한 나라이므로 가입가능성이 낮다. 리히텐슈타인은 작은 소국이지만 엄청난 소득을 올리는 선진국이자 스위스가 나라의 외교를 대신하고 있으므로 중립을 표방한 스위스가 찬성하지 않은 이상 가입 가능성이 낮다.

⑤ **특징**

유럽연합은 서유럽과 중·동부유럽국가로 구분되며, 서유럽은 경제발전이 이루어진 선진경제로서 1인당 소득수준이 높아 구매력이 크고 기술수준이 높지만, 중·동부유럽은 상대적으로 경제발달이 낮고 저렴한 노동력을 갖고 있다. 2000년대 들어, 저렴한 동유럽 국가의 노동력이 서유럽국가로 유입되면서 서유럽국가의 미숙련노동자의 실업난이 커지고 있고, 동유럽 국가는 자국의 우수한 인재가 서유럽국가로 빠져나는 인적자원 유출의 문제점이 커지고 있다.

(2) 북미자유무역협정(USMCA)

북미자유무역협정(NAFTA)은 미국, 캐나다, 멕시코 3국 간 무역 장벽을 철폐하기 위해

USMCA
UNITED STATES-MEXICO-CANADA AGREEMENT

체결된 협정으로, 현재는 새로운 미국-멕시코-캐나다협정(USMCA)으로 대체되었으며, 농업, 자동차, 지식재산권, 노동, 환경 등 다양한 분야의 교역과 투자를 규율하며 북미경제통합을 강화하였다.

옛 북미자유무역협정(North American Free Trade Agreement, NAFTA)은 미국, 캐나다, 멕시코 3국이 관세와 무역장벽을 폐지하고 자유무역권을 형성한 협정으로 '나프타'로 불렸다. 1992년 12월 미국, 캐나다, 멕시코 정부가 조인해 1994년 1월부터 발효되었다(NAVER 지식백과. 두산백과). 이 협정은 2018년 미국 트럼프 행정부의 주도로 협상 개정을 거쳐 2020년 USMCA로 전환되었고, 3국 간 상품 및 서비스 교역의 관세 및 비관세 장벽을 제거하여 역내무역을 활성화하고 효율적인 생산 지 구축의 지원을 목표로 하였다.

USMCA의 전체 GDP 규모는 약 31조 달러에 달하는 세계 최대의 지역경제통합체제이다. NAFTA는 미국의 기술과 자본력, 캐나다의 풍부한 자원, 멕시코의 자원과 저렴한 노동력을 서로 결합해 북미경제권의 세계경쟁력을 강화하고자 하며, 세국가의 서로 간 이해가 일치한 것이다.

표 4-2 ❙ USMCA 회원국의 경제지표

구분	인구(천명)	면적(㎢)	GDP (백만달러)	1인당 GDP(명목)(달러)	1인당GDP (PPP)(달러)
미국	345,257,335	9,156,552	27,067,158	80,412	92,833
캐나다	41,465,298	9,984,670	2,117,805	53,247	65,550
멕시코	129,388,467	1,964,375	1,811,468	13,804	25,771
합계	516,111,100	21,105,597	30,996,431	-	-

출처: WIKIPEDIA(United States-Mexico-Canada Agreement)

북미자유무역협정은 EU와 달리, 역내 노동력의 자유로운 이동을 보장하지 않으며, 경제적 통합을 위해 회원국이 지닌 주권을 포기한 EU와 달리 3국은 각각 주권을 유지하며 회원국 각자가 독자적인 무역정책을 추진한다. 주요 개정사항은 자동차(원산지 규정 강화, 미국산 부품 비율 상향), 낙농업(캐나다 낙농시장 개방 및 미국산제품 쿼터 확보), 노동 및 환경(기존 협정보다 노동 및 환경보호규정 강화), 지식재산권(디지털 무역 관련 규정 포함)을 중심으로 한다. 미국 자본/기술, 캐나다 자원, 멕시코 노동력 결합으로 북미경제의 발전에 기여 평가를 받지만, 역외국에 대한 무역장벽 강화 및 블록화 초래에 대한 비판이 존재한다.

(3) 동남아시아국가연합(ASEAN)

동남아시아국가연합(Association of South-East Asian Nations, ASEAN)은 1967년 8월 8일 방콕 선언(Bangkok Declaration)에 의해 창설된 동남아시아의 국제기구로 아세안(ASEAN)으로 약칭된다. 1961년 창설된 동남아시아연합(ASA)의 발전적 해체에 따라 1967년 8월 8일 설립되었다.

ASEAN은 1967년에 설립된 준 국가연합이며 궁극적으로 유럽연합과 같은 국가연합이 되는 것이 목적이다. 창설 당시 회원국은 필리핀, 말레이시아, 싱가포르, 인도네시아, 태국 등 5개국이며, 1984년 브루나이, 1995년 베트남, 1997년 라오스와 미얀마, 1999년 캄보디아가 차례로 가입하여 10개국으로 늘어났고, 2025년 동티모르가 가입되어 11개국이 되었다. 사무국은 인도네시아 자카르타에 있다(NAVER 지식백과, 두산백과).

ASEAN은 지역통합을 강화하기 위해 2015년 ASEAN공동체를 출범시키면서 ASEAN 창설 이후 반세기 동안 이어져온 지역통합 역사의 새로운 이정표를 세웠다. 동아시아 지역에서 최초 공동체를 탄생시켰고, 공동체 형성의 분야는 정치안보공동체(Political-Security Community), 경제공동체(Economic Community), 사회문화공동체(Socio-Cultural Community) 등 3개의 협력 축(pillars)을 설정했다. ASEAN은 우리나라를 비롯하여 미국, 일본, 중국, 러시아, 오스트레일리아 등 10개 역외국과 협의 채널을 구축하고, 역외국가와도 협력관계를 유지하며, 한국, 일본, 일본과는 ASEAN+3, ASEAN+1 등의 형태로 동아시아 국가 간 협력을 추진하고 있다.

ASEAN는 2025년 기준 인구 약 6억 8,500만 명, 면적 4,522,518㎢, 전체 GDP 약 4조 달러 규모의 시장으로 부상하였고, 한국의 무역, 투자, 원조의 주요 대상지역으로 부각되어 2009년 제주특별자치도와 2014년 부산광역시에서 한국-아세안 특별 정상회의가 개최되었다.

표 4-3 ▌ASEAN 회원국의 경제지표

구분	인구(백만명)	면적(천㎢)	GDP (백만달러)	1인당 GDP(명목) (달러)	1인당GDP(PPP) (달러)
인도네시아	279.965	1,811.6	1,430,000	5,030	17,610
싱가포르	5.938	0.7	564,770	92,930	156,760
태국	65.975	514.0	546,220	7,770	26,320
필리핀	114.161	300.1	497,500	4,350	12,920
베트남	100.770	330.4	490,970	4,810	17,689
말레이시아	33.460	330.1	444,980	13,140	43,470
미얀마	54.506	676.5	64,940	1,180	5,920
캄보디아	17.182	181.0	49,800	2,870	8,650
라오스	7.686	236.8	16,320	2,100	10,120
브루나이	0.442	5.3	16,010	34,970	95,760
동티모르	1.355	15.0	2,130	1,490	4,920
합계/평균	684.376	4,522.5	4,076,690	5,967	19,218

출처: WIKIPEDIA(ASEAN)

(4) 남미공동시장(MERCOSUR)

남미공동시장(Mercado Comun del Sur, MERCOSUR)은 남아메리카의 자유무역과 경제협력을 위해 설립한 경제공동체이다. 약칭은 MERCOSUR(메르코수르)이며, 1980년대 브라질과 아르헨티나 두 국가의 경제협력으로 출발했다. 1991년 인접국 우루과이와 파라과이가 참여하고, 파라과이에서 아순시온협약(Treaty of Asuncion)을 맺어 성립하였고 1995년 1월 1일 정식 발효되었다(NAVER 지식백과. 두산백과). 1995년 1월 1일부로 이 지역은 관세동맹이 되었고, 모든 서명국은 다른 국가로부터의 수입품에 대해 동일한 관세율(공동 대외 관세)을 적용할 수 있게 되었다. 정회원국은 아르헨티나, 볼리비아, 브라질, 파라과이, 우루과이이며, 베네수엘라는 정회원국이었으나 2016년 12월 1일부터 회원자격이 정지되었다. 칠레, 콜롬비아, 에콰도르, 가이아나, 파나마, 페루, 수리남은 준 회원국이다.

표 4-4 ▌MERCOSUR 회원국의 경제지표

구분	인구(명)	면적(㎢)	GDP (백만달러)	1인당 GDP(명목) (달러)	1인당GDP(PPP) (달러)
브라질	214,326,223	8,514,877	2,260,000	10,580	23,310
아르헨티나	45,276,780	2,766,890	683,533	14,362	31,379
파라과이	6,703,799	406,750	45,465	7,089	21,273
우루과이	3,426,260	176,220	82,605	23,088	36,014
볼리비아	12,079,472	1,098,580	56,339	4,525	11,574
베네수엘라	28,199,867	916,445	82,770	3,100	8,790
합계	281,812,534	12,963,317	-	-	-

출처: WIKIPEDIA(MECOSUR)

MERCOSUR의 목적은 역내 자유무역 과 상품, 사람, 통화의 원활한 이동을 촉진하는 것이다. 창립 이후 메르코수르의 기능은 여러 차례 업데이트되고 수정되었으나, 회원국 간 자유로운 역내무역과 공동무역정책을 특징으로 하는 관세동맹에 국한되어 있다. MERCOSUR은 경제규모면에서 남미에서 가장 크고, 가장 이름 있는 지역통합체이지만, EU 혹은 USMCA에 비해 역내국 간 교역의존도가 낮고, 초국가적 기구가 없이 각각 정부가 통합 운영주체가 되는 구조적인 문제가 있다. 브라질의 경제규모가 MERCOSUR 전체의 70%를 차지할 정도로 비중이 높아 경제통합이 원활하지 못하다.

(5) 걸프협력회의(GCC)

걸프협력회의(Gulf Cooperation Council, GCC)는 1981년 5월 아라비아반도의 군주국 6개국이 결성한 지역협력기구로 '페르시아만안 협력회의'라고도 한다. 1979년 2월 이란혁명으로 인한 왕정붕괴, 1979년 12월 소련 아프가니스탄 침공, 1980년 9월 이란과 이라크 간 전쟁발발 등 1970년대 말부터 1980년대 초 걸프 주변의 정치적 불안에 대한 공동대응책을 모색하기 위해 사우디아라비아, 쿠웨이트, 아랍에미

리트, 카타르, 오만, 바레인 등 6개국 정상이 아랍에미리트 수도 아부다비에 모여 결성하였다. 본부는 사우디아라비아의 리야드에 위치해 있다.

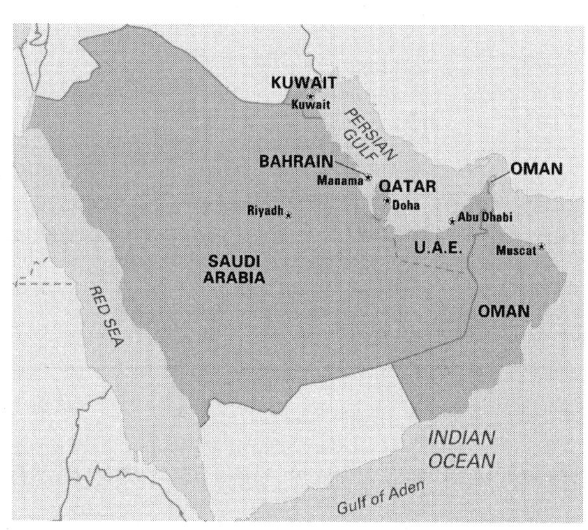

출처: Britannica(Gulf Cooperation Council)

그림 4-2 ▌걸프협력회의(Gulf Cooperation Council)

걸프협력회의는 상호간 경제, 안전보장의 협력과 치안과 국방 결속을 목적으로 한다. 6개국은 석유생산과 수출국일 뿐 아니라 아랍어를 사용하고 이슬람교를 국교로 하여 세습왕정체제를 유지하는 유사 민족국가라는 점에서 공통점과 지리적으로 인접해 있다. 사우디아라비아를 적대시하는 이란의 반발이 심해져 동맹국간 보조가 흐트러져 1982년 11월 제3차 정상회담에서 경제통합협정만 조인하고 집단안전보장 결정을 유보했다. 1983년 3월부터 역내의 관세장벽 철폐, 여행제한 해제 등을 실시하고, 2008년 1월 1일 공동시장을 출범시켰다. 6개국은 매년 각국을 돌면서 정상회담을 개최하고, 결성 이후 10년 동안 활동의 중심을 경제협력에 중점을 두었으나, 1991년 걸프전을 계기로 공동방위력 증강 등 정치와 군사협력에도 무게를 두고 있다(NAVER 지식백과. 두산백과).

표 4-5 ▌GCC 회원국의 경제지표

구분	인구(명)	면적(㎢)	GDP (백만달러)	1인당 GDP(명목) (달러)	1인당GDP(PPP) (달러)
바레인	1,485,010	786.5	44,870	28,385	60,596
오만	4,644,384	309,500	104,902	21,960	42,188
카타르	2,716,391	11,581	219,570	83,891	124,834
사우디아라비아	36,947,025	2,149,690	1,061,902	29,922	64,836
아랍에미리트	9,516,871	83,600	498,978	49,451	88,221
쿠웨이트	4,310,108	17,818	164,713	33,646	53,037
합계/평균	59,619,789	2,572,976	2,094,935	247,255	-

출처: WIKIPEDIA(Gulf Cooperation Council)

(6) 아랍국가연맹(Arab League)

아랍국가연맹(Arab League)은 북아프리카, 아프리카의 뿔(대륙의 가장 동쪽에 돌출한 소말리아 반도), 아라비아 주변의 아랍권이 결성한 지역연맹이다. 연맹(League)은 공동 목표를 위해 모였지만 느슨한 결속력으로 각 회원국의 자율성이 큰 형태이다.

아랍연맹은 제2차 대전이 시작되자 아랍 국가들이 추축국(제2차 대전을 일으켜 세계정복을 시도한 진영) 측에 붙는 것을 방지하기 위해 1941년 5월 29일 영국의 앤서니 이든이 주장해 1945년 3월 22일 알렉산드리아 의정서의 발효를 통해 아랍 7개국(이집트왕국, 이라크왕국, 트란스요르단, 레바논, 사우디아라비아, 시리아공화국)이 이집트 카이로에 모여 결성하였다.

현재 아랍연맹의 회원국은 아시아 지역(바레인, 이라크, 요르단, 쿠웨이트, 레바논, 오만, 팔레스타인, 카타르, 사우디아라비아, 시리아, 아랍에미리트, 예멘)과 아프리카 지역(알제리, 코모로, 지부티, 이집트, 리비아, 모리타니, 모로코, 소말리아, 수단, 튀니지)의 22개국이다.

아랍연맹의 주요 목적은 '회원국 사이의 관계를 가까이 하고 협력을 증진하며, 독립과 주권을 보장하고, 아랍 국가들의 문제와 이익을 공공적으로 고려하는 것'이다. 아랍연맹 교육문화 및 과학기구와 아랍경제연합위원회와 같은 산하기구를 통해 정치, 경제, 문화, 사회적 계획을 아랍권의 이익을 증진시키기 위한 목적으로 계획하고 있다.

아랍 연맹의 정치적 역할은 걸프전 이후로 점점 감소하고 있고, 실질적으로 중동의 정치 문제 해결에 거의 개입하지 못하는 상황이다. 지역 통합도 걸프협력회의(GCC)와 아랍 마그레브연합 등보다 좁은 지역에서의 통합을 목표로 하는 움직임이 더 많다. 연맹의 형태를 띠고 있지만 더 나아가 아랍연맹을 유럽연합과 같이 하나의 단일공동체인 아랍연합(아랍 연방)으로 격상시키자는 움직임도 있다. 그러나 아랍 국가들의 경제력이 유럽만큼 못하고, 현실적으로 아랍 국가들끼리의 연대가 쉽지 않다.

(7) 아프리카연합(African Union)

아프리카 연합(AU)은 아프리카 대륙에 위치한 55개 회원국으로 구성된 국제정부 간 기구이다. 1999년 9월 9일 리비아의 시르테 선언(Sirte Declaration)을 발표하며 아프리카연합의 설립을 공식적으로 제안하였고, 2002년 7월 9일 남아프리카공화국의 더반에서 공식 출범하였다.

AU는 유럽연합과 유사하게 역내 평화와 안보, 경 발전, 민주주의, 인권 증진 등 공동이익을 위해 협력하며, 아프리카대륙의 정치적, 사회적, 경제적 통합을 목표로 한다. AU에는 범아프리카의회(PAP), 아프리카연합총회, 아프리카연합위원회, 아프리카연합사법재판소, 평화안보이사회(PSC), 경제·사회·문화위원회와 같은 공식 기구가 있다. 본부는 에티오피아의 아디스아바바에 두고 있다.

AU는 13억 명이 넘는 인구와 약 3천만㎢의 면적을 차지하며 사하라사막과 나일 강과 같은 세계적인 명소가 포함된다. AU에서 가장 큰 도시는 나이지리아의 라고스이며, 가장 큰 도시권은 이집트의 카이로이다.

(8) 환태평양경제동반자협정(TPP)

환태평양경제동반자협정(Trans-Pacific Partnership, TPP)은 아시아와 태평양 지역 국가들의 다자간 자유무역협정으로 무역장벽 철폐와 시장개방을 통한 무역자유화를 목적으로 한다. 태평양 연안의 광범위한 지역을 하나의 자유무역지대로 묶는 다자간 자유무역협정(한 번에 여러 국가와 체결하는 자유무역협정)이며, TPP라고 칭한다(NAVER 지식백과. 두산백과).

TPP는 창설 초기 그다지 영향력이 크지 않은 다자간 자유무역협정이었으나 미국이 적극적으로 참여를 선언해 주목을 받았다. 2017년 1월 23일 미국이 탈퇴하면서 한 차례 좌초 위기에 처했었으나, 일본을 포함해 호주, 캐나다, 멕시코, 칠레, 뉴질랜드, 말레이시아, 싱가포르, 페루, 베트남, 브루나이 등 미국을 제외한 11개국이 2018년 말 CPTPP(Comprehensive and Progressive Trans-Pacific Partnership, 포괄적-점진적 환태평양경제동반자협정)을 발효하였다. CPTPP는 미국이 재가입할 때까지만 적용되는 한시적인 명칭이고, 미국이 재가입 한다면 TPP로 원상 복구되고, 여러 규정도 부활할 수 있다.

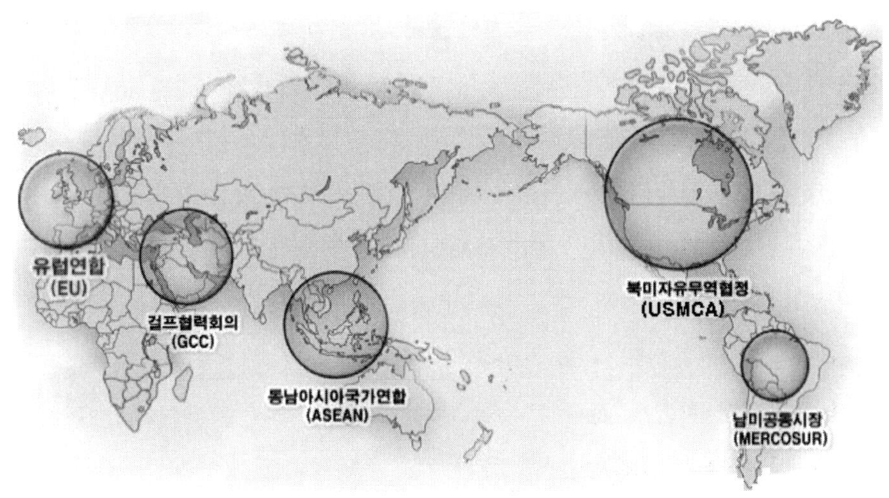

출처: NAVER 지식백과. 두산백과(북미자유무역협정)

그림 4-3 ▎주요 지역경제통합

4) 국제통화제도와 통화통합

(1) 기축통화

국제통화제도는 국제결제가 이루어지는 방식과 관련 제도로, 역사적으로 세계경제의 구조적 변화와 각국 간 이해 대립, 각국 경제력과 정치력의 성쇠에 따라 변화되었다. 기축통화(Key Currency)는 국제결제나 금융거래에서 중심이 되는 통화이며, 국제회계의 단위, 교환과 매개수단, 가치저장수단으로서 화폐기능을 수행한다. 과거 금본위제도는 금이 기축통화로서 주도적인 역할을 수행하였고, 19세기 중반이후 영국이 강력한 경제력을 바탕으로 국제금융의 중심지로 자리 잡아 영국파운드화가 기축통화의 자리를 차지했다. 제1, 2차 대전을 겪은 후 영국경제가 쇠퇴하고, 미국이 그 자리를 차지하면서 미국 달러가 최고의 기축통화의 지위를 수행하고 있다.

① 기축통화 현황

현재 대외거래에서 국제통화로서 많이 사용되는 통화는 미국 달러를 중심으로 유로, 파운드, 일본 엔, 중국 위안, 스위스 프랑, 캐나다 달러 등이다.

1960년대 중반이후 미국의 재정적자와 무역수지적자가 커지면서 미국 달러의 지위가 흔들려서 한때 일본의 엔과 서독의 마르크가 달러의 대안으로 제시되기도 하였다. 1999년 유럽연합(EU)의 11개국의 단일통화인 유로화가 출범해 달러에 대한 강력한 경쟁자로 부상하였으나, 2010년 그리스, 포르투갈, 아일랜드, 이탈리아와 같은 일부 유럽국가의 재정위기나 영국의 브렉시트(Brexit)로 인해 유로화 위상이 흔들리기도 하였다.

중국은 경제규모가 커지고 위안화의 국제화를 위한 노력으로 위안화의 국제적 지위가 제고되었으나, 기축통화로서 미국 달러를 대체하기에는 역부족이라고 할 수 있다. 최근 통화제도는 과거 달러의 단일 기축통화체제에서 유로화나 위안화 등 점차 다극화된 기축통화체제로의 전환을 시도하고 있다. 그러나 전 세계 외환거래의 85% 이상이 달러로 이루어지고 있고, 전 세계에서 발행되는 해외채권의 50% 이상이 달러표시 채권이고, 각국 중앙은행은 외화보유액의 60% 이상을 달러 표시자산으로 운용하고 있는 상황에서, 달러의 기축통화로서 독보적 지위를 확인할 수 있다.

② 미국 달러

미국 달러(United States Dollar)는 미국에서 통용되는 화폐이자 세계에서 가장 중요한 국제통화이다. 달러 기호인 $로 축약하며 다른 달러들과 비교할 때 US$ 또는 ISO 4217 코드 USD로 표기한다. 1달러는 100센트(100페니, 20니켈, 10다임, 4쿼터)로 표시된다. 1785년 7월 6일 미국의 화폐로 지정된 후 달러는 전 세계적으로 가장 널리 통용되는 화폐가 되었다. 1930년대 대공황 결과 화폐제도로부터 금본위제가 사라지고 각국이 모두 관리통화제도를 채용하였고, 국제간 결제는 여전히 금도 사용되고 있다.

출처: 위키백과(미국 달러)

그림 4-4 ▌미국 달러

미국 달러가 세계 사회에서 기축통화로서 누리는 혜택은 다양하다.

첫째, 미국 달러는 중앙은행 연방준비제도(FED)가 인쇄하여 발행하므로, 지속적인 무역수지적자가 발생하여도 크게 문제가 되지 않는다. 외환위기에 대비해 외환보유를 할 필요성이 발생하지 않는다.

둘째, 미국은 저렴한 달러지폐 인쇄비용만으로 외화나 해외의 실물자산을 취득할 수 있는 특권을 지닌다. 기축통화국이 아닌 국가는 해외 금융자산이나 실물자산을 구입하고자 할 경우 반드시 대외거래를 통해 얻은 기축통화로 대금을 결제해야 하기 때문이다.

셋째, 미국은 타국의 중앙은행이 미국국채 매수를 함에 따라, 낮은 금리를 유지할 수 있으므로, 다른 선진국들에 비해 성장률에서 유리하다.

넷째, 미국은 타국이 달러를 사용함에 따라, 미국에 대한 통화의존관계가 형성되어 있기 때문에, 대외정책을 수행하면서 타국에 대해 효과적인 영향력을 행사할 수 있다. 즉 미국 달러는 미국의 국제적인 정치적, 경제적 지위를 상징하는 강력한 수단으로 작용하고 있다.

(2) 통화통합

통화통합은 여러 나라의 통화가 하나의 통화로 단일화되는 것이다. 통화통합의 배경은 통화통합을 통해 얻어지는 편익이 통화통합으로 발생되는 비용보다 클 것을 기대하여 부각됐다. 통화통합으로 얻는 편익이 경제적 측면에서 매우 커서 해당국가가 자국통화를 포기하고 자국 통화정책의 자율성이 상실되면서 국가주권의 일정부분을 초국가적인 공동체에 이양하는 것을 뜻한다.

① 유로화 출범과 영향

현대사회에서 통화통합 사례는 유로화 출범이다. 통화통합에 해당되는 단일통화 유로화의 영향은 다음과 같다.

첫째, 편익적 측면이다. 단일통화를 사용함으로써 외환거래비용이 절감되어 역내국간 교역과 자본이동이 촉진된다. 역내 시장에서의 경쟁이 제고되고 효율성이 증가하며 경제성장도 촉진된다. 단일통화 도입으로 역내 시장에서 동일통화로 상품과 서비스가격을 표기함에 따라 투명성이 제고되고 지역 간 상품, 서비스 등 가격차이가 사라지게 되고, 이로서 회원국의 소비자에게 이익을 주고, 역내교역이 증가한다. 개별국가 차원에서 보다 통합을 통해 집합적으로 같은 목소리를 냄으로써 역내국의 발언권과 영향력이 강화될 수 있다.

둘째, 비용적 측면이다. 당일통화를 사용함으로써 각 회원국들은 자국 형편에 맞는 대내균형을 달성할 수 있는 통화정책을 독립적으로 사용할 수 없다. 또한 경제상황이 국가마다 달라 환율과 금리정책에 대한 각국의 요구가 서로 다른 경우 거시경제정책을 둘러싸고 가맹국 간에 정치적 갈등이 초래된다. 각국 중앙은행은 과거 독자적인 화폐를 발생하였을 때 얻을 수 있는 화폐발행주조차익을 포기해야 한다. 최근 유로존의 재정위기를 통해 재정통합이 조화롭지 못한 상태에서 회원국이 부적절하게 재정정책을 운용하는 경우 그 부담은 모든 참가국이 분담하게 된다.

② 유로화

유로화(€, EUR)는 유럽연합(EU)의 공식 통화이다. 유로는 유럽연합 27개 회원국 중 21개국이 사용하는 공식통화이다. 유럽연합의 법정화폐인 유로를 통화로 사용하는 국가나 지역을 '유로존' 혹은 '유로랜드' 라고 지칭한다. 유로는 유럽연합과 회원국의 해외영토, EU회원국이 아닌 유럽의 소국, 독자적으로 사용하는 특수국가에서도 사용된다. 국제통화기금(IMF)에 따르면, 유로존은 세계에서 두 번째로 높은 구매력을 보유한다.

출처: 위키백과(유로화)

그림 4-5 ▎유로화 지폐

◎ 유로화 도입

유럽연합 회원국은 1991년 마스트리히트조약을 체결하였고, 1999년 1월부터 유로화를 도입하였다. 2002년 3월 1일부터 실물유로를 실제 사용하고, 그해 7월부터 전면적으로 통용되기 시작하였다. 1995년 12월 15일 스페인 마드리드에서 열린 EU정상회의에 참여한 15개 회원국들은 1999년 1월 유럽연합의 경제통화동맹(Economic and Monetary Union, EMU)을 출범시키고 단일통화의 명칭을 '유로(EURO)'로 하는 데 합의하였다. 그리고 유로화를 1999년 1월 1일~2001년 12월 31일까지의 과도기를 거쳐 2002년 1월 1일~6월 1일까지의 완결기간을 거친 후 전면적으로 통용하기로 확정하였다. 유럽연합은 EMU의 가입자격을 해당 국가정부의 재정적자를 국내총생산(GDP)의 3%로 제한하는 등 엄격히 규정하였다. 유로는 7종의 지폐와 8종의 동전으로 구성되며, 유로의 제작·발행은 각 국가가 독자적으로 실시하고 있다.

◎ 유럽중앙은행

유럽중앙은행(European Central Bank, ECB)은 유럽연합의 중앙은행이며, 통화정책에 관한 일을 한다. 1998년 창설되었고, 유럽연합 최대 경제대국 독일 프랑크푸르트에 위치하고 있다. 유럽연합 조약에 의하면, 최우선 목표는 '물가안정 유지'로 규정되고 있다. 유럽중앙은행은 유로지역에서 독점적인 은행권 발행 권한을 갖고 있고, 각국의 중앙은행들이 출자금을 내 설립한지라 지분률 만큼 각국의 입김이 유럽중앙은행 운영 방향에 반영된다.

◎ 유로화 사용 국가

2002년 유로 첫번째 시행에 참가한 국가는 벨기에·프랑스·독일·이탈리아·룩셈부르크·네덜란드·아일랜드·그리스·포르투갈·스페인·핀란드·오스트리아 등 12개국이며, 영국·덴마크·스웨덴 3개국은 자국 사정으로 불참하였다. 이후 슬로베니아·몰타·키프로스·슬로바키아·에스토니아 등이 가입하였고, 2023년 크로아티아와 2026년 불가리아가 사용을 시작하였다.

현재 유로가 사용되고 있는 국가는 그리스, 네덜란드, 독일, 라트비아, 룩셈부르크,

리투아니아, 몰타, 벨기에, 스페인, 슬로바키아, 슬로베니아, 아일랜드, 에스토니아, 오스트리아, 이탈리아, 키프로스, 포르투갈, 프랑스, 핀란드, 크로아티아, 불가리아이다. 이외에 유로를 법적 통화로 사용하고 있는 지역도 있는데, 프랑스의 해외 영토 프랑스령 기아나, 레위니옹, 생피에르 미클롱, 과들루프, 마르티니크, 생바르텔레미, 생마르탱, 마요트와 거주자가 없는 클리퍼튼 섬과 프랑스령 남극 지역을 포함해, 포르투갈의 자치지역 아조레스 제도와 마데이라 제도, 스페인의 카나리아 제도 등이다.

국가 간 협정에 따라, 유럽 내 소국 모나코, 산마리노 공화국, 바티칸시티는 자국의 유로 동전을 직접 제작할 수 있는 조폐권을 유럽중앙은행에서 이관 받았다. 안도라, 몬테네그로, 코소보 등은 조폐권이나 유럽중앙은행체제(ESCB)의 허가와 관계없이 통화단위로 도입하였다.

유로존의 재정위기는 무엇보다도 그들 간 재정과 정치통합이 제대로 갖추어지지 않은 상태에서 글로벌 금융위기와 같은 외부충격에 따라 근본적인 한계가 노출된 것이다. 유로존이 안정적으로 지속되기 위해서는 회원국 간 경제 불균형을 효율적으로 해결할 수 있는 방안이 제도화될 필요가 있다.

5) 국제관계와 글로벌 분쟁

국제관계는 기본적으로 국가 간 외교를 통해 이루어졌고, 과거 국가가 국제관계를 독점적으로 수행했다. 또한 국가의 상호의존과 경쟁이 심화되면서 국가 간 다양한 접촉경로가 만들어졌다. 글로벌 평화를 위한 국제기구가 다방면에 걸쳐 활동하고 있지만, 주권 국가들의 이해관계 충돌로 인한 강제력 부족, 주요국의 거부권 행사 및 일방주의, 제한된 예산과 자원, 그리고 전통적 안보 문제를 넘어선 분쟁 위협(종교, 인종, 민족, 영토문제 등)에 대한 대응력은 매우 부족하다.

(1) 국제기구의 한계와 비정부기구(NGO)

오늘날 국제기구는 국가 간 합의로 평화와 협력을 목적으로 하지만, 주권 제약으로 인한 강제력 부족, 국가별 이기심에 따른 재정 기여 약화 등의 한계가 있다. 정부 간 기구로서 국제기구와 비정부기구(NGO)는 서로 다른 구조와 강점을 가지며, 국제 사회의 복잡한 문제 해결을 위해 협력하는 추세에 있다.

① **비정부기구**(NGO)

세계화로 인해 한 국가단위로 해결할 수 없는 많은 사항이 생겨났다. 세계무역기구(WTO) 같은 국제기구의 활동은 경제부문에 한정되었으므로, 세계화로 인한 다양한 사회 문제를 해결하기 위해 새로운 유형의 단체 필요성이 부각되었다. 비정부기구(Non-Governmental Organization, NGO)는 시대적 요구에 부응하기 위해 인권문제, 지속가능한 개발, 저개발국 지원, 긴급구호 등 다양한 사항에 중점을 두고 탄생하였으며, '어떠한 종류의 정부도 간섭하지 않고, 시민 개개인 혹은 민간단체들에 의해 조직되는 단체'로 정의된다.

비정부기구는 비영리조직(Non Profit Organization, NPO)라고도 하며, UN에서 처음 사용하였다. UN은 '정부의 연합'이라는 의미를 내포하며, 다양한 부속기구와 민간단체들이 활발한 활동을 펼치게 되자 정부가 아닌 민간단체들과도 파트너십을 필요로 하였고, 이때 '엔지오'라는 용어를 사용하게 되었다고 한다(NAVER 지식백과. 한국민족문화대백과). 정부로부터 자금 지원을 받는 경우에도 비정부 기구는 정부 관계자를 회원에서 제외시킴으로써 민간단체로서 성격을 유지한다.

비정부기구는 정부 활동 감시, 각종 정책 홍보, 상담 등으로 사회문제 해결을 위한 활동을 한다. 대중의 지지를 구하고 모금활동을 하며, 저개발국가와 지역사회를 연결시켜준다.

② **주요 비정부기구**

옥스팜(Oxford Committee for Famine Relief)은 1942년 설립이래 정부가 미처 관리하지 못하는 부문에서 활동하면서 전 세계 빈민구호를 위해 활동하는 국제구호개발기구로서 빈곤한 사람들에게 식료품을 제공하는 활동을 한다. 제3세계 네트워크(Third World Network)는 전지구적 남북문제(선진국-후진국 경제발전 격차 문제)속에서 대안을 모색하며 제3세계의 발전을 꾀하고자 결성된 국제네트워크조직으로 말레이시아 페낭에 사무국을 두고 있다. 이 기구

는 유엔무역개발기구회의(UNCTAD)와 유엔경제사회이사회(UNECOSOC)에 자문을 하고 있다.

비정부기구는 정치, 경제, 교통, 환경, 의료사업 등 모든 분야에 걸쳐 활동하고 있다. 국제적으로 인지도 있는 비정부기구는 1961년 설립되어 언론과 종교 탄압행위 등을 세계에 고발하고 정치범의 구제를 위해 노력하는 세계 최고 권위의 인권기구 국제사면위원회(Amnesty International, AI), 1971년 설립되어 국제 환경보호 단체로서 핵실험 반대와 자연보호운동을 통해 지구환경을 보존하고 평화를 증진시키기 위한 활동을 펼치고 있는 그린피스(Greenpeace), 1971년 설립되어 정치, 종교, 인종, 이념을 초월한 국제 민간의료구호단체 국경없는의사회(Doctors Without Borders, Medecins Sans Frontieres)를 꼽을 수 있다.

(2) 냉전시대의 유산과 집단안보

탈냉전시대란 제2차 세계대전 이후 미국 중심의 자본주의 진영과 소련 중심의 공산주의 진영이 대립했던 '냉전' 체제가 종식되고 새로운 국제질서가 형성된 시기를 말하며, 이후 미중 패권 경쟁과 러시아-우크라이나 전쟁으로 격화되어 세계가 블록으로 재편되는 새로운 국제 질서가 나타나고 있다. 지구촌은 과거와 달리 무력 충돌보다는 경제적·기술적 압박과 블록화가 특징인 신냉전 시대의 의미가 부여되었다.

과거 냉전시대의 비동맹 중립주의는 미국(자본주의)과 소련(공산주의) 진영 어느 쪽에도 속하지 않고, 식민주의와 제국주의를 거부하며 평화와 민족 자결, 독립을 추구한 제3세계에 속한 개발도상국들의 외교 노선이었다. 비동맹 중립주의는 냉전 시대에 기원했지만, 오늘날에도 UN 회원국의 과반수가 참여하며 개발도상국의 이익을 대변하고 강대국의 일방주의에 맞서고 있는 게 현실이다.

① 비동맹 중립주의와 제3세계

비동맹 중립주의와 제3세계는 냉전 시대에 미국 중심의 제1세계(자본주의), 소련 중심의 제2세계(공산주의) 어디에도 속하지 않고 독자 노선을 추구한 아시아와 아프리카를 중심으로 한 신생 독립국들을 지칭한다. 이것은 반 식민주의와 평화 공존을 목표로 한

국제정치운동으로, 반둥 회의를 통해 구체화되고 비동맹 운동으로 발전하였다. 이들은 제국주의와 식민주의에 반대하고, 강대국 군사 블록 참여를 거부하고 개발도상국 간 상호 협력과 국제적 영향력 확대를 추구하였다.

◯ 비동맹 중립주의(Non-Aligned Movement, NAM)

비동맹 중립주의는 '상이한 정치체제의 평화공존을 목표로 중립을 유지하며 어떤 군사블록에도 포함되지 않는 것'으로서 제2차 대전 이후 미·소로 양극화된 국제정치 질서에서 어느 한 진영에 종속되는 것을 거부하고, 자신들의 국가이익에 입각해 상호간의 일체성을 모색하는 외교상의 방침에서 유래되었다.

비동맹운동의 국가들은 UN 회원국의 거의 2/3를 차지하며 세계 인구의 55%를 차지한다. 회원국은 특히 개발도상국으로 여겨지는 국가에 집중되어 있지만, 선진국도 일부 포함되어 있다. 현재 모든 아프리카 국가는 비동맹 운동의 회원국(54개국)이며, 아메리카의 26개국(브라질, 아르헨티나, 우루과이, 푸에르토리코 등 제외), 아시아 36개국(한국, 일본, 중국, 대만 등 제외), 유럽의 아제르바이잔과 벨라루스, 오세아니아의 3개국(피지, 비누아투, 파푸아뉴기니)을 포함한다.

◯ 비동맹 운동과 비동맹국회의

비동맹운동(NAM)은 공식적으로 어떤 주요 강대국 블록과도 동맹을 맺거나 반대하지 않는 121개국의 포럼이다. 비동맹운동은 6.25이후 냉전 시대에 세계가 급속도로 양극화되는 것에 대응하기 위한 일부 국가들의 노력에서 비롯되었는데, 당시 두 강대국은 블록을 형성하고 나머지 세계를 자신들의 영향권으로 끌어들이려는 정책을 펼쳤다. 한쪽은 친미 자본주의 국가그룹으로 다수가 NATO 회원국이었고, 다른 한쪽은 친소련 사회주의 블록으로 잘 알려진 동맹은 바르샤바 조약기구였다.

비동맹국회의(Conference of Non-aligned Nations)는 비동맹 국가들의 단결과 협력 증진을 목적으로 창설된 국제회의로서 1961년 9월 유고 베오그라드에서 28개국 정상이 참가하여 국제긴장 완화, 민족해방투쟁 지지, 식민지주의 타파를 담은 '베오그라드 선언'을 채택했다. 당시의 자격요건은 비동맹정책을 지지·실행하는 국가, 민족독립운동을 지지하는 국가, 강대국 분쟁에 관련해 다자간 군사동맹이나 지역적 집단방위조약에 가입하지 않는 국가, 강대국 분쟁에 관련해 군사기지를 타국에 제공하지 않는 국가 등이었다. 당시 참가국들은 NATO나 바르샤바조약기구와 같이 긴밀한 협력 체제를 갖추고자 하였으나, 이해관계 충돌로 실패함으로써 상당수 회원국이 미국과 소련의 동맹관계를 맺었고, 1979년 소련의 아프가니스탄 침공 이후 찬반에 대한 입장도 달랐다. 인도와 파키스탄, 이란과 이라크 등 비동맹회원국 간 분쟁도 발발했다.

1991년 냉전 종식 이후, 이 운동은 다자간 관계 및 연계 발전과 세계 개발도상국, 특히 남반구 국가들 간의 단결에 중점을 두었다. 이 운동은 외국의 점령, 내정 간섭, 공격적인 일방적 조치에 반대하고, 회원국들이 직면한 사회경제적 문제, 세계화로 인한 불평등과 신자유주의 정책의 영향에 초점을 맞추었다.

◎ 제3세계(Third World)

제3세계는 통상적 의미로 동서 냉전 블록의 어느 쪽에도 가담하지 않은 개발도상국을 총칭하는 말로 1960년대 말부터 사용되었다. 전 세계를 미국과 서유럽 등의 선진 자본주의 국가(제1세계), 여기에 대적한 사회주의 국가(제2세계), 양쪽 모두에 포함되지 않는 국가(제3세계, 제1세계와 제2세계로부터 자본과 기술 그리고 이데올로기를 도입해 산업화를 추진하고 있는 국가)로 구분하는 것으로 주로 아시아, 아프리카, 라틴아메리카의 신생 독립국(개발도상국)들로 구성되었다. 따라서 비동맹 중립주의를 특정 진영에 속하지 않으려는 '국가 정책' 또는 '이념'으로 본다면, 제3세계는 그 정책을 채택한 '국가 집단'이라고 할 수 있다.

② 북대서양조약기구(NATO)와 집단안보

북대서양조약기구(North Atlantic Treaty Organization, NATO)는 냉전이 시작된 1949년, 집단안전보장조약인 북대서양 조약에 의거하여 창립한 북미와 유럽 등 서방국가들의 집단방위조약기구이다. 본부는 벨기에의 브뤼셀에 위치한다(NAVER 지식백과. 시사상식사전).

처음에는 미국, 영국, 캐나다, 프랑스, 네덜란드, 벨기에, 룩셈부르크 등 북미와 서부·중부 유럽 국가들 중심으로 창설 협의가 시작되었으나, 베를린 봉쇄로 위기감을 느낀

북유럽과 남유럽 국가들도 참여를 희망해오면서 국가가 늘어나서 중립국(스위스, 오스트리아)을 제외한 서유럽의 국가 대부분이 NATO 창설에 참여하게 되었다.

NATO는 총 32개 회원국으로 구성되어 있으며, 창립 멤버 12개국(벨기에, 캐나다, 덴마크, 프랑스, 아이슬란드, 이탈리아, 룩셈부르크, 네덜란드, 노르웨이, 포르투갈, 영국, 미국)을 시작으로 그리스와 튀르키예(1952), 독일(1955년), 스페인(1982), 폴란드, 체코, 헝가리(1999), 불가리아, 에스토니아, 라트비아, 리투아니아, 루마니아, 슬로바키아, 슬로베니아(2004), 알바니아와 크로아티아(2009), 몬테네그로(2017), 북마케도니아(2020), 핀란드(2023), 스웨덴(2024)로 구성되어 있다.

출처: 경향신문(북대서양조약기구 회원국 현황)

그림 4-6 ▌북대서양조약기구 회원국 현황

NATO는 창립 초기 소련의 위협에 맞서기 위한 '집단방위' 동맹으로 시작하여 냉전 종식 후 '협력안보'와 '위기관리'로 역할이 확장되었고, 핵심은 집단방위원칙(한 회원국 공격은 전체 공격)을 기반으로 회원국 공동의 안보를 책임지는 집단안보 체제를 구축하고 있다는 것이다. 개별 국가의 안보를 넘어 동맹 전체의 안정을 추구하는 것으로서 러시아-중국 등 새로운 위협에 대응하며 유럽과 북미의 정치·안보 협력을 강화하는 중심축 역할을 하고 있다. 특히 대서양을 넘어 태평양의 또 다른 잠재적 적국 중국과의 군사적 대립에 대비하기 위해 2022년부터 대한민국과 일본, 호주, 뉴질랜드 등 아시아-태평양 지역 4개국을 별도의 파트너 그룹으로 지정하여 지속적인 협력을 강화하고 있다.

바르샤바조약기구(Warsaw Pact)는 냉전 시대 소련 주도의 동유럽 공산권 국가들(소련, 폴란드, 헝가리, 동독, 체코슬로바키아, 루마니아, 불가리아 등)이 NATO에 대항하기 위해 1955년 결성한 군사 동맹으로, 소련의 동유럽 통제 수단이었다. 1985년 4월 26일에 조약의 유효기간을 20년 연장하였으나, 1989년 10월 23일 헝가리, 12월 25일 루마니아, 1990년 2월 불가리아가 탈퇴하였고, 같은 해 10월 독일의 통일로 인한 동독과 폴란드의 탈퇴가 이어지고, 1991년 12월 중심적인 국가인 소련도 해체되어 조약이 유명무실해졌다. 1999년 3월 12일 체코, 폴란드, 헝가리가 NATO에 가입했으며, 2004년 3월 29일 루마니아, 불가리아, 슬로바키아, 라트비아, 리투아니아, 에스토니아, 슬로베니아가 NATO에 가입했다.

바르샤바조약기구는 냉전 시대의 산물로 동유럽 공산 진영의 군사적 구심점이었으나, 냉전 종식과 함께 역사 속으로 사라졌고, 그 회원국들은 NATO를 중심으로 하는 새로운 안보질서에 편입되었다.

(3) 세계의 마찰과 분쟁

세계의 분쟁은 모든 국가가 다른 국가에 대해 최대한의 힘을 가지고자 하는 가정에서 출발하는 것으로, 영토, 종교, 기타 국가의 명분을 놓고 벌이는 마찰과 분쟁이 끊임없이 이어지고 있다.

첫째, 제2차 세계대전의 종결과 함께, 1940년대 아시아에서 일제히 독립운동이 일어났고, 각 독립국은 독립, 마찰과 분리 그리고 크고 작은 내전을 경험하였다. 아프리카에서는 1960년대 독립 후 실권 장악을 위해 내전이 빈번하게 일어났고 현재까지도 지속되는 국가가 적지 않다.

둘째, 민족과 영토분쟁을 기반으로 한 종교분쟁은 집단 간 가장 현저한 분열로 이어진다. 인도의 힌두교 간에 지속되는 캐슈미르 분쟁, 영국계 신교도와 아일랜드계 구교도 사이의 북아일랜드 분쟁, 이스라엘과 팔레스타인의 중동 분쟁, 파키스탄의 이슬람교도와, 이슬람교 다수파 수니파와 시아파 이란의 분쟁 등은 대표 사례이다. 소련의 해체이후 영향 하에 있던 동유럽 국가의 독립과 분리, 유고슬라비아 해체 후 여러 나라로의 분리 독립을 확인할 수 있다.

셋째, 테러리즘은 '의도적이고 무차별적으로 민간인을 표적으로 삼는 정치적 폭력행위'를 말하며, 9·11테러(2001년 9월 11일 미국 뉴욕의 110층 세계무역센터와 워싱턴DC의 국방부 건물에 대한 항공기 동시 다발 자살테러 사건)는 대표 사례이다. 과거 IRA(특정지역의 민족독립이나 자치를 목표로 결성)와 같은 민족주의 테러집단, 알카에다와 같은 편향된 종교적 신념을 바탕으로 한 테러집단 그리고 종족적 갈등으로 인한 분리주의 운동으로 활동하는 종족적 테러집단을 들 수 있다.

① 카슈미르 지방에서 벌어지는 인도와 파키스탄의 종교분쟁

카슈미르 분쟁은 1947년 영국으로부터 인도와 파키스탄이 독립하면서 시작된 종교·영토적 분쟁으로 다수 무슬림 주민과 힌두교 지배층의 귀속 문제로 인해 인도와 파키스탄이 영유권을 다투며 전쟁을 벌여왔고 현재까지도 긴장 상태가 지속되고 있다. 분쟁의 핵심은 힌두교 국가 인도의 '힌두교', 이슬람 국가 파키스탄의 '이슬람교'라는 종교적 정체성과 다수의 무슬림 주민들이 어느 나라로 갈 것인가 하는 문제에서 비롯되었고, 결국 인도령, 파키스탄령, 중국령으로 분할되어 있다.

1998년 인도에서 정권을 잡은 힌두교 지상주의 정당이 24년 만에 지하 핵 실험을 재개하자 파키스탄은 이슬람국가 가운데 처음으로 지하 핵실험으로 대항하였다. 지금은 양국 모두 비공식 핵보유국으로 인정받게 되었다(롬 인터내셔날 저 · 정미영 역, 2019).

출처: 금성출판사 티칭백과(카슈미르 분쟁)

그림 4-7 ▎카슈미르 분쟁 지역

② 프로테스탄트와 가톨릭의 북아일랜드 분쟁

프로테스탄트와 가톨릭의 북아일랜드 분쟁은 '더 트러블스(The Troubles)'로 불리며, 종교를 넘어 연합주의(영국 잔류)를 지지하는 개신교와 민족주의(아일랜드 통합)를 주장하는 가톨릭 간의 복합적인 갈등이다. 갈등의 역사적 배경은 17세기 스코틀랜드 장로교도들의 대규모 이주와 함께 시작된 신구교의 갈등이 사회적, 경제적 기득권 다툼으로 이어졌고 1921년 아일랜드 분할 당시, 가톨릭이 다수인 지역을 제외하고 개신교가 다수인 6개 주가 북아일랜드로 남으면서 갈등의 씨앗이 되었다. 가톨릭 신자들은 교육과 고용 등 사회 전반에서 차별과 불평등을 겪었고, 정치적 분노로 이어졌다. 더 트러블스는 1960년대 후반부터 1998년까지 지속된 분쟁이며, 연합주의(개신교)와 민족주의(가톨릭) 양측의 무장 투쟁과 테러, 영국군 및 경찰의 개입 등으로 수천 명이 희생되었다.

1998년 벨파스트 협정(성금요일 협정)으로 평화의 기틀이 마련되었고, 여러 차례 평화협정과 무장해제 선언이 있었지만 북아일랜드 분쟁은 진행형이다. 영국과 북아일랜드, 북아일랜드 내 신교도와 구교도 갈등이 뿌리 깊게 남아 있기 때문이다(21세기연구회 저·전경아 역, 2018).

③ 이스라엘과 팔레스타인의 중동 분쟁

이스라엘과 팔레스타인의 분쟁은 영토, 종교, 민족주의와 관련된 복잡한 역사적 배경을 지닌, 현재 진행 중인 군사, 정치적 갈등이다. 근본적인 원인은 19세기 말 시온주의 운동과 영국의 밸푸어 선언(1917년)으로 거슬러 올라간다. 나라를 잃고 유럽 각지로 뿔뿔이 흩어진 유대인은 유럽 사회의 주변부에서 살아왔고, 유럽 사회의 유대인 문제 해결방안은 자연스럽게 이스라엘 건국으로 모아졌다(21세기연구회 저·전경아 역, 2018). 영국은 팔레스타인 지역에 유대민족국가 건설을 지지하는 동시에 아랍인들의 권리도 보장하겠다고 약속했으나, 이는 상반된 약속으로 갈등의 씨앗이 되었다. 1948년 이스라엘 건국 후, 아랍연합군이 이스라엘을 침공하면서 1차 중동 전쟁이 발발했고, 이후 여러 차례의 전쟁과 분쟁이 이어졌다.

2023년 10월 하마스의 이스라엘 남부 기습 공격으로 다시 전쟁이 시작되어 중동 전역의 긴장감이 고조되었는데, 2025년 이스라엘과 하마스가 미국의 중재로 휴전과 인질 교환에 합의하였으나 불안정한 상태가 지속되고 있다. 미국은 이스라엘을, 이란과 일부 아랍 국가들은 팔레스타인을 지지하는 등 국제 사회의 이해관계도 복잡하게 얽혀 있다.

▌여리고

▌베들레헴 예수 탄생교회

팔레스타인의 영토는 주로 요르단강 서안 지구(팔레스타인 영토 중 더 큰 지역으로 동쪽으로 요르단과 사해와 접하고 나머지 남·서·북쪽은 이스라엘 영토로 둘러싸여 있음), 가자지구(팔레스타인 서남부 지중해 연안에 위치하고, 이집트와 국경을 맞대고 있음), 동예루살렘 (East Jerusalem)으로 구성되지만, 이 지역은 1967년 제3차 중동전쟁(6일 전쟁) 이후 이스라엘에 의해 점령된 상태로 이스라엘 정착촌 건설은 팔레스타인과의 주요 갈등 요인이다. 성경에 등장하는 세계에서 가장 오래된 도시 중 하나로 여리고(Jericho), 예수 크리스트의 탄생지 베들레헴(Bethlehem), 요르단 강

건너편 예수 세례터 '카스르 엘 야후드(Qasr El Yhud)' 지역, 유대교, 기독교, 이슬람교 모두에게 성지로 여겨지는 헤브론(Hebron), 사해문서(Dead Sea Scrolls)가 발견된 쿰란동굴(Qumran Caves)은 팔레스타인 서안지구에 속한다.

④ 발칸반도의 화약고, 유고슬라비아의 민족 분쟁

유고슬라비아의 민족 분쟁은 요시프 티토 사후 민족주의 부상과 연방 해체 과정에서 발생하였고, 슬로베니아, 크로아티아, 보스니아, 코소보 등지에서 독립 전쟁과 인종 청소로 이어진 극심한 유혈 사태를 낳은 역사적 사건이다.

'남슬라브인의 나라'를 의미하는 유고슬라비아의 전신은 1918년 탄생한 '슬로벤인 크로아트인 세르브인국(State of Slovenes, Croats and Serbs)'이다. 1929년 이름을 유고슬라비아왕국으로 바꾸었지만, 이름이 상징하는 바와 같이 역사도 언어도 종교도 다른 민족이 모인 집단이었으나 겉으로 '남슬라브인'이라는 민족국가를 표방했다(21세기연구회 저·전경아 역, 2018). 분쟁의 원인은 첫째, 민족 및 종교 갈등의 격화로 오스만제국의 지배를 받으며 세르브인, 크로아트인, 보스니아인 등 다양한 민족과 종교가 뒤섞여 살았지만, '유고슬라브인'로서의 민족정체성이 약했던 점, 둘째, 강력한 리더십으로 연방을 유지했던 요시프 티토 사망 후 각 공화국들의 민족주의가 표면화되면서 연방 해체 움직임이 가속화된 점, 셋째, 연방 내 지역 간 경제적 불균형으로 갈등이 표출된 점 등이다.

유고연방의 분리는 1991년 슬로베니아와 크로아티아가 가장 먼저 분리 독립을 선언하며 유고슬라비아 연방 해체가 시작되었고, 북마케도니아가 그 해체과정에서 독립을 선언하고 국민투표를 통해 분리 독립을 결의하였다. 또한 보스니아-헤르체고비나가 세르비아계와 보스니아 무슬림(보스니아인) 간의 보스니아 내전(1992-1995)을 겪은 후 독립하였다. 몬테네그로의 독립과정은 유고슬라비아연방 해체 이후, 1992년부터 세르비아와 함께 신 유고연방(세르비아-몬테네그로)을 구성하다가 2006년 국민투표를 통해 분리 독립을 결정하고 독립을 선언하여 유고 내전의 유혈사태와 다른 평화적 과정으로 간주된다. 끝으로 2008년 코소보의 독립은 알바니아계 다수 주민의 민족주의와 세르비아정부의 탄압이 배경이 되었고, 전쟁 후 국제사회의 개입 속에서 독립을 이루었다.

유고슬라비아 전쟁은 수십만 명의 사망자와 난민을 발생시키고 '유럽의 화약고'라는 오명을 남겼으며, 민족정체성과 국가통합의 어려움을 보여주는 역사적 사건으로 평가된다.

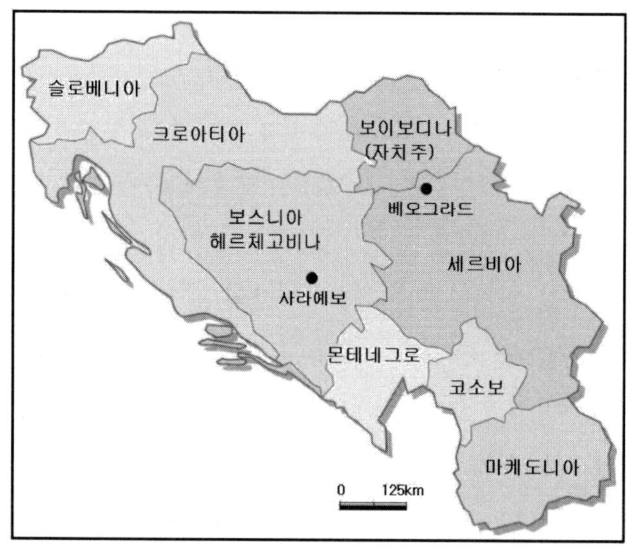

출처: 이혁진(2015). 유럽의 문화와 관광. 새로미

그림 4-8 ▌유고연방과 독립국가 구성

⑤ 러시아와 우크라이나 갈등과 전쟁

러시아-우크라이나 민족 분쟁은 역사적, 문화적 뿌리가 깊으며, 소련 해체 후 독립한 우크라이나의 친 서방 행보와 러시아의 영향력 확대 야망이 충돌하며 2014년 크림반도 병합과 돈바스 전쟁으로 격화되었고, 2022년 전면 침공으로 이어진 대규모 군사 충돌이다.

러시아와 우크라이나 두 민족은 키이우 공국에서 기원했지만, 러시아는 몽골에 복종하며 성장하였고, 우크라이나는 서방과 연합하며 역사가 달라졌다. 그러나 러시아제국과 구소련시기에 병합되면서 민족적, 문화적 차이와 갈등이 심화되었다. 소련은 우크라이나를 '제2의 소비에트공화국'으로 규정하고, 중앙집권적인 통치하에서 우크라이나 억압 중 가장 참혹하였던 사유지 몰수와 강제집단 농장화 정책을 추진하며 우크라이나 민족을 겨냥한 고의적인 집단학살사건인 홀로도모르(Holodomor, 1932-1933)와 문화와 언어말살정책 등 다양한 형태로 우크라이나인을 억압하였다. 또한 소련정부는 곡창지대이자 산업 중심지였던 우크라이나 동부지역으로 많은 러시아인을 이주시켰고, 이러한 인위적인 인구 구성비의 변화는 오늘날 우크라이나 동부의 친러 성향과 지역갈등의 역사적 배경이 되었다. 또한 오랜 기간의 억압 역사는 우크라이나인의 반소 감정을 키웠고, 1991년 소련 해체 시 우크라이나가 독립을 강력하게 추진한 배경이 되었다.

우크라이나는 러시아와의 평화 협상을 위한 핵심 조건으로 '평화공식'이라고 불리는 일련의 요구사항을 제시하였는데, 러시아가 점령한 크림반도와 동부 지역에서의 러시아군 완전 철수를 포함한 영토 보전과 주권 회복, 향후 러시아의 침공을 막기 위한 효과적인 국제적 안보 보장 메커니즘 구축의 요구, 전쟁으로 파괴된 국가 재건을 위한 국제 사회의 대규모 지원과 러시아의 배상, 기타 인도적 문제 해결을 포함하였다.

돈바스(Donbas)는 러시아와 우크라이나 전쟁의 핵심 쟁점이자 향후 정세의 분수령으로, 석탄과 철광석이 풍부한 산업지대이다. 또한 크림반도는 면적 27,000㎢의 큰 땅으로 약 240만 명의 주민 중 65%가 러시아계로 친러 성향이 강하고 15%가량인 우크라이나계는 주로 크림반도 북부에 거주한다. 국제법상 우크라이나 영토이지만, 2014년 러시아가 점령하여 사실상 러시아가 통치하고 있고, 국제 사회에서 이를 불법으로 간주하는 복합적인 분쟁 지역이다. 1954년 소련 시절 우크라이나에 양도되었으나, 2014년 러시아가 주민투표를 거쳐 병합을 선언했고, UN은 이 투표를 무효로 규정하였다.

출처: 연합뉴스(우크라이나 정부군-친러반군 대치 돈바스지역)

그림 4-9 ▌크림반도와 돈바스 지역

03 세계화와 글로벌 스포츠 이벤트

1) 세계의 주요 스포츠 이벤트

스포츠의 발달은 미디어, 기술, 세계화와 맞물려 근대올림픽과 월드컵축구대회 같은 글로벌스포츠이벤트로 이어졌으며, 이런 이벤트는 국가 이미지의 제고, 경제 활성화, 사회 통합을 이끄는 수단이 되었다. 오늘날 스포츠대회는 운동경기의 의미를 넘어 나라와 민족의 자존심과 정체성을 가늠하는 계기로 인식된다.

세계의 스포츠이벤트는 올림픽과 FIFA 월드컵이 양대 산맥이며, 이외에 세계육상선수권대회를 비롯한 각종 세계선수권대회, 아시안게임, 윔블던 국제테니스대회, 월드베이스볼클래식(WBC) 등 다양하다. 우리나라는 1986년 아시안게임을 시작으로 1988년 서울올림픽, 2002년 FIFA 월드컵, 2018년 평창동계올림픽 등 초대형 이벤트를 개최해 국가를 전 세계에 홍보하고 사회발전을 앞당기는 수단으로 활용하였다.

(1) 근대올림픽

근대올림픽(Olympic Games)은 각 대륙에서 모인 수천 명의 선수가 참가해 여름과 겨울 스포츠 경기를 하는 국제대회이다. 2년마다 하계와 동계올림픽이 번갈아 열리며, 국제올림픽위원회(IOC)가 최고 감독기구이다.

① 근대올림픽의 부활

근대올림픽은 BC 776년부터 AD 393년(혹은 394년)까지 열린 고대올림피아경기에서 비롯된 것으로 19세기 말 프랑스 피에르 드 쿠베르탱(Pierre de Frédy, Baron de Coubertin) 남작이 고대 올림피아제전에서 영감을 얻어 부활시켰다. 그는 1894년 IOC를 창설했고, 2년 후 1896년 발생지 의의를 지닌 그리스 아테네에서 제1회 대회가 개최되었다.

20세기 들어, IOC는 변화하는 전 세계의 환경에 직면했다. 이러한 사례는 얼음과 눈을 이용한 종목을 다루는 동계올림픽(1924), 장애인이 참여하는 패럴림픽(1948)의 분리와 창설을 예로 들 수 있다. IOC는 급변하는 경제, 사회환경에 따라, 순수 아마추어 정신에서 탈피해 전문프로선수의 참가를 1992년 바르셀로나 대회부터 허용했다. 올림픽대회 때 마다 발생한 보이콧, 약물관련 도핑, 심판매수, 테러 같은 사건이 발생했으나, 스포츠축제 위상은 여전하다.

② 고대올림픽

고대올림픽 경기는 고대 그리스 여러 도시국가의 대표선수가 모여 벌인 일련의 시합이었고, 육상경기가 주 종목이지만 격투기와 전차경기가 개최되었다. 4년마다 열렸고, 이 기간을 '올림피아드'라고 칭했다.

◎ 유래와 시작

고대올림픽의 유래는 헤라클레스와 그의 아버지인 제우스가 올림픽을 창시자였다는 것이다. 전설에 의하면, 헤라클레스가 경기를 최초로 '올림픽'이라고 부르고, 4년마다 대회를 개최하는 관례를 만들었다. 또한 헤라클레스는 제우스를 기리고자 올림픽경기장을 건설했고, 경기장이 완성되자 헤라클레스가 일직선으로 200 걸음을 걸었고 이 거리를 '스타디온'이라고 불렀다. 스타디온은 오늘날 경기장을 뜻하는 스타디움(Stadium)의 어원이다. 고대 그리스에는 '올림픽 휴전(그리스어 ἐκεχειρία, 에케케이리아)'이라는 관념이 있었고, '어느 도시국가라도 올림픽 기간 중에 다른 나라를 침범하면 그에 대한 응징을 받을 수 있다.'라는 성격을 띠어 '올림픽 기간에 전쟁을 하지 말 것'에 대한 이념을 확인할 수 있다.

고대올림픽의 종목은 육상, 5종 경기(원반던지기, 창던지기, 달리기, 레슬링, 멀리뛰기), 복싱, 레슬링, 승마경기가 있었고, 개최기간은 제우스신을 기리는 제사와 감사제를 포함하여 5일이었으나 실제 경기는 3일간 열렸다. 5종 경기는 펜타슬런(Pentathlon)이라고 하였고, 다섯(원반던지기, 창던지기, 달리기, 레슬링, 멀리뛰기)을 의미하는 펜테(Pente)에서 유래되었다.

◎ 쇠퇴와 폐지

BC 6세기~BC 5세기에 절정에 이르렀으나, BC 431년 펠로폰네소스 전쟁으로 말미암아 주최국 엘리스의 정치적 중립이 깨지며 올림픽 조직이 붕괴되기 시작하였다. 로마가 패권을 잡은 뒤 그리스에 영향력을 행사하여 쇠퇴하였고, 테오도시우스 1세가

AD 392년 기독교를 국교로 선포하고 이단숭배와 예배를 금지함으로써 이교도의 신 제우스를 기리는 경기를 용납할 수 없었다. 고대올림픽은 AD 393년 293회를 마지막으로 막을 내렸다.

〈표 4-6〉 고대올림픽 기간 및 경기

일정	내용
제1일	개회식, 제우스신을 기리는 제사, 심판의 서약과 선수의 선서
제2일	5종경기(펜타슬런, Pentathlon), 각종 행사(시 낭송회 등), 전차경주
제3일	달리기
제4일	갑옷 달리기, 권투, 레슬링, 판크라티온(Pankration)
제5일	시상식, 제우스신 감사제, 승자의 연회

출처: 위키백과(올림픽)

③ 근대올림픽의 시작

○ 최초의 근대올림픽

최초의 근대올림픽은 1896년 4월 6일부터 4월 15일까지 그리스 아테네에서 개최되었다. 제1회 올림픽은 많은 국제적 참여를 끌어냄으로써 성공적 평가를 받았고, 올림픽이 진행되는 동안 IOC가 조직되었다.

○ 변화와 동·하계올림픽 분리

1900년 파리와 1904년 세인트루이스 대회는 당시 엑스포와 일정과 장소가 겹치는 존폐여부가 고려되기도 하였다. 동계스포츠에 대한 세계적인 관심과 호응에 따라, 스위스 로잔에서 열린 1921년 올림픽 의회에서 동계올림픽을 분산하여 열기로 합의했다(피겨스케이팅과 아이스하키 는 각각 1908년과 1920년 하계올림픽 때 열린 바 있음). 제1회 동계올림픽이 1924년 프랑스 샤모니에서 11일간 진행되었고, 16개 종목 경기가 치러졌다. 동계올림픽은 하계올림픽(Summer Olympics)과 동일 연도에 열렸고, 이 전통은 1992년 프랑스 알베르빌까지 지속되었다. 노르웨이 릴레함메르 올림픽이 1994년도 열림으로서 동계올림픽은 하계올림픽과 2년 차이를 두고 개최되고 있다.

④ 하계올림픽

하계올림픽은 4년마다 열리는 국제스포츠 행사이다. 일반적으로 올림픽이라고 부르는 것은 하계올림픽을 의미한다. 1916년 베를린 대회는 제1차 대전, 1940년, 1944년 올림픽 경기도 제2차 대전으로 인해, 취소되어 열리지 못했다. 우리나라는 아시아 국가로는 일본에 이어 두 번째로 1988년 제24회 하계올림픽을 개최하였다. 서울대회는 1980년 모스크바와 1984년 LA올림픽과 달리, 동서 진영과 제3세계국가 대부분이 참가한 대회로 평가된다. 1992년 바르셀로나대회는 프로선수가 참가한 첫 번째 대회였으며, 미국의 농구 드림팀이 프로선수들로 구성되어 출전하였다. 1996년 애틀랜타 대회는 상업적인 올림픽으로 부각되었고, 2004년 아테네 대회는 올림픽 발생지에서 치러진 대회로 기억되고 있다. 2028년 개최지 미국 LA는 영국 런던에 이어 세 번째로 올림픽을 유치한 도시가 되었고, 2032년 브리즈번 올림픽은 오스트레일리아에서 1956년 멜버른, 2000년 시드니에 이어 세 번째로 개최되는 대회이다.

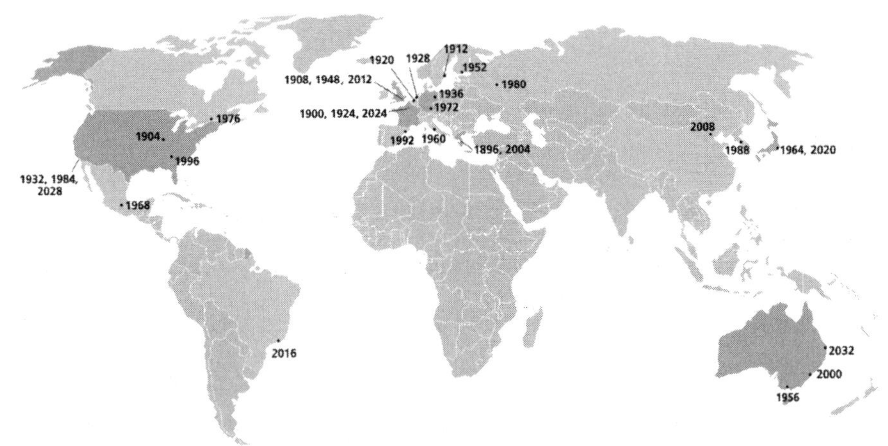

출처: 위키백과(올림픽)

그림 4-10 ▌하계올림픽 개최도시

⑤ 동계올림픽

동계올림픽은 4년마다 개최되는 겨울종합스포츠대회로 눈이나 얼음 위에서 열리는 것이 특징이다. 1924년부터 하계올림픽에서 분리되어 시행된 종목은 크로스컨트리, 피겨스케이팅, 아이스하키, 노르딕복합, 스키점프, 스피드스케이팅이 있고, 거듭되면서 종목이 추가되었다. 동계올림픽은 제2차 대전에 의해 1940년과 1944년 중단되었고, 1994년 릴레함메르 때부터 하계올림픽과 다른 해(2년 차이)에 개최되고 있다. 개최국은 미국이 4회 개최로 가장 많고, 프랑스와 이탈리아(2026) 3회, 일본, 오스트리아, 노르웨이 등 2회 순이다. 2018년 평창동계올림픽이 평창, 강릉, 정선에서 개최되었다.

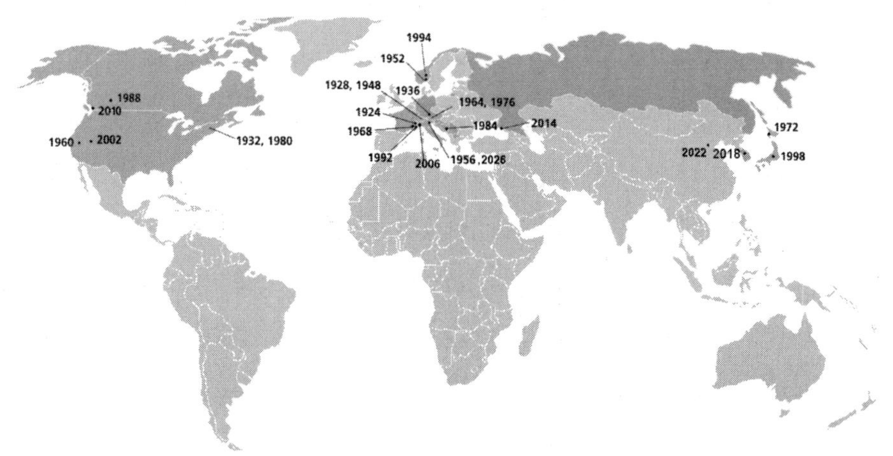

출처: 위키백과(올림픽)

그림 4-11 ▌동계올림픽 개최도시

⑥ 패럴림픽

패럴림픽(Paralympic Games)은 신체적 장애가 있는 선수들이 참가하는 국제스포츠대회이다. 신체적 장애는 근육의 손상(하반신 마비 및 사지마비, 근육영양장애, 포스트 소아마비 증후군, 척추피열), 수동적 운동장애, 사지결핍, 다리 길이의 차이, 짧은 신장, 긴장과도, 운동실조, 아세토시스, 시각장애, 지적장애를 포함하고 있다. 패럴림픽은 동계와 하계 패럴림픽이 있고, 1988년 서울올림픽부터 올림픽을 개최한 도시에서 국제패럴림픽위원회(IPC: International Paralympic Committee)의 주관으로 개최된다.

패럴림픽은 1948년 세계 대전의 영국 퇴역군인의 소모임으로 부터 발전하였다. 패럴림픽은 척추장애자끼리의 경기에서 비롯되어 'Paraplegic(하반신 마비)'와 'Olympic(올림픽)'의 합성어로 이루어졌으나, 다른 장애인 경기도 포함되면서 현재는 그리스어의 전치사 'Para(옆의, 나란히)'를 사용하여 올림픽과 나란히 개최됨을 뜻한다. 지금의 패럴림픽은 'Paralysis(마비)'나 'Paraplegia(하반신 마비)'의 원래 어원에서 벗어나 있다고 할 수 있다.

⑦ 올림픽 관련 상식

◎ 국제올림픽위원회(IOC)

IOC는 스위스 로잔에 본부를 둔 국제기구로 1894년 6월 23일 피에르 드 쿠베르탱과 드미트리우스 비켈라스(Demetrios Vikelas)에 의해 설립되었다.

◎ 올림픽헌장

올림픽헌장은 올림픽경기대회의 개최에 관한 규정이다. 1914년 파리에서 열린 IOC에서 결정되고, 1921년 스위스 로잔에서 열린 IOC에서 제정·공포되었다. 올림픽헌장에 의한 올림픽의 기본원칙은 아래와 같다.

첫째, 올림픽경기대회의 목적은 청년들에게 아마추어 스포츠의 기조를 이루는 육체적 노력과 도덕적 자질을 일깨워주고, 동시에 4년마다 행해지는 이해관계를 떠난 우호적 경기대회에 세계의 경기자를 모이게 함으로써 인류평화 유지와 인류애에 공헌하는 데 있다(제1조).

둘째, 올림픽경기대회는 제1올림피아드, 즉 계속된 4개년으로 일컬어지는 1기(期)를 위한 제전이다. 근대의 제1올림피아드 제전은 1896년 아테네에서 개최되었다. 만약 경기대회를 개최할 수 없었더라도 올림피아드와 경기대회는 1896년부터 기산(起算)하여 순번을 정한다(제2조).

셋째, 올림픽경기대회는 4년마다 개최한다. 대회는 모든 나라의 올림픽 경기자들을 공정, 평등하게 경기에 참가시킨다. 대회는 어느 국가나 개인에 대해서도 인종, 종교, 정치의 이유로 차별대우를 하여서는 안 된다(제3조).

넷째, 올림픽경기대회를 개최하는 영광은 하나의 도시에 주어지는 것이지, 하나의 국가에 주어지는 것이 아니다. 올림픽이 열리는 도시의 선정은 IOC의 권리에 속한다(제4조). 1977년 IOC총회에서 '올림픽대회 개최의 영예는 개최되는 하나의 도시에 주어진다.'라는 기본원칙의 조항을 고쳐 '개최의 영예는 국가에 주어진다.'라고 하기로 합의를 보았고, 1988년 대회부터 복수의 도시에서 개최할 수 있게 되었다.

다섯째, 동계 올림픽경기대회는 하계 올림픽경기대회와 동일한 연도에 개최한다. 제1회 동계 올림픽경기대회는 제8올림피아드에 속하는 1924년에 개최되었다. 동계 올림픽대회는 이 해부터 기산하여 개최 순으로 순번을 정하며, 올림피아드라는 말은 쓰지 않는다(제5조).

여섯째, 올림픽경기대회는 개인 간의 경기이며 국가 간의 경기가 아니다(제9조). IOC는 1974년의 총회에서 규정의 근본원칙을 대폭적으로 수정해 제26조 참가자격에서 '아마추어' 단어를 삭제하고 '올림픽 경기자'로 바꾸었다. 동시에 자격규정도 완화하였고, 참가선수는 소속된 국내 또는 국제경기연맹 승인 아래 일정한 경제적 보장을 받을 수 있다.

올림픽의 상징과 올림픽기

올림픽은 올림픽헌장에 구체적으로 나타난 이상이나 철학을 표현하는 심벌을 사용한다. 올림픽 표어는 라틴어로 Citius, Altius, Fortius이며 "더 빨리, 더 높게, 더 힘차게"'라는 의미이다. 올림픽기는 올림픽을 상징하는 깃발이다. 올림픽 동안 경기장에 게양되며, 주경기장과 경기장 주변에 많은 참가국 깃발과 함께 게양된다. 깃발은 개회선언과 동시에 게양되었다가 폐회식 종료 때 내린다.

쿠베르탱 남작은 1913년 8월 IOC의 잡지 〈올림픽 리뷰(Olympic Revue)〉에서 깃발에 대해 최초 언급하였고, 1914년 6월 파리 소르본대학에서 열린 IOC 20주년 기념행사에서 첫 선을 보여 IOC 공식기로 채택됐다. 1916년 올림픽 때 제1차 대전으로 무산되어 깃발을 게양할 수가 없었고, 1920년 제7회 벨기에 안트베르펜 대회 때부터 올림픽기는 개막식과 폐막식 행사의 한 부분이 되어 올림픽 기간 동안 주경기장에 게양되었다.

올림픽기는 국경을 초월하는 것을 의미하는 흰색 바탕에, 위쪽 원은 왼쪽에서부터 파란색, 검정색, 빨간색이며, 아래의 원은 노란색과 초록색의 고리 5개가 서로 얽혀 있다. 5가지 색은 세계 여러 나라의 국기에 대부분 5가지 색이 들어 있어 세계의 결속이라는 의미로 채택되었다. 둥근 고리 5개는 올림픽정신으로 하나가 된 유럽, 아프리카, 아메리카, 아시아, 오세아니아를 상징한다.

◎ 올림픽 성화

올림픽 성화(聖火)는 올림픽의 상징이고, 경기장 성화대에 불을 붙여 타오르게 하는 것이다. 성화는 고대 그리스 올림피아 경기 때 했던 성화가 기원이 되었고, 올림픽이 시작되기 몇 개월 전, 올림피아 헤라신전에서 채화된다. 여자 배우가 여자 사제인 것처럼 연기하며 태양광선을 포물면 거울(오목거울)의 안쪽에 집중시켜 점화한다. 그 후 여자는 첫 번째 성화 봉송 주자에게 성화를 넘기고 개최지 개막식이 열리는 올림픽 경기장까지 여러 사람의 손을 거쳐서 성화는 전달된다. 근대올림픽에서 성화가 처음 등장한 것은 1928년 암스테르담 올림픽이며, 최초의 성화 봉송은 1936년 베를린올림픽으로 높은 성화대가 설치되었고 독일 정부의 나치즘 선전의 일환으로 시행되었다. 1952년 하계올림픽부터 올림픽의 주요 행사로 상징화 되었다.

▎올림피아 헤라신전과 성화 채화

◎ 올림픽 마스코트

올림픽 마스코트는 개최도시와 올림픽의 성공을 세계에 홍보하는 행운의 상징이다. 최초로 마스코트가 등장한 것은 1968년 프랑스 그르노블 동계 올림픽인데, 당시 비공식 마스코트인 '슈스(Shuss)'가 올림픽자금 확보를 위해 도입되었다(Seong, M. H., Lee, D. G., & Lee, H. J., 2023). 공식 마스코트는 1972년 뮌헨 올림픽의 다색 닥스훈트 '발디(Waldi)'였고, 발디와 같은 많은 올림픽 마스코트는 의인화된 형태로 제작된다(Choi, H. W. & Lee, H. J., 2022).

1980년 모스크바올림픽 때 러시아 아기곰 미샤가 국제스타의 자리에 오름으로써 올림픽 상징에 있어 마스코트의 역할이 강조되었다. 호돌이는 1988년 서울올림픽의 마스코트로서 상모를 쓴 호랑이 모습으로 표현되었다. 2012년 런던올림픽 마스코트

웬록은 영국 중서부 슈롭셔의 소도시 이름으로 이곳은 근대올림픽의 정신적 고향이자, 피에르 드 쿠베르탱이 올림픽 부활의 영감을 얻은 곳이다. 2020년 도쿄 올림픽 마스코트는 파란색 체크무늬 로봇 캐릭터인 미라이토와(Miraitowa)였고, 2024년 파리 올림픽 마스코트는 프리주(Phryge)는 자유와 혁명을 상징하는 프랑스의 '프리기아 모자'를 형상화하였다.

발디(Waldi, 1972), 슈스(Schuss, 1968 비공식), 미샤(Misha, 1980), 호돌이(Hodori, 1988)

웬록(Wenlock, 2012), 미라이토와(Totyo, 2020), 프리주(Phryge, 2024)

▎올림픽의 주요 마스코트

▎평창 동계올림픽 마스코트 수호랑(좌)과 패럴림픽 마스코트 반다비(우)

2018 평창 동계올림픽 마스코트는 수호랑(Soohorang), 평창 패럴림픽 마스코트는 반다비(Bandabi)이다. 수호랑은 서쪽을 지켜주는 신령한 동물 백호를 캐릭터화하였고, 올림픽 정신 세계 평화와 올림픽에 참여하는 선수와 관중을 지켜준다는 의미의 '수호'와

호랑이와 강원도를 대표하는 정선아리랑의 '랑'을 합친 것이다. 반다비는 강원도를 대표하는 동물 반달가슴곰을 형상화하였고, 반달가슴곰의 '반달'과 대회를 기념한다는 뜻의 '비(碑)'를 합쳐 만들었다(네이버 지식백과. 시사상식사전).

(2) FIFA 월드컵

FIFA 월드컵(FIFA World Cup)은 국제축구연맹(FIFA)에 가맹한 축구협회(연맹)의 남자축구 국가대표팀이 참가하는 국제축구대회이다. 일반적으로 월드컵축구대회 혹은 월드컵이라고 한다. 월드컵은 4년마다 열리며, 1930년에 첫 대회가 열렸고, 1942년과 1946년 대회는 제2차 대전으로 인해 개최되지 못했다. 대회는 예선과 본선으로 나뉜다.

월드컵은 올림픽과 달리 단일종목대회이다. 올림픽은 한 도시를 중심으로 개최되지만, 월드컵은 나라를 중심으로 열리며 기간도 올림픽이 약 두주 동안 열리는 것에 반해 한 달 동안 진행된다. 월드컵 본선은 세계에서 가장 많은 사람이 시청하는 스포츠행사이다.

① 제1회 월드컵

첫 번째 월드컵 대회는 1930년 우루과이에서 개최되었고, 1932년 LA 하계올림픽에서 미식축구의 인기 탓에 축구의 인지도가 낮아 정식 종목으로 채택되기 어려웠고, FIFA와 IOC의 아마추어 선수의 지위에 관한 의견이 일치하지 않았기 때문에 별도대회 개최의 필요성이 부각되었다.

1930년 우루과이대회의 성공을 위해 각 국가의 축구협회들이 대회 참가 초청을 받았지만, 유럽 지역의 팀들은 우루과이까지 대서양을 횡단해야 하는 물리적 거리 등 제약에 따라, 유럽 4개 팀(벨기에, 프랑스, 루마니아, 유고슬라비아), 북중미 2개 팀, 남미 7개 팀 등 총 13개 팀이 대회에 참가하였다. 우루과이는 몬테비데오에서 열린 결승전에서 아르헨티나를 4-2로 꺾고 최초 우승 팀으로 역사에 남게 된다.

② 개최규모와 출전국 확대

월드컵은 1934년부터 1978년 대회까지 총 16개 팀이 본선에서 경쟁을 치렀다. 본선 무대는 1982년에 이르러 24개 팀으로 늘어났고, 1998년부터 본선진출 팀이 32개 팀으로 늘어났다. 2026년 북중미 대회부터 48개국으로 확대되었다. 이러한 확대는 더 많은 국가의 참여를 통해 축구의 세계화를 이루고 시장성을 높이려는 목적이다.

③ 개최국 선정

월드컵은 초기에 FIFA 평의회에서 개최 국가를 배분하였다. 그러나 축구경기에서 두 중심축 유럽과 남미 사이의 물리적 이동거리 제약은 개최지 선정에 논란을 불러일으켰다. 우루과이에서 개최된 제1회 월드컵은 단 4개 유럽 팀만 대회에 출전하였고, 반대로 제2, 3회 월드컵은 모두 유럽에서 열려 남미 국가가 대부분 불참하였다.

FIFA는 1958년 월드컵 이후, 대회 참가 거부나 논쟁을 피하고자 아메리카와 유럽이 번갈아가며 개최하는 형태를 취하였다. 우리나라와 일본이 공동 개최한 2002년 FIFA 월드컵은 아시아에서 처음으로 개최된 대회이며 또한 2개국 이상이 공동 개최한 최초 사례이다. 2010년 남아프리카공화국월드컵은 아프리카 대륙에서 최초로 개최되었다. 2014년 브라질월드컵은 1978년 FIFA 월드컵 이래 남미대륙에서 열린 대회였고 유럽 이외 지역에서 연속적으로 개최된 사례였다. 2026년 월드컵은 최초의 3개국 공동 개최(미국, 캐나다, 멕시코), 사상 첫 48개국 본선 참가, 그리고 북미 대륙에서의 축구 확장이라는 큰 의미를 지녔다.

④ 월드컵 관련 상식

◎ 국제축구연맹(FIFA)

국제축구연맹(Fédération Internationale de Football Association, FIFA)은 축구종목을 총괄하는 국제기구이다. 1904년 5월 21일 파리에서 결성되었고, 스위스 취리히에 본부를 두고 있다. 4년마다 열리는 FIFA 월드컵을 비롯해서 여러 국제 대회를 운영하고 있다.

FIFA의 최고 결정기관은 FIFA 총회이며, 이는 각 가입국의 대표로 구성된다. 1년에 1회 정기회의를 가지며, FIFA 총회만이 회원국 승인과 재정 같은 FIFA 주요 사항을 결정할 수 있다.

◎ 월드컵 마스코트

월드컵 마스코트는 올림픽 마스코트와 함께 가장 잘 알려져 있는 국제스포츠대회의 상징물이다. 최초의 공식 마스코트는 1966년 잉글랜드 월드컵의 월드컵 윌리(World Cup Willie)이며 영국 국기를 입은 사자를 의인화한 캐릭터로 역사상 최초의 대형스포츠 대회 마스코트이다.

우리에게 잘 알려져 있는 아토, 캐즈, 니크는 2002년 FIFA 한일 공동 월드컵(2002년 5월 31일부터 6월 30일까지)의 마스코트로 우주의 가상 가족모습으로 표현되었다. 2014년 브라질월드컵의 마스코트 풀레코(Fuleco)는 이곳에서 서식하는 멸종 위기종 아르마딜로를 형상화한 것이다.

2026년 북중미 월드컵 마스코트는 개최국인 캐나다, 멕시코, 미국을 상징하는 세 마리의 동물로, 메이플(Maple, 무스), 자유(Zayu, 재규어), 클러치(Clutch, 흰머리수리)이다. 이들은 음악을 사랑하는 무스(캐나다), 자유로운 재규어(멕시코), 모험심 강한 독수리(미국)를 표현하였다.

▎FIFA 월드컵의 주요 마스코트

(3) 미국의 4대 스포츠

미국의 4대 스포츠, 야구(Major League Baseball, MLB), 농구(National Basketball Association, NBA), 미식축구(National Football League, NFL), 아이스하키(National Hockey League, NHL)는 대중적 인기를 넘어 전 세계적으로 글로벌 화하였다. MLB는 봄(3월) 시작, 가을(10월) 종료로 가장 먼저 시작하고, NFL은 가을(9월) 시작, 겨울(2월 슈퍼볼)까지 진행되며, NBA와 NHL은 가을(10~11월)에 시작해 다음 해 봄까지 이어지며 여름에 결승을 치른다. 미식축구(NFL)의 결승전인 슈퍼볼(Super Bowl)은 매년 2월 둘째 주 일요일에 열리고 단순한 스포츠 경기를 넘어선 거대한 경제와 문화적 축제로, 천문학적인 파급효과를 창출한다.

Ⅰ 미국의 4대 스포츠

① MLB

MLB(Major League Baseball)는 미국 프로야구 아메리칸리그(American League)와 내셔널리그(National League)를 아우르는 말이며, 빅리그(Big League)라고 한다. 아메리칸리그와 내셔널리그 각각 15개 팀으로 구성되고 각각 동부, 중부, 서구지구로 구분해 시즌을 치른다. 소속팀은 총 162경기를 벌이는 정규시즌(인터리그 포함)을 마친 후 리그디비전시리즈, 리그챔피언십시리즈, 월드시리즈를 거쳐 우승팀을 결정한다.

② NBA

NBA는 전미농구협회(National Basketball Association)에서 운영하는 미국프로농구리그이다. 동부컨퍼런스(Eastern Conference)와 서부컨퍼런스(Western Conference)의 각 15개 팀으로 구성되며, 각 팀은 총 82경기를 치른다. 정규시즌이 끝나면 각 컨퍼런스 순위에 따라 플레이오프 진출 팀이 결정되고, 각 컨퍼런스 8개 팀이 토너먼트 방식으로 대결하여 최종적으로 동부 컨퍼런스 우승 팀과 서부 컨퍼런스 우승 팀이 NBA파이널에서 맞

붙어 최종 우승팀을 결정한다.

③ NFL

NFL은 북미프로미식축구리그(National Football League)로 미국연고지 팀으로만 구성되어 있다. NFL은 아메리칸 풋볼 컨퍼런스(AFC)와 내셔널 풋볼 컨퍼런스(NFC)의 두 컨퍼런스에 총 32개 팀으로 이루어져 있다. 정규시즌(팀당 17경기) 후 플레이오프를 거쳐 슈퍼볼 우승팀을 결정한다.

④ NHL

NHL은 내셔널하키리그(National Hockey League)로서 '북미(미국과 캐나다)하키리그'라고 한다. NHL 연고지는 미국과 캐나다 전역에 걸쳐 총 32개 팀(미국 25개, 캐나다 7개)으로 동/서부 컨퍼런스 내 각 16팀씩(8팀씩 4지구)으로 나뉘어 운영된다. NHL 리그 방식은 정규시즌과 플레이오프로 나뉘며, 정규시즌은 각 팀이 리그 내 다른 팀들과 대결해 승점을 쌓고, 상위 팀들은 동부/서부 컨퍼런스별로 지구 우승팀과 와일드카드를 포함해 플레이오프에 진출하여 7전 4선승제 토너먼트로 우승팀을 가린다.

(4) 글로벌 프로축구리그

① **프리미어리그**(Premier League)

프리미어리그는 영국 잉글랜드의 최상위프로축구리그로 'Premier'라는 이름처럼 가장 높은 수준의 축구리그를 뜻한다. 매년 8월부터 5월까지 진행되고, 각 팀(20개 클럽)은 총 38경기를 치루고 하위 팀들은 강등되는 승강제 시스템을 운영한다. 프리미어리그 상위 팀 자격은 UEFA 챔피언스리그, 유로파리그, 컨퍼런스리그 진출권을 결정한다.

② **라리가**(La Liga)

라리가는 스페인 최상위 프로축구리그로 공식 명칭은 '프리메라 디비시온(Primera División)'이다. 라리가는 20개 팀이 참가하여 한 시즌 동안 각 팀이 총 38경기(홈 19경기, 원정 19경기)를 치른다. 시즌 종료

후 하위 3개 팀은 2부로 강등된다. 라이벌 레알 마드리드와 FC 바르셀로나 간 경기는 '엘 클라시코'라 불리며, 전 세계의 관심을 받는다. 상위권 팀들은 UEFA 챔피언스리그, UEFA 유로파리그, UEFA 컨퍼런스리그 등 유럽클럽 대항전 출전 자격을 얻는다.

③ **세리에 A**(Serie A)

세리에 A는 이탈리아의 최상위 프로 축구리그를 의미하며, 세계적으로 유명한 '스쿠데토(Scudetto)' 엠블럼을 달고 뛰는 이탈리아 최고 권위의 축구 대회이다. '세리에 A'라는 이름은 '1부 리그'를 뜻하기 때문에, 이탈리아 내 다른 스포츠(농구, 배구 등)의 1부 리그도 적용된다. 리그는 현재 20개 팀으로 구성되고, 각 팀은 총 38경기(홈 19경기, 원정 19경기)를 치른다.

④ **푸스발 분데스리가**(Fussball Bundesliga)

푸스발 분데스리가는 독일의 최상위 프로축구 리그로 약칭 분데스리가라고 불린다. 리그는 총18개 팀이 참가하여 34경기(홈 17경기, 원정 17경기)의 치열한 경쟁을 펼친다.

⑤ **리그1**(Ligue 1)

리그1은 프랑스축구리그의 최상위프로리그로 1932년 '디비시옹 나시오날'로 시작해 '디비시옹 1'을 거쳐 2003년부터 '리그 1'으로 명칭이 변경되었다. 현재 18개 팀으로 구성되고, 각 팀은 34경기를 치루고 있다.

2) 스포츠와 지역의 관계

스포츠는 인간의 신체활동이면서 인문과 자연환경을 기반으로 하는 인간문화의 산물이다. 이런 배경에서, 스포츠는 기원, 전파, 확산의 관점에서 장소나 공간, 다시 말해 광범위한 의미에서 지역과 관련되어 있다. 스포츠는 구체적 위치를 지닌 공간에 뿌리를 내린 문화현상의 하나이며, 장소성을 핵심으로 한다(Kim, H. Y. & Lee, H. J., 2020).

(1) 스포츠와 지리환경의 관계

① 스포츠와 인문지리환경과의 관계

스포츠는 발생에서 인문지리환경과 다양한 측면에서 관련되어 있다. 스포츠는 대부분 특정 지역에서 만들어져서 세월을 거쳐 더 넓은 지역으로 확산되었고, 국가 전체로 더 나아가 세계로 확산되었다. 이러한 현상은 인류의 4대문명의 전파, 중세사회에 대한 각성과 르네상스, 지리상의 발견과 대탐험, 구대륙에서 신대륙으로의 문화 전파, 식민지의 문화흡수를 통해 현실화되었다. 식민지지배를 통한 스포츠의 전파와 발달은 영연방경기대회에서 열리는 여러 종목에서 확인되고 있다. 크리켓(Cricket)은 영국의 식민지지배의 영향관계를 보여주는 사례이다. 크리켓은 400 여 년 전 영국에서 시작된 이래, 인도를 비롯한 남아시아와 대양주 오스트레일리아, 뉴질랜드 등에서 인기스포츠가 되었다. 크리켓은 20세기 중반부터 영국영향에 있었던 인도아대륙, 인도와 파키스탄 등지에서 국민스포츠로 자리 잡았고, 인도 크리켓프리미어리그(IPL)는 이름값이 높다. 또한 럭비 역시 잉글랜드에서 만들어져 식민지를 중심으로 확산된 전통적 15인제 경기 럭비유니온(Rugby Union)과 여기에서 파생된 슈퍼럭비(Super Rugby)가 탄생하였다.

② 스포츠와 자연지리환경과의 관계

스포츠는 공간이 되는 자연환경과 밀접하다. 대부분 동계스포츠의 기원은 자연환경에서 비롯되었고, 스키종목은 자연지형을 토대로 발전하였는데, 노르딕(Nordic)은 노르웨이를 중심으로 하는 스칸디나비아 반도의 일상 속 이동수단에서 출발해 현재의 스키종목으로 발전했고, 알파인(Alpine)은 중부유럽 알프스 산악에서 유래하여 경사를 따라 슬로프를 내려오며 스피드를 겨루는 경기이다. 스키경기는 눈이 많이 내리는 지역에서 시작되어 세계적으로 전파되었고, 자연제약이 강해 열대/건조기후 지역에는 스포츠문화로 형성되지 못하였다. 마라톤은 역사적으로 그리스에서 기원하였으나, 오랜 세월을 거쳐 현재는 발생지와 무관하게 아프리카의 케냐, 에티오피아 선수의 활동이 두드러지고 있다.

아프리카 최남단 남아프리카공화국에서 열린 2010년 월드컵축구대회를 살펴보면 스포츠와 자연지리의 영향관계는 명확하다. 우리나라의 경우, 남아프리카공화국의 여러 도시와 전혀 다른 환경에 위치하였기 때문에, 시차, 계절, 고도 등 자연환경을 극복하는 것이 가장 어려운 과제였다. 아프리카에 위치한 나이지리아는 시차는 거의 없었으나, 수리적 위치의 특수성에서 날씨를 이겨내야 하였다. 남부유럽에 위치한 그리스는 수리적 위치(경도)가 비슷하였지만, 상이한 기후를 극복해야 했다. 2018 년 브라질월드컵축구대회의 경우도 마찬가지로, 우리나라의 경우, 남반구의 특수성, 상이한 기후나 이질적인 자연경관 그리고 적지 않은 시차는 스포츠에서 자연환경의 극복의 필요성을 보여주는 사례이다.

(2) 스포츠와 공간적 접근

① 스포츠의 장소성

스포츠에는 장소성이 나타나며, 타 지역 문화를 엿볼 수 있는 기회를 제공한다. 스포츠 경기에서 팀이나 개인은 지역을 대표하거나 상징하고 있고, 아래와 같은 특징을 지닌다.

첫째, 스포츠는 기원, 종주국, 전파지, 개최지 등 구체적인 위치와 관련이 깊다. 축구, 펜싱, 태권도, 유도는 대표 사례이다. 축구는 영국의 해외 이주자에 의해 유럽과 중남미로 빠르게 전파되었는데, 이들은 축구가 영국과 자신이 속한 사회계층의 가치관을 담고 있다고 생각해 민간외교관 같은 역할을 하며 보급해 힘썼다. 펜싱, 태권도, 유도는 기원지의 언어로 경기가 진행되는 대표 사례이다. 펜싱은 사용하는 검에 따라 플뢰레, 에페 사브르로 구분되고, 프랑스에서 체계화된 만큼 프랑스어가 사용되고 있다. 태권도는 차렷, 경례, 시작, 그만 등 우리 말 표현 그대로 경기가 진행된다. 유도는 Waza-ari(절반)와 Ippon(한판) 등 득점에서 볼 수 있는 바와 같이 일본어로 진행된다. 이것은 스포츠가 단순한 경기에 국한된 것이 아니라, 장소성을 갖고 있다는 증거이다.

둘째, 스포츠는 지도상의 좌표 값을 갖고 있는 지리적 위치 속의 실질적인 장소의 현장에서 이루어진다. 스포츠경기가 개최되는 경기장은 성지나 메카 같은 용어로 표현된다. 스페인 프로축구 FC 바르셀로나의 경기장 누캄프(Camp Nou)는 1982년 월드컵, 1992년 하계올림픽 경기가 열린 것과 함께, 축구장 이상의 의미를 갖고 있어 경기가 열리는 것과 관계없이 경기장을 찾는 방문자로 붐빈다. 일본 스모가 열리는 도쿄 신국기관 주변은 경기개최기간 외에도 스모의 역사와 문화를 대표하는 공간이다.

셋째, 스포츠는 객관적 위치와 구체적인 현장인 경기장뿐 아니라 경기가 열리는 장소와의 애착을 불러일으킨다. 프로스포츠는 연고지를 갖고 있는데, FC 바르셀로나는 스페인축구의 대표 상징이기도 하지만, 역사적으로 1714년 에스파냐에 병합된 '카탈루냐'의 민족성을 대표하고, 카탈루냐지역 주민에게 FC 바르셀로나는 축구경기 만을 하는 단순한 스포츠구단의 의미를 뛰어 넘어 지역을 상징하는 매개체이다. 장소애착은 지역을 결속하는 역할을 통해 긍정적인 영향을 가져오지만, 외부인에게는 배타적일 수 있어 축구경기에서 폭력이나 지역 간 갈등으로 연결될 수 있다. 유사한 배경에서, 1976년 캐나다 몬트리올 올림픽에서 캐나다 퀘벡 주 분리 독립과 관련된 이슈가 표면화된 바 있다.

② 스포츠의 세계화

스포츠 경기는 국지적인 면에서 벗어난 지역화(Localization)를 거쳐 세계화를 통해 전 세계로 확산되었다. 근대올림픽경기대회, 단일대회로 세계 최대 규모를 자랑하는 월드컵축구대회, 1924년부터 하계올림픽에서 분리되어 개최되는 동계올림픽경기대회는 스포츠를 통해 전 세계의 문화의 다양성을 한꺼번에 확인할 수 있고, 스포츠를 통해 상대방 문화의 엿볼 수 있는 기회로 작용하였다. 우리나라의 태권도를 비롯하여 일본의 유도, 영국의 축구 등은 '종주국' 이라고 단어가 지리적 특성과 결합되어 구체화되었고, 현재 전 세계적으로 펼쳐지는 대표적인 스포츠경기가 되었다. 스포츠 세계화를 3가지 방향에서 확인하였다.

첫째, 정치적 세계화이다. 스포츠 분야에서도 국가 단위를 넘어 국가 간 협력과 조정을 유도하는 조직이 출현하였고, 스포츠전문기구나 다양한 경기연맹 등의 역할이 확인되었다. 스포츠는 장소와 사회적, 정치적으로 밀접히 관련되어 있기 때문에 지역연고나 장소애착이 강하고, 스포츠가 국제정치의 수단으로 활용되는 부정적인 사례도 나타날 수 있다.

둘째, 경제적 세계화이다. 스포츠산업은 경제적인 면에서 다국적기업 활동에 의해 국경을 초월한 기업 활동이 이루어지고, 글로벌스포츠 활동이 전 스포츠산업 분야에서 활발하여 통합된 지구촌시장을 형성하였다. 스포츠가 형성되는 장소는 경제기능의 목표지향적인 스포츠 활동이나 이벤트의 중심지로 자리매김하였다.

셋째, 문화적 세계화이다. 세계스포츠는 지리, 역사, 인류학적으로 전혀 다른 사회나 장소를 보여주고 있으며, 이를 통해 대중들은 '상대방 문화 엿보기'의 욕구를 충족한다. 근대올림픽의 입장식의 행렬에서 각 국가의 국기나 의상을 확인할 수 있고, 이런 이벤트를 통해 지구촌 문화를 이해하게 된다.

③ 스포츠의 명소화

스포츠의 명소화는 특정 스포츠경기장, 경기, 팀 또는 선수와 관련된 장소나 대상이 역사와 문화의 상징적인 장소나 관광명소로 부상하는 것이다. 우선적으로 글로벌 메가 이벤트는 근대올림픽, FIFA 월드컵과 같은 대형스포츠 대회를 포함하며, 개최국과 도시이미지 위상을 제고하고 국가브랜드 가치를 높인다. 이러한 이벤트는 스포츠 열정과 재미가 한데 어우러져 지속적 관심을 유발함으로써 미디어를 통해 지구촌에 볼거리를 제공해 줌과 동시에, 장소마케팅을 통해 방문자를 유치하여 지역 경제 활성화에 기여하며, 투어프로그램과 기념품 판매 등 부가가치를 창출한다.

스포츠관광의 매력물은 스포츠박물관과 명예의 전당 같은 스포츠의 역사와 유물을 포함한 명소를 의미한다. 대표적인 사례는 매년 25만 명 이상이 방문하는 스위스 로잔의 올림픽박물관(Olympic Museum)이 있다. 영국은 축구경기의 종주국 프리미어리그 소속 첼시, 리버풀, 볼튼, 맨체스터유나이티드와 같은 전통 있는 축구팀의 박물관과 윔블던 테니스박물관 등 명소를 통해 스포츠관광의 장소성을 살리는데 주력하였다. 북미의 경우 4대 스포츠의 발전사를 한눈에 확인할 수 있는 명예의 전당기념관(MLB 명예의 전당(뉴욕 주 쿠퍼스타운), NBA 명예의 전당(미국 플로리다 주 스프링필드), NFL 명예의 전당(오하이오 주 캔턴), NHL 명예의 전당(캐나다 온타리오 주 토론토))을 조성하였다.

또한 스포츠관광의 주요 매력물은 경기 관람의 경험, 경기장투어를 통한 역사와 문화체험, 지역관광과의 연계성을 갖고 있다. 유럽의 이름 있는 프로클럽 축구경기장이나 메이저리그(MLB) 야구장은 그 자체로 독특한 매력을 지닌 관광명소로 자리 잡았다.

참고문헌

- 김미아(2014). 제경제원론. 두남.
- 김종수(1980). 국국제기구론. 법문사.
- 롬 인터내셔날 저 · 정미영 역(2019). 한눈에 꿰뚫는 세계지도 상식도감. 이다미디어.
- 박희종·권영민(2012). 국제통상정책론. 두남.
- 오기평(1982). 현대국제기구정치론. 법문사.
- 유현석(2003). 국제정세의 이해. 한울.
- 이혁진(2015). 유럽의 문화와 관광. 새로미.
- 이혁진·채진석(2016). 스포츠관광자원론. 새로미.
- 임재열(2016). 세계화시대의 세계경제. 강원대학교 출판부.
- 정재완(2014). 21세기 무역학개론. 삼영사.
- 최종기(1981). 국제연합론. 박영사.
- 황윤섭·오윤조·김철(2015). 지역연구개론. 청람.
- 21세기연구회 저·전경아 역(2018). 한눈에 꿰뚫는 세계민족도감. 이다미디어.
- Choi, H. W. & Lee, H. J.(2022). A Study on the Characteristics of the Summer Olympic Games Mascots. Journal of Sport and Applied Science, 6(2), 1-7.
- Km, H. Y. & Lee, H. J.(2020). Sports and Geography: Exploration for Spatial Approach. Journal of Sport and Applied Science, 4(2), 11-17.
- Seong, M. H., Lee, D. G,, & Lee, H. J.((2023). Winter Olympics Mascots: Features and Attributes. Journal of Sport and Applied Science, 7(1), 1-10.
- 국경 없는 의사회. https://campaigns.msf.or.kr
- 경향신문(북대서양조약기구 회원국 현황). https://www.khan.co.kr/article/202402271453001
- 금성출판사 티칭백과(카슈미르 분쟁). https://dic.kumsung.co.kr/web/smart/detail.do?headwordId=2504&findCategory=B002002&findBookId=27
- 연합뉴스(우크라이나 정부군-친러반군 대치 돈바스지역). https://www.yna.co.kr/view/AKR20210723155251007
- 옥스팜. https://www.oxfam.or.kr
- 위키백과(미국 달러). https://ko.wikipedia.org/wiki/%EB%AF%B8%EA%B5%AD_%EB%8B%AC%EB%9F%AC
- 위키백과(올림픽). https://ko.wikipedia.org/wiki/%EC%98%AC%EB%A6%BC%ED%94%BD
- 위키백과(유로). http://ko.wikipedia.org/wiki/%EC%9C%A0%EB%A1%9C

- 위키백과(화학무기금지기구).
  https://ko.wikipedia.org/wiki/%ED%99%94%ED%95%99_%EB%AC%B4%EA%B8%B0_%EA%B8%88%EC%A7%80_%EA%B8%B0%EA%B5%AC
- 위키백과(G20). https://ko.wikipedia.org/wiki/G20
- 위키백과(UN). https://ko.wikipedia.org/wiki/%EC%9C%A0%EC%97%94
- 조재면의일본연구소. EU유럽연합지도. http://cafe.naver.com/japanup/1211
- Britannica(Gulf Cooperation Council).
  https://www.britannica.com/topic/Gulf-Cooperation-Council
- Map of European States. http://www.nationsonline.org/oneworld/europe_map.htm
- NAVER 지식백과. 네이버기관단체사전(비동맹국회의).
  http://terms.naver.com/entry.nhn?docId=646936&cid=43124&categoryId=43124
- NAVER 지식백과. 두산백과(걸프협력회의).
  http://terms.naver.com/entry.nhn?docId=1157722&cid=40942&categoryId=34518
- NAVER 지식백과. 두산백과(경제협력개발기구).
  http://terms.naver.com/entry.nhn?docId=1060448&cid=40942&categoryId=34502
- NAVER 지식백과. 두산백과(국제개발협회).
  http://terms.naver.com/entry.nhn?docId=1067091&cid=40942&categoryId=31866
- NAVER 지식백과. 두산백과(국제기구).
  http://terms.naver.com/entry.nhn?docId=1067142&cid=40942&categoryId=31656
- NAVER 지식백과. 두산백과(국제노동기구).
  http://terms.naver.com/entry.nhn?docId=1067150&cid=40942&categoryId=31846
- NAVER 지식백과. 두산백과(국제민간항공기구).
  http://terms.naver.com/entry.nhn?docId=1067182&cid=40942&categoryId=34638
- NAVER 지식백과. 두산백과(국제부흥개발은행).
  http://terms.naver.com/entry.nhn?docId=1067211&cid=40942&categoryId=34502
- NAVER 지식백과. 두산백과(국제인권규약).
  http://terms.naver.com/entry.nhn?docId=1067369&cid=40942&categoryId=31659
- NAVER 지식백과. 두산백과(국제통화기금).
  http://terms.naver.com/entry.nhn?docId=1067457&cid=40942&categoryId=31833
- NAVER 지식백과. 두산백과(국제해사기구).
  http://terms.naver.com/entry.nhn?docId=1178933&cid=40942&categoryId=34638
- NAVER 지식백과. 두산백과(기후변화협약).
  http://terms.naver.com/entry.nhn?docId=1165169&cid=40942&categoryId=32411
- NAVER 지식백과. 두산백과(남미공동시장).
  http://terms.naver.com/entry.nhn?docId=1203010&cid=40942&categoryId=40505
- NAVER 지식백과. 두산백과(동남아시아국가연합).
  http://terms.naver.com/entry.nhn?docId=1084025&cid=40942&categoryId=40090

- NAVER 지식백과. 두산백과(북미자유무역협정).
  http://terms.naver.com/entry.nhn?docId=1163855&cid=40942&categoryId=31864
- NAVER 지식백과. 두산백과(생물무기금지협약).
  http://terms.naver.com/entry.nhn?docId=1208380&cid=40942&categoryId=31659
- NAVER 지식백과. 두산백과(세계기상기구).
  http://terms.naver.com/entry.nhn?docId=1112851&cid=40942&categoryId=34599
- NAVER 지식백과. 두산백과(세계무역기구).
  http://terms.naver.com/entry.nhn?docId=1164859&cid=40942&categoryId=40221
- NAVER 지식백과. 두산백과(세계보건기구).
  http://terms.naver.com/entry.nhn?docId=1112860&cid=40942&categoryId=34612
- NAVER 지식백과. 두산백과(세계인권선언).
  http://terms.naver.com/entry.nhn?docId=1112875&cid=40942&categoryId=31647
- NAVER 지식백과. 두산백과(세계지적재산권기구).
  http://terms.naver.com/entry.nhn?docId=1112881&cid=40942&categoryId=40221
- NAVER 지식백과. 두산백과(아시아태평양경제협력체).
  http://terms.naver.com/entry.nhn?docId=1167125&cid=40942&categoryId=34502
- NAVER 지식백과. 두산백과(유네스코).
  http://terms.naver.com/entry.nhn?docId=1067298&cid=40942&categoryId=40464
- NAVER 지식백과. 두산백과(유엔난민고등판무관실).
  http://terms.naver.com/entry.nhn?docId=1067304&cid=40942&categoryId=40221
- NAVER 지식백과. 두산백과(유엔무역개발회의).
  http://terms.naver.com/entry.nhn?docId=1067307&cid=40942&categoryId=34503
- NAVER 지식백과. 두산백과(유엔식량농업기구).
  http://terms.naver.com/entry.nhn?docId=1067314&cid=40942&categoryId=31870
- NAVER 지식백과. 두산백과(유엔아동기금).
  http://terms.naver.com/entry.nhn?docId=1067317&cid=40942&categoryId=34449
- NAVER 지식백과. 두산백과(유엔환경계획).
  http://terms.naver.com/entry.nhn?docId=1067344&cid=40942&categoryId=32411
- NAVER 지식백과. 두산백과(지구환경기금).
  http://terms.naver.com/entry.nhn?docId=1170284&cid=40942&categoryId=32411
- NAVER 지식백과. 두산백과(포괄적핵실험금지기구).
  http://terms.naver.com/entry.nhn?docId=1397848&cid=40942&categoryId=34586
- NAVER 지식백과. 두산백과(핵확산금지조약).
  http://terms.naver.com/entry.nhn?docId=1162292&cid=40942&categoryId=31659
- NAVER 지식백과. 두산백과(환태평양경제동반자협정).
  http://terms.naver.com/entry.nhn?docId=1354168&cid=40942&categoryId=31865
- NAVER 지식백과. 두산백과(G20).
  http://terms.naver.com/entry.nhn?docId=1347950&cid=40942&categoryId=31659

- NAVER 지식백과. 매일경제용어사전(GATT).
  http://terms.naver.com/entry.nhn?docId=18466&cid=43659&categoryId=43659
- NAVER 지식백과. 시사상식사전(반다비).
  http://terms.naver.com/entry.nhn?docId=3432640&cid=43667&categoryId=43667
- NAVER 지식백과. 시사상식사전(베스트팔렌조약).
  http://terms.naver.com/entry.nhn?docId=934273&cid=43667&categoryId=43667
- NAVER 지식백과. 시사상식사전(북대서양조약기구).
  https://terms.naver.com/entry.naver?docId=74696&cid=43667&categoryId=43667
- NAVER 지식백과. 시사상식사전(수호랑).
  http://terms.naver.com/entry.nhn?docId=3432639&cid=43667&categoryId=43667
- NAVER 지식백과. 외교통상사전(국제형사재판소).
  http://terms.naver.com/entry.nhn?docId=637087&cid=42143&categoryId=42143
- NAVER 지식백과. 외교통상용어사전(제네바군축회의).
  http://terms.naver.com/entry.nhn?docId=637724&cid=42143&categoryId=42143
- NAVER 지식백과. 외교통상용어사전(화학무기금지협약).
  http://terms.naver.com/entry.nhn?docId=637850&cid=42143&categoryId=42143
- NAVER 지식백과. 유엔 개황(국제원자력기구).
  http://terms.naver.com/entry.nhn?docId=1397786&cid=43163&categoryId=43163
- NAVER 지식백과. 한국민족문화대백과(국제원자력기구).
  http://terms.naver.com/entry.nhn?docId=525366&cid=46627&categoryId=46627
- NAVER 지식백과. 한국민족문화대백과(비정부기구).
  http://terms.naver.com/entry.nhn?docId=578207&cid=46627&categoryId=46627
- NAVER 지식백과. 21세기 정치학대사전(웨스트팔리아(베스트팔렌)조약).
  http://terms.naver.com/entry.nhn?docId=728832&cid=42140&categoryId=42140
- NAVER 지식백과. 한국민족문화대백과(UN).
  http://terms.naver.com/entry.nhn?docId=525360&cid=46627&categoryId=46627
- Official list of all Olympic Games Mascots.
  https://www.olympics.com/en/olympic-games/olympic-mascots
- WIKIPEDIA(African Union). https://en.wikipedia.org/wiki/African_Union
- WIKIPEDIA(Arab League). https://en.wikipedia.org/wiki/Arab_League
- WIKIPEDIA(ASEAN). https://en.wikipedia.org/wiki/ASEAN
- WIKIPEDIA(Bundesliga). https://en.wikipedia.org/wiki/Bundesliga
- WIKIPEDIA(Gulf Cooperation Council). https://en.wikipedia.org/wiki/Gulf_Cooperation_Council
- WIKIPEDIA(La Liga). https://en.wikipedia.org/wiki/La_Liga
- WIKIPEDIA(Ligue 1). https://en.wikipedia.org/wiki/Ligue_1
- WIKIPEDIA(List of FIFA World Cup official mascots).
  https://en.wikipedia.org/wiki/List_of_FIFA_World_Cup_official_mascots
- WIKIPEDIA(Major League Baseball). https://en.wikipedia.org/wiki/Major_League_Baseball

- WIKIPEDIA(Member state of the European Union).
  https://en.wikipedia.org/wiki/Member_state_of_the_European_Union
- WIKIPEDIA(MERCOSUR). https://en.wikipedia.org/wiki/Mercosur
- WIKIPEDIA(National Basketball Association).
  https://en.wikipedia.org/wiki/National_Basketball_Association
- WIKIPEDIA(National Football League). https://en.wikipedia.org/wiki/National_Football_League
- WIKIPEDIA(National Hockey League). https://en.wikipedia.org/wiki/National_Hockey_League
- WIKIPEDIA(Non-Aligned Movement). https://en.wikipedia.org/wiki/Non-Aligned_Movement
- WIKIPEDIA(Serie A). https://en.wikipedia.org/wiki/Serie_A
  https://en.wikipedia.org/wiki/United_States%E2%80%93Mexico%E2%80%93Canada_Agreement
- WIKIPEDIA(United States-Mexico-Canada Agreement).
  https://en.wikipedia.org/wiki/United_States%E2%80%93Mexico%E2%80%93Canada_Agreement

| 저자 약력

■ 이혁진(李赫鎭)

경희대학교 지리학과 졸업
경희대학교 대학원 이학박사(관광지리학 전공)
현 을지대학교 성남캠퍼스 교양학부/자유전공학부 교수
대학원 스포츠융합학과 교수

한국사진지리학회 제15대회장/편집위원
한국관광연구학회 부회장/편집위원
강원도 도시재생위원회 위원
경기도 도시재생위원회 위원
경기주택도시공사 도시재생자문단 자문위원
경기도 남한산성세계유산관리위원회 위원
경기도 성남시 양성평등위원회 자문위원
경기도 성남시 관광진흥위원회 위원
경기도 성남시 비전추진협의체 분과위원
경기도 성남시 삶의 질 지표선정위원회 위원
경기도 성남문화재단 대표축제 자문위원

◆ 연구 분야

관광지리자원, 문화관광, 아웃도어관광

◆ 주요 저서

글로벌 도시의 이해, 한국의 자연과 관광자원, 지구촌 한바퀴 세계지리와 문화,
세계문화유산의 이해, 유럽의 문화와 관광, 스포츠관광자원론(새로미),
한국문화관광(현학사), 관광아웃도어를 위한 자연과 지리자원(대왕사) 등

◆ 주요 논문

Tourism Behaviour in Seoul: An Analysis of Tourism Activity
Sequence using Multidimensional Sequence Alignments,
여가공간으로서 청계천 수변공간이 서울시티투어 만족도에 미치는 영향
자연휴양림의 여가특성에 관한 연구(학위논문) 외 다수

지구촌 한 바퀴, 지역의 이해

발행일 | 2026년 3월 2일

발행인 | 모흥숙
발행처 | 도서출판 새로미

저　자 | 이혁진

주　소 | 서울 용산구 한강대로 104 라길 3
전　화 | 02) 523-5903~4
팩　스 | 02) 775-3246

E-mail | seromi@seromi.kr
Homepage | www.seromi.kr

ISBN | 978-89-6476-857-0 93980
정가 | 20,000원